SCIENCE AND TECHNOLOGY

世界科技发展史话

in the World History

代　序

钱学森

小平同志说，科学技术是第一生产力。科学技术工作这么重要，但你怎么让人家了解你的工作，支持你的工作？这就需要科普，需要科技人员做科学普及工作。有很多领导干部不是学科学的，你的科普要他们听懂才行！这是要害。中央也很重视科普工作，去年（指1995年）还作了一个决议，但报纸上一些科技方面的文章总是干巴巴的，一般人恐怕不爱看，看不懂。我从前说过科学小说的事，科学小说不是科幻小说，科幻小说可以任由作家想象，而科学小说要有科学依据。科学小说是科普的一个好形式，因为它把一个科学问题通过人物和故事，变得使人们容易懂、喜欢看。

做好科普工作并不那么简单，科技人员要把一个专业化的问题给外行人讲清楚并不容易。我在美国那么长时间，知道他们那里没有这个本事不行。美国的科研人员要争取基金会的经费支持，就要参加董事会的会议，向董事们做10到15分钟的讲解，在限定的时间内把他要报告的事情讲清楚，要不他就得不到经费。这是一个社会要求，也是一种压力。所以在美国，中学里就有辩论会，培养人的口才。我举一个例子，我在美国加州理工学院研究超声速问题的时候，有一次，系里来了一位官员，是美国国会议员，管这方面事的，他问："超声速是怎么回事啊？"我的老师冯·卡门是很会作科普宣传的，他先不说什么，把国会议员带到自己的澡盆边，放上水，用手在水面上划。划得很慢很慢，水波就散开了，于是他告诉这位官员这是因为手划得比水波慢，像亚声速；他又划得很快，水波就成尖形两边散开，这就像超声速。这位国会议员说他懂了，其实也没完全懂，只是这个意思他大致明白了。这就是一个怎么让不懂的人懂的形象的例子。

我回国后发现中国的科技人员这方面的能力比较差，往往是讲了十几分钟还没到正题，扯得老远，有些简直就让人听不懂，不会用形象、通俗易懂的语言表达专业科学知识。从前我问过一些听科学报告的党政干部，他们就常常说没听懂，他们欢迎我去讲，说听我讲能懂得差不多。我回到祖国接受搞导弹的任务后，在积水潭总政文工团的排演厅作报告，讲高速飞行问题，当时陈赓大将和许多军队高级将领都在座。讲完以后有一个人对我说，他这次算听懂一点了。要求科技工作者能够对不在行、不懂行的人介绍自己的工作，我觉得是很有必要的。但是许多很有学问的人为什么做不好呢？一般来说是口才问题，实际上是不会用非本行人的思维逻辑和通俗易懂的比喻，不会用形象的语言来表达自己要说的科技问题。前几年有这样一件事，豆科植物的根部有固氮的根瘤菌，有个人想把它移植到其他植物上，像麦子什么的，这对粮食增产有很大作用。他搞出了成果，写信告诉我某日某时电台要广播。我特意听了，结果是（广播里）一点儿也没讲清是怎么回事，让人听了莫名其妙，这就是个问题。你至少要让人家听懂百分之七八十吧！我始终认为我们社会主义国家这样子是不行的，我们的科研体制对科技人员缺少这方面的压力。我们国家重视出成果是对的，但还要重视培养科技人员三言两语讲清问题的能力，要培养这样的人。我一直在宣传这个观点，还曾给西北工业大学提过一个具体建议：对学位论文，不管是硕士生也好，博士生也好，所有的论文都要加一个副篇，这个副篇就是要对一个不在行的人讲清楚你的题目。可惜我的建议没被采纳。今天情况不同了，现在我们建设有中国特色的社会主义，发展社会主义市场经济，就不能还像计划经济时代那个老样子，坐等科研拨款。科学工作要争取资金的支持，更需要科技人员具备这方面的才干。

这件事跟记者也有关系，有些问题恐怕写文章的记者自己就没搞懂，这就不好办了。我知道在美国有名的科学记者都有一套本事，他们是比较专业化的，我认得一些科学家，他们写出来的东西比较准确，又能让你懂得差不多。早些时候电台每天早晨有个15分钟的《科学知识》节目，后来改叫《科技与社会》，我是天天听这个节目的。1984年在人民大会堂开茶话会，纪念这个节目开办35周年，我去参加了。当时我说要在15分钟以内使听众有所收获才算成功，不要让听众听了半天也不知道是怎么回事，那就没起到作用。卢嘉锡副委员长就有这个本事，他是分子结构专家，他讲科学技术方面的事就能讲得很好。

李国豪院士的文章中讲得很好，他说科普分三个层次：第一个层次是给非本行的专家们讲科普，专家要了解他不熟悉的知识，就得有人给他们讲；第二个层次是向中学文化水平的人介绍他们需要的科学文化知识;第三个层次是向文化程度不高的群众讲,比如给农民讲新的农业科学技术知识等。这也是提高广大人民群众素质的大事,是社会主义精神文明建设的大事。

我讲了这么多,其实道理很简单:科学技术很重要,要大家都懂,都重视,就需要科普。

注:本文原刊载于1996年6月28日《光明日报》。这是钱学森同志1996年6月17日在家里会见一位从事科普创作的同志时的谈话要点。钱老着重说明科普工作的重点是要让人喜欢看,听得懂。1996年12月,《世界科技发展史画库》由江苏科学技术出版社出版,钱老很高兴地同意将这篇谈话作为该书的代序。

序

王大珩

江苏省委宣传部、镇江市委宣传部、镇江市科协和江苏省科普美协联合组织编绘了一本书名叫《世界科技发展史画库》的书。该书的组织编撰者约我为这本书作序。我感到这确实是一件很有意义、很有价值的事情,便欣然应允。

党中央反复强调,各级干部要加强学习,丰富科技知识,增强科技意识。邓小平同志在改革开放之初就深刻地指出:"科学技术是第一生产力。"这一科学论断,既是对人类科技发展历史的高度概括,更是今后促进人类社会发展的指针。20世纪五六十年代以来,全球掀起了一场以电子信息技术为先导,以生物技术、新能源技术、新材料技术、航天技术等为支柱的新技术革命。大批高新技术蓬勃发展并迅速向现实生产力转化,科学技术渗透于经济发展和社会生活的各个领域,已成为推动现代生产力发展和社会进步的最活跃因素和决定性力量。

科学技术的发展有承前启后、一浪高过一浪的特点,宣传、学习科技发展史是提高全民科技文化素质的一条重要途径。以史为鉴,可以促使人们科学地思维、科学地决策、科学地办事,更好地发挥科学技术在人类生产和生活中的作用。

用连环画的形式进行科普宣传是一种传统方式,也是一种使科技知识容易为人了解的有效形式。《世界科技发展史画库》在继承传统的基础上,着重从史入手,选取世界科技发展历史长河中最著名、影响最大的140个人物和事件,用连环画的形式,形象直观地勾勒出世界科学技术连贯发展的史迹。这是它的特色所在。

这本书的主要阅读对象是成年人(尤其是广大干部)和青少年。在日本和欧美一些国家,许多成年人和孩子们一样爱看连环画。成年人在工作学习之余，看几则形象具体的科普连环画，无疑是一件既轻松愉快又长知识、受教育的好事。这本书也会吸引青少年阅读的兴趣。

党的十四届五中全会和全国人大八届四次会议为我们描绘了一幅宏伟的跨世纪建设蓝图。要顺利实现未来5年和15年经济和社会发展奋斗目标，关键在于实现经济体制和经济增长方式两个根本性转变和实施科教兴国战略、可持续发展战略。为此，我们必须牢牢把握当前难得的历史机遇，迎头赶上世界科技发展的步伐，广泛吸收和采用世界先进科学技术成果，不断创新，以增强科技进步在推动经济发展中的作用，促进国民经济持续、快速、健康发展，使我国在竞争激烈的国际环境中，立足于世界先进国家之林。同时，我们还必须高度重视教育和科技知识的普及，不断提高劳动者的知识水平和科技素质，使其跟上日新月异的现代科技发展的脚步，掌握科技发展规律和动向，增强科技意识，提高工作水平。

我相信，本书在传播科学知识、科学方法和科学思想三个方面，都将不同程度地发挥出积极的作用。特向广大干部和青少年推荐阅读。

前言

《世界科技发展史话》(以下简称《史话》)成稿于 1995 年,在此稿基础上创作的拼版式连环画《世界科技发展史画库》(以下简称《画库》)1996 年出版并荣获全国第六届“五个一工程”奖。

《史话》书稿是在“科学技术是第一生产力”已经成为时代主旋律,全党、全社会尊重科学、掌握运用科学技术、宣传普及科普知识的大背景下诞生的,目的是用形象生动、通俗易懂的内容和形式介绍世界科技发展的历程,弘扬科学精神,鼓励大家献身崇高的科学事业。

英国哲学家弗兰西斯·培根曾说:“读史使人明智。”科学发展的规律、科学发现发明的具体过程、科学活动的成功经验和失败教训、科学家锲而不舍的奋斗精神和为科学事业献身的崇高品德、科学技术在历史发展进程中的重大作用……都可以通过阅读历史找到答案。这就是了解科技发展史的意义和魅力所在。有鉴于此,我们决定从史入手,采用“史话”这一读者喜闻乐见的形式,从浩如烟海的世界科技发展史料中挑选出 150 多个最重要、最具影响力的科技事件和人物,编写成一个个生动的小故事,努力用通俗的语言还原历史的真实,用浅显的表述讲清深奥的原理,给广大读者,特别是青少年读者,提供一本有趣的科普读物,为增强全民的科学精神作点贡献。

本书以世界科技发展的时间顺序为线索,分为古代、近代和现代三个部分。由于一些科技史实的时间跨度较大,年代归类不明确,我们根据重点事件的发生时间进行了划分。在篇目排序上,总的原则是按照时间顺序排列,但也有一些小的变化:古代部分,为突出中国古代科技发展的成就,将相关部分内容集中排列;近代和现代部分,采用了按学科分类的排列顺序。

书稿形成后,我们邀请了中国科技大学自然科学史研究室李志超教授、南京大学哲学系林德宏教授审阅了全部文稿,并根据他们提出的意见进行了修改。《画库》就是在原书稿的基础上进行画面分解、邀请专业画家绘制完成的。

《画库》中钱学森同志和王大珩同志所作的序,我们在《史话》中仍然沿用,因为最初他们二老就是看了这部书稿后同意写序的。我们觉得将他们的序用在这里是十分合适的。

我们最初的设想就是出两个版本:一本《画库》、一本《史话》。《画库》完成后,因工作繁忙、部分编写人员工作岗位变动,《史话》的出版工作被搁置下来。

偶然翻出《史话》的原稿,厚厚三大册,感慨良多。一篇篇读来,一点没有过时的感觉。于是决定出版《史话》。

由于书稿形成于10多年前,此次出版,我们只对文字作了个别调整,篇目未作增删。近期的科技发展成就,比如航天技术、环境科学、IT科技等新发展没有包括在其中。我们觉得,既然是旧稿新出,就保持它的原貌。特向读者说明。

参与本书编写的人员:古代部分,雷志强、祝瑞洪;近代部分,朱纪平、陈志耕;现代部分,丁伟民、殷国平。

2012年10月

目　录

一、古代部分

二、近代部分

三、现代部分

一、古代部分

概　述

大约在公元前4000年以前，人类由新石器时代跨入了青铜器时代，并逐渐产生了语言和文字。在与自然界的长期斗争中，人类不断推动着生产工具和生产技术的进步，与此同时，人类对自然界的认识也不断丰富，科学技术的萌芽逐步成长起来。

古代科技发展从有文字记载的历史开始，一直延续到公元15世纪中叶欧洲文艺复兴之前。

世界文明发端于中国、埃及、巴比伦和印度四大文明古国。生活在黄河和长江流域的炎黄子孙创造了令世人景仰的华夏文明，形成了以农学、医学、天文学和算术四大学科为核心的科技体系，在冶炼术、陶瓷、丝织、建筑等方面长期遥遥领先于世界。四大发明——造纸术、印刷术、火药和指南针名播全球；四大工程——万里长城、大运河、都江堰、赵州桥光耀千秋；徐光启、张仲景、李时珍、张衡、郭守敬、祖冲之等一批古代科学家熠熠生辉。

生活在尼罗河和两河（幼发拉底河、底格里斯河）流域的古埃及和古巴比伦人在天文学、数学等方面创造了杰出的成就；埃及的金字塔名垂史册；古印度独特的数学成就为世界数学史增添了光辉的一页。

古希腊是科学精神的发源地。古希腊人创造了辉煌夺目的科学奇迹，在人类历史上第一次形成了独具特色的理性自然观，为近代科学的诞生奠定了基础。毕达哥拉斯、希波克拉底以及百科全书式的学者亚里士多德都是那一时期杰出的代表人物。公元前3世纪，进入希腊化时期的古希腊科学获得了更大的发展，出现了欧几里得、阿基米得和托勒密三位杰出的科学家，使古代世界几何学、力学、天文学攀上了三座高峰。

公元最初的500多年中，欧洲的科学技术持续衰落，5世纪后进入黑暗的年代，并延续了1 000多年，科学一度成为宗教神学的“婢女”。但是科学的精神在14世纪发出自己的呐喊，近代实验科学的始祖罗吉尔·培根就像一颗星星，点亮了欧洲黎明前的天空。

古代自然科学的发展还停留在描述现象、总结经验的阶段，各学科的分野尚不清晰，而且科技发明往往集真理与谬误于一身，因而具有经验性、实用性和双重性，但它给近代科学的发展准备了充分的条件。

石头的传说

“有一个美丽的传说，精美的石头会唱歌。”

历史如歌。人类有文字记载的历史最乐观的估计也只有6 000年。但是，大约在100万年以前，人类就知道利用石头来猎取食物。漫长的岁月只能靠石头无声地叙述。

当一只饥饿的梅花鹿在寻找食物的时候，正在狩猎的远古人类拿起准备好的石头向它准确地砸去。梅花鹿应声倒地，猎人们就扑上去撕开它，分而食之。茹毛饮血的远古人类还学会了用石头敲开果壳取食果仁，挖出长在地下的块茎充当食物。

大约四五十万年以前，居住在北京周口店附近的北京人就学会了制造石器。他们用一块石头去敲击另一块石头，碎石中那些有刃口的石料便成为制造石器的原料。北京人根据不同需要把这些石头加工成砍砸和刮削器具。此外，他们还利用猛兽的角和骨头作为武器和劳动工具。

动物都是要喝水的。和世界上其他地方的远古人类一样，北京人的居住地附近有丰富的水源，水中有水狸和各种鱼类，经常有剑齿虎、梅花鹿、野熊来水边喝水。因此，河岸就是北京人狩猎的场所，而水里的鱼和狸也是渔猎的对象。

生活里充满了危机和灾难，野兽是人类的猎物，人类也是野兽的猎物，所以，远古人类以群居来增强力量。然而更大的危机来自大自然气候的变化，冰期来了，一个冰期往往长达几个世纪，冰雪覆盖着大地，北京人躲进了洞穴。也许是这一段时间的某一天，人类在敲打燧石时爆出的火星点燃了枯柴干草，这样的经验日积月累，终于，人类学会了用火。

火光使黑暗的洞穴变得光明而温暖，使北京人在寒冷的气候中能够生存和延续。他们把猎物放在火上烧烤。进食烧熟的食物使他们减少了疾病，增加了营养，体质得到增强、大脑不断进化。

火的使用带来了人类文明的曙光，人类第一次学会控制和利用自然力为自己服务，最终人类借助自然的力量同动物界分开。

在漫长的岁月中，人类的智慧不断提高，制作石器的技巧不断提升，语言和绘画能力也开始萌芽。大约一万年以前，居住在北京周口店的山顶洞人，是从远古人类进化到新石器时代人类的代表。他们的劳动技能和劳动工具都比以往大有进步。他们制造出斧形石刀、雕刻器，甚至还制造出长 82 毫米、直径 3.3 毫米、顶端有孔的骨针。他们用砍砸器狩猎，用刮削器制皮毛，再用骨针把皮毛缝制成皮毛衣服用来御寒和遮羞。

山顶洞人爱美，懂得装饰自己。他们用黄、绿色砾石磨成卵圆形薄片，用白色的石头磨成小石珠，钻上孔佩挂在身上，或者用贝壳、青鱼眼穿孔后当作装饰品，有的还用赤铁矿粉将其染成红色。

山顶洞人居住在一个面积 90 多平方米的山洞里，过着母系氏族公社的生活。洞有两室，上室是居住地，下室是墓地。墓地里埋葬着 3 个人，他们的尸骨上布有赤铁矿粉，周围摆着石制工具和各种装饰物。据说，红色的赤铁矿粉象征生命和鲜血，可以使死者的灵魂得到安慰。这可能是最原始的宗教。

与山顶洞人同时期，法国的克罗马农人的石器工具也达到新的水平。他们用兽骨制成标枪、锤子和凿子，而且克罗马农人很可能已经会制造弓和箭。他们还在象牙或鹿骨上雕刻猎获的鱼、鹿、马的形象。

旧石器时代结束以后，新石器时代的文明是从农业文明开始的。在埃及、美索不达米亚地区和中国，人们学会了耕种。他们偶然地发现种子落在土壤里会发芽生长，从而渐渐地学会了用石锄、石耙、石犁和畜力栽种大麦、小麦、玉米、豌豆、大豆，还学会了驯养牛、羊、猪、狗等动物。为了贮藏晒干的粮食和种子，也为了把粮食煮熟了吃，人类学会了制陶。他们把泥土——通常是红黏土加水搅拌——塑成陶罐的形状，再放在火里焙烧成各种用途的陶器。人们还在陶器上画上各种人物、船只、野兽、飞鸟、鱼等形状，甚至学习用石墨或其他颜料为图画上色，使烧出来的陶器更加漂亮。

农业的发展使织布成为可能。在西亚地区生长着一种开蓝色小花的植物，它长长的茎秆周围包着长成丝状的纤维，在水里泡烂后可以分开洗干净做绳子用，也可以纺成细线，这就是亚麻。最初纺线是很简单的，是在纤维的一端系一个纺锤，自然下垂后转动纺锤，纤线就捻成了一根线。纺机也很简单，用两根木棍固定在两头，并网住经线，再把纬线一根一根间隔起来压紧，就成了布。

定期耕作的农业和驯养动物使人类的定居成为需要，建筑技术随之发展起来。早期的房子是搭在树上的，水边居住的人类则把房子建在水面上。为安全起见，在房子的四周围上高高的篱笆或挖上壕沟。6 000 多年前，西安半坡村人的居住地是一个规模较大的建筑群。房屋是半地穴式的，即在地面上挖一个10平方米左右的坑，在四壁埋上柱子，敷上草和泥巴，屋顶盖上厚实的草。若干座房子形成一个群落，群落的周围挖一条深4～5米、宽3～4米的壕沟，以防野兽的侵犯。

千百万年，遥远的天空里，这首由石头低吟浅唱的歌，随着青铜时代的到来，结束了浑然厚重的回响。

从牙牙学语到楔木为文

在原始的狩猎和采集食物过程中，人类在喜悦、害怕、兴奋或愤怒的时候，总是发出各种不同的声音。每一种声音都代表着特定的含义。

当人类学会制造劳动工具并且利用劳动工具进行劳动以后，共同的劳动、群居的习惯使人们之间的联系更加密切了。某些联系方式，特别是声音经过多次反复，成为固定的信号。一旦有联系的需要，非“说”不可的情况就出现了——也许一个早晨，一群野鹿到溪边喝水的时候，狩猎的远古人感觉到他的喉头震动了一下：“鹿！”一个清晰的声音随之响起。这就是语言。

最初的语言比较简单，只是一些简单的音节，与劳动、生活的基本动作、形态、数量相关，有时需要辅助手势才能理解。

劳动和语言促进了思维的形成，同时也使大脑不断发达，感觉器官不断进步。由于感觉的不同，语言形式从一种发展到多种，语言的内容也越来越丰富。世界上不同地方氏族部落的语言不尽相同，同一文化源流的内部形成方言，不同的文化源流则形成不同的语言系统。

越来越丰富的劳动内容和生活经验总是需要一定的记录方式才能被记住。生活在 8 000 年至 15 000 年前的克罗马农人已经学会了在象牙、鹿角上雕刻，记录下他们猎获的鱼、鹿、马以及令他们恐惧的不知名野兽的形状；而在西班牙的阿耳塔来拉山洞里，远古人类留下一大片色彩鲜明的图画：画面上有一只毛烘烘的野牛，还有马匹和野鹿，一头野猪正张牙舞爪地进攻。这大概是洞穴人对自己生活的一种记录。

大约 5 500 年前，古埃及人就发明了象形文字。学习书写的人往往是先学习绘画，后来再学习用符号来代替某种声音或事物。埃及人先是把文字刻在石板上，后来他们发现了纸草，就在纸草上用墨水书写。英文 Paper（纸）就是从 Papyrus（纸草）而来的。

美索不达米亚的苏美尔人发明的文字由于笔画像楔子，所以又叫楔形文字。公元前 3000 年的一块泥板上的楔形文字，记录的是一个寺庙仓库进出的账目。当时他们的文字符号有 2 500 个左右，后来由于约定俗成和拼音化，到公元前 2500 年，已经减少到 600 个左右。古巴比伦文字应用的典范是国王汉谟拉比制定的世界上第一部法典《汉谟拉比法典》，内容达 282 条，规定了处理商业、婚姻、工资、谋杀、偷窃、债务等问题的法律。

公元前14世纪，爱琴文明神秘地消失之后，叙利亚的腓尼基人（闪米特人的一个分支）使用了一套字母系统，这成为现代西方文字的先驱。这套字母来源于古巴比伦的楔形文字和古埃及的象形文字，后者由于比较利于书写，更多地成为现代印欧语言文字的来源，后来希腊文的字母（Alphabet）就是来源于这套文字系统，每一个字母都有确切的含义。如A（Alpha）的意思是“牛”，大概“A”最初只是一个牛头的符号或图案；而B（Beta）的意思是房屋，“B”起初也是房子的符号或图案。后来，多数字母只读一个音，并用来拼写其他文字，从而使西方的语言走上了现代语言的道路。

和西方语言的早期形式相近，中国文字也是起源于图画。最早一般是刻画在陶器上的各种图案和符号。6 000多年前，生活在西安半坡村的中国人制作的陶器上有二三十种符号。最常见的是一竖划，其次是“Z”形和其他形状，可能表明的是数字或用途之类的含义。后来，我们的祖先由声音、形状创造出象声字和象形字。他们把这些文字符号刻画在陶罐、龟甲、兽骨上，发展到商代，被称为甲骨文。商代后期，中国的文字已经基本成熟，甲骨卜辞和器物铭文中出现的文字达到3 500个左右，甚至出现了最早的由贵族供养的专业文化人。他们书写典籍和历史文献，记载科学文化知识，为今人再现了灿烂的华夏文明。

黎明升起的天狼星

科学起源于巫术和迷信的丛林沼泽之中。例如，天文学就是和占星术相伴出世的。古老的幼发拉底河和尼罗河在几千年前同时孕育了这一对孪生子。

古巴比伦，战争绵延不断，幼发拉底河在雷雨的肆虐下经常泛滥成灾，冲毁村庄和家园。人们认为这是天神对人存在恶意。星相术士可能在最初看到了一些偶然的巧合：例如某一星宿出现以后洪涝灾害随之而来，或者爆发了战争；再如青蛙在闷热的天气里大声鸣叫就会有大雨等。这些都使古巴比伦人感到星宿决定了人类的命运。星占家更注重天文观察，国王则要求僧侣们对天象进行长期观测，以此来预测吉凶。

早在公元前4000年左右，古巴比伦人就有了东南西北的方位概念，并逐步观察到水星、火星、木星和土星的存在。到公元前6世纪，他们已经能够精确地预测太阳、月亮的相对位置，计算出日食、月食的时间。

早期人们没有“年、月、日”的概念。后来日出而作，日落而息，产生了“日”的时间概念；而对月亮的阴晴圆缺的观察，产生了“月”的时间概念。对于年，一般是以物候作为表征的，如候鸟的迁徙、植物的枯荣、气候的冷暖等。古巴比伦历法经过多次修订，一年大概为354天，分为12个月，大月30天，小月29天，与太阳年误差的部分用闰月来补齐。古巴比伦人还用太阳、月亮和5个行星组成星期的概念，每星期7天，分别是Sunday、Monday……这种对星期的命名方法一直沿用至今。

与古巴比伦不同，古埃及法老的统治一直比较稳定，尼罗河的定期泛滥使人们大多数时候能够躲避洪水灾害，因此埃及人认为神是和善的。古埃及天文学研究的主要目的是为了测定时间。早在金字塔时代以前，古埃及人就把赤道附近的星分为36组，每组分管10天，叫做旬星。当天狼星黎明时出现在埃及的地平线上时，尼罗河开始泛滥，古埃及人就以尼罗河泛滥为一年之始，将365天分为12个月，每4个月为一季，即洪水季、冬季、夏季。古埃及的天文学观测已有很高的精确度，后期建造的金字塔方位只误差几十分之一度。有一座位于北纬30°的大金字塔，其地下隧道和地平面恰成30°倾角，正好对着当时的北极星。

和古巴比伦人一样，古埃及人以为宇宙是一个方形的大盒子，南北较长，底面略呈凹形，埃及就处在底面的中心。天是一块平坦的或穹隆形的天花板，四方由4个天柱或4座大山支撑，星星是用链缆悬挂在天上的灯。“方盒子”的边沿围着一条大河，河上有一条船载着太阳来往。尼罗河只是这条河的一个支流。

古埃及和古巴比伦的天文学为古希腊的思想家准备了重要的精神食粮，吸引了从泰勒斯到亚里士多德等众多的古希腊哲学家、科学家，两大古国的文明流传到古希腊，并进而流传到世界各地。

金字塔之谜

在众多关于埃及的古老传说中，金字塔是最令人着迷的奇迹之一。如果它真是人类的杰作，那么古代埃及的建筑艺术水平可以与现代的任何建筑相媲美。

在埃及发现的古代王室的金字塔总数大约有80个。拿破仑曾经说过，用这些金字塔的石头大约可以砌成一道10英尺高、1英尺厚的围绕整个法国的围墙。

最著名的金字塔要数第四王朝法老胡夫下令建造的金字塔，又叫胡夫金字塔。它位于开罗以西10英里遍布岩石的吉萨高原上，是世界上最大的金字塔。它用230万块（也有一说是250万块）巨石砌成，平均每块重2.5吨，最大的重50吨；塔基占地13.1英亩，高481.4英尺，塔底每边长756英尺，每边误差只有几英寸。

金字塔的一般用途是作为埃及法老的墓葬之地。但是胡夫金字塔给我们留下了很多难解的问题，至今也没有为全世界所公认的解答。

例如，距今4 500年的古埃及人只懂得使用简单的工具进行劳动。塔面用的石灰岩石块取自尼罗河东岸；塔内走廊内壁用的花岗岩采自南面600英里的阿斯旺，据说是用大驳船运输的。大驳船可以在一定的斜坡上用木棍和滑板使其移动。我们可以肯定地说，巨石确实是经过尼罗河运输的——从河边到塔基有一条长60英里、宽半英里的大道（希腊历史学家希罗多德2 500年前考察金字塔时发现了这条大道），据考证是用来运输石头的。但是古埃及人是用什么方式把这些巨石提升到几百英尺的高度呢？即使在今天，用起重机升高数十吨的物体也并非易事。专家计算，建造这样的金字塔，按当时的生产力水平，即使是可能的，也要耗费上百年甚至数百年的时间。

古埃及人已经精通方位及天文学的一些测量知识。金字塔的4个三角正对着东、南、西、北4个方位，它的两个气孔一个对着天龙星座，一个对着猎户星座，角度误差很小。

19世纪，苏格兰皇家天文学会会员皮亚乔·史密斯根据测量和联想，提出了许多关于大金字塔的神秘主义结论。他认为，胡夫金字塔记录了古埃及科学的秘密，并进而证明，古希腊哲学家泰勒关于大金字塔底部周长与其高度2

倍之比正好是圆周率 π 的结论是正确的。他提出一个根本性的度量单位，叫金字塔寸，1 个金字塔寸大约等于 1.001 英寸。据说金字塔的高度乘以 10 亿正好是地球到太阳的距离。尽管这些说法的科学性值得怀疑，但是要推翻它也不是一件容易的事。

金字塔建筑物本身给人稳定和永恒的心理感受，建造金字塔作为墓葬之地，反映出法老希望去世以后还要保持至高无上的地位的心理。有人认为，这种文化也是埃及王朝长久稳定的重要因素。但是，有些学者以非常认真的态度指出，大金字塔根本不可能是人力所为，而应是天外来客的杰作，是为了让人类避免某种突发性灾难而建立的避难所。我们很容易驳斥这些观点，但是至今大金字塔对于我们来说仍是不解之谜。

就建筑学的观点来看，埃及金字塔的巨石之谜不是唯一的建筑谜题，美洲的金字塔、柬埔寨吴哥金字塔、印度的金字塔等，此外，英国的巨石阵、复活节岛上的巨人石像等，它们之间是否有某种联系，对此人们尚无法得知。

扑朔迷离的玛雅文明

生活在公元前3000年到公元600年之间的玛雅人，在美洲的墨西哥大陆上创造了灿烂的古代文明。不幸的是，由于至今还不太明确的原因，玛雅人的文明在公元6世纪以后突然湮灭了，为世人留下了难解之谜。

玛雅人在科学上创造了令人惊叹的纪录。在考古学家的帮助下，美洲发现了同埃及金字塔有惊人相似之处的美洲金字塔。这些金字塔有的分布在墨西哥的特奥蒂瓦坎城，有的在危地马拉和尤坦丛林中。同埃及金字塔不同的是，这些金字塔顶部一般都建有神庙，是祭祀天神用的。塔内用碎石和泥土构造，塔身覆盖着经雕琢加工的石块层，厚实的台阶从正面广场一直沿着塔身的斜面通往塔顶直达神庙。特奥蒂瓦坎城的金字塔又叫太阳神金字塔。危地马拉的一座金字塔却以美洲虎命名，它占地面积大约5.8万平方米，塔基1.8万平方米，有3个足球场那么大，塔高55米，在12层顶部又建了3个小金字塔，最高的小金字塔有6层，共18层，蔚为壮观。据测算，此塔所用建筑材料超过25万立方米。

玛雅人有着丰富的天文学知识。他们建有天文台。位于奇钦的天文台是古老的圆形建筑物，像今天的天文台一样，也有一个圆顶，顶上有许多天窗，分别对着各个星座。他们已经知道了天王星和海王星的存在。从一座金字塔上的观测点向东方的庙宇望去，就是春分、秋分的日出方向，往东北方向的庙宇则是冬至的日出方向。玛雅人知道计算金星年的会合周期为584天，而地球上的一年为365.242 0天(今天我们的正确测量是365.242 2天)，精确到小数点后面四位数。金星年的计算公式，以现代人的眼光看，差不多只有电子计算机才有可能做到。

玛雅人的历法非常著名，也非常神秘。第一种是积日法，有九等；第二种是一般民用历法，是以地球年为365天为计算的依据，但分为19个月，前18个月每月有20天，第19个月有5天；第三种是卓尔金历，即祭礼历，一年260天，不分月，用20个专门名词和1~13的顺序来循环配合，有点像我国的六十甲子体系。

玛雅人是怎样做出这样精确计算的？又是什么力量使玛雅文明毁于一旦？至今还无人能够解释。

平安莅临者

世界上第一位有记载的医生大概要算埃及的医神伊姆荷特普，这个名字直译的意思是“平安莅临者”。传说他是公元前2980年左右佐塞王的御医和大臣，是埃及医学的奠基人，被埃及人尊称为医神。不过，没有人知道他是怎样为人治病的。

在古埃及和古巴比伦，医生基本上是巫师的代名词。人们一般都认为生病是妖魔缠身附体，因此通常用巫术来驱赶病魔。如果一个人肚子疼，那么则认为一定是妖魔躲进了肚子里作怪。医生——巫师则通常是念一通咒语，烧化一道符咒，然而再配一些我们现在不太清楚的药物，让病人一起吃下去，以达到呕吐或腹泻的作用，从而把妖魔从体内赶出来。还有一种巫术治病的过程是，接受巫师的治疗时，头痛的病人面对一尊面粉塑像或一道符咒，巫师在病人头部和塑像之间反复吟诵咒语，达到把魔鬼从人体内引到面塑中或用符咒压住的目的，从而减轻病人的痛苦。

我们知道，这些巫术根本治不了病，而人体的一些小疾病70%是可以自愈的，因此患小病的人表面上看起来是被巫师治好的。

对于一些重大疑难病人或濒于死亡的病人，埃及的巫师有一种闻所未闻的诊断，叫做“不应当处理”，意思大概是：随他去吧，我们的巫术救不了他，魔鬼一定要带走他了。

古埃及和巴比伦对外科特别是骨伤有一定的科学意义上的治疗，不过也带有浓厚的巫术色彩：巫师在给病人做接骨手术时，通常要进行巫术表演仪式，然后才施行治疗，而且这种治疗有时得冒很大的风险。巴比伦的《汉谟拉比法典》规定，对一次成功的外科手术，要付给2～10舍克勒的白银作为报酬，这相当于一个工匠半年以上的收入；而万一治疗失败，国王就要下令砍掉医生的手。因此，医生——巫师诊断外伤时，一般会分为三种类型：一是有希望的；二是不确定能否治好的；三是无希望的。这无疑是说，第一种可以看，第二种试试看，第三种就不能看了，只能放弃——“不应当处理”，免得连累自己。

为了培养医生——巫师，埃及的僧侣学校设有专门课程。传说在古代埃及，接骨郎中和眼科医生很多情况下是完全用巫术治疗的，除了对精神病人完全用巫术治疗外，对其他的病都是采用半医半巫、医巫合一的方法进行治疗。

在巫术中发展起来的医学从埃及传到了古希腊。古希腊有自己的医神，叫做伊司古拉比司。《荷马史诗》中记载了许多战争中受伤以后的治疗方法。在《奥德塞》里，荷马笔下的英雄生病时基本上也只能靠巫术和符咒。不过，医学仍然取得了一些进步：人体解剖已经开始，胚胎学、生物学的一些最初观察也在进行：毕达哥拉斯学派的人发现了视觉神经，恩培多克勒解剖了心脏，而爱奥尼亚的柯斯学派代表人物希波克拉底则将希腊医学推到了顶峰。

希波克拉底于公元前420年左右建议研究胚胎学的科学家要每天打破一个正在孵化的鸡蛋，去观察其胚胎的形成过程，强调医生要精密地观察和周密地说明病人的症状。对一些常见病，他脱离了巫术和符咒，开出了一些有用的药方并提出了治疗方法。为了维护医生职业的纯洁和提高医生的社会地位，当时雅典还颁布了一部医师法典。希波克拉底将其中的有关部分纳入医生的职业誓词，这就是著名的希波克拉底誓词。誓词中说："医生要处处为病人利益着想，要保持自己和医学行业的纯洁和神圣。"

宇宙的中心

自古以来，太阳东升西落，月亮阴晴圆缺，高高的夜幕之上繁星闪烁。日复一日，春华秋实，暑往寒来。

从古埃及、古巴比伦的天文学和星相学家，到古希腊的科学家，都在研究这样一个自然现象：为什么会有四季交替？

公元前5世纪下半叶，毕达哥拉斯学派的追随者菲洛劳斯认为，宇宙的中心是一团永不熄灭的大火，他称为“中央火”。地球每天绕它转动一周，并且一直以同一面朝着中央火。但是，如果这样，我们应该在同一天的不同时候看到恒星的不同位置，可是我们看不到。因此，天文学家又提出，地球每天自转一周，而太阳、星星、月亮是不动的。这个观点解释了太阳、月亮东升西落的周而复始运动，但是还是不能解释春、夏、秋、冬的季节交换。

柏拉图的学生欧多克斯继承了老师的宇宙模型构想，设计了一个巨大的同心透明的球体。他把地球置于这个同心球的中心，而太阳、月亮和其他行星都在这个球中绕地球运行，恒星在最外的一层天球上。为了说明太阳、月亮、行星及恒星的不同运动情况，欧多克斯和他的学生设计了34个这样的天球。亚里士多德则安排了55个天球，把月亮、水星、金星、太阳、火星、木星、土星和恒星天依次排定，并且用一个由神来推动的“宗动天”来解释天体运动的最初原因：一旦推动了“宗动天”，神的力就依次传到各个天球上，使各个天体运动起来。

由于这种理论过于繁琐，后来的学者都摒弃了这一学说。

出生于公元前310年的阿利斯塔克根据前人的研究提出了日心地动说。他认为，月亮是不发光的，它的光来自太阳，它在圆形轨道上绕地球旋转，从而形成东升西落和阴晴圆缺的自然现象。他大概受到中央火和地球自转观点的启发，提出地球一方面每天自西向东自转一周，另一方面又沿圆形轨道绕位于中心的太阳每年转动一周。水星、金星、火星、木星、土星同地球一样绕日转动，恒星固定位于以太阳为中心的天体上。

但是，日心地动说在很长一段时间内得不到社会的承认。宗教界人士认为，人居住的地球和神居住的太阳以及其他星球是不能相提并论的，它们之间迥然有别；人居住的地球是下贱的，只能沉沦在宇宙的最底层，永远是上帝的奴仆,不可能像天体一样在天空遨游。

阿利斯塔克死后不久的公元前220年,古希腊柏加地方的阿波罗尼提出了一种本轮均轮假说,并经过希帕克和托勒密,最终形成了完整的地球中心说。

托勒密是古希腊天文学的集大成者。他提出的地球中心说统治天文学1 400年之久,直到哥白尼提出日心说为止。公元127年至151年间,托勒密在亚历山大里亚教授天文学和数学,同时进行了大量的天文研究和观察。

托勒密在前人天文学研究成果的基础上,采取本轮均轮的学说,构造了天文学的宫殿。他的13卷天文学巨著《天文学大成》提出了完整的地球中心说。在这部巨著中,托勒密告诉人们:地球位于宇宙的中心位置,是静止不动的,整个天空的星体都围绕着地球转动。月亮离地球最近,和行星一样,在本轮上沿均轮作螺旋状运动,只有太阳是在均轮上运动。而对于均轮来说,地球不在它的圆心中央,而是略微偏一些,是一个偏心圆。这样,托勒密再借助角速度等数学工具,很好地解释了天体运动和当时观测数值之间的一致性,从而确立了自己的天文体系——托勒密体系。

这一学说虽然是错误的,但在当时有着相当的进步意义:首先,从理论上完美地肯定了地球以及其他天体都是球形的;其次,第一次对天文现象进行了理论概括,代表了当时能够达到的学术成果。特别要指出的是,这一学说的错误只是科学认识的局限,中世纪宗教将地心说用来为上帝服务,这才是科学的悲哀。自托勒密之后,希腊的神就从奥林帕斯神庙中移居到了天上。

国王的奖赏

传说,印度的舍罕王非常迷恋于他的宰相西萨·班达依尔(Sissa Bem Dahir)发明的国际象棋。他要奖赏宰相的贡献。有一天,他把宰相召进宫中,对他说:"爱卿,我现在要对你的发明给予奖赏,你可以提一个要求,我一定满足你。"班达依尔看来胃口不大,他回答说:"至高无上的陛下,我想请你赏给我麦子,只需在棋盘第一格放1粒,第2格放2粒,第三格放4粒,然后,每一格放上前一格一倍的粒数,摆满所有格子就可以了。"国王一听,觉得这点麦子微不足道,立即叫大臣拿来麦子。第一格摆1粒,第二格摆2粒,第三格摆4粒,还没有摆到20格,一袋麦子便空了。国王又叫大臣去拿麦子。谁知直到粮库里的麦子被扛完还没有摆完。

原来,这个宰相是一位聪明的数学家。他要的奖赏总共有18 446 744 073 709 551 615粒麦粒,可以记作$2^{64}-1$粒。1蒲式耳小麦5 000 000粒,照这个数要4万亿蒲式耳小麦,1蒲式耳大约35.2升,实际上大约是全世界2 000年生产的小麦。国王觉得宰相欺骗了他,就找了一个借口,把他杀了。

实际上,古代人很少知道大数目的性质。很多原始部落的人不知道比3大的数,如果比3大,就说"许多"。即使到了古希腊时代,也很少有人了解大数目的性质、读法和写法,如果要写100万这个数,他就可能惊慌失措,不知如何是好了,因为要写1 000个,就要几个钟头,费很多纸张,于是人们对大数目的认识只能满足于"很多很多",而不计其数。

古希腊有一位大科学家叫阿基米得,他开动大脑,想出了一种写大数目的方法,这大概是世界上第一个能写出无穷大数字的人。在西西里的大海滩上,沙子的数目一般人都说是不可计数的,即使可以计数,如果把地球设想成一个大沙堆,沙子充满了海洋和岩洞,肯定是无法计算了。阿基米得找到了可以写出充满整个宇宙的沙子数目的方法。当时希腊最大的单位是万,阿基米得引进一个新数即万的自乘得亿,作为第二阶数,还不够的话,亿亿是第三阶位,亿亿亿是第四阶位。根据当时的天文学观点,阿基米得计算后说,充满宇宙天球的沙子数目不会超过1 000万个第八阶数字。这个数字用现在的方法可以记成10^{64}。因为阿基米得时代人们认为宇宙的半径只有10亿英里,因而该数字比实际答案要小得多。但是可以肯定的是:如果阿基米得像今人一样了解宇宙的大小,也一定能算出准确数字。

阿基米得用近似于现代的方法写出了大数目,这在当时是非常伟大的事。他从计数上把数学大大地推进了一步。

“0”的意义和印度数学家的贡献

当古希腊文明开始湮灭在中世纪黑暗的天幕下的时候,印度的数学以其独特的光芒照亮了东方的天空。

毫无疑问,印度数学并不是独立于世界之外,它也接受了古希腊数学的影响,但是又有其独到的发展。公元200年到1200年的1 000年间,印度有5位数学家对数学作出了不朽贡献。他们是阿利耶毗陀(生于公元476年)、巴拉马古他(生于公元598年)、马哈维拉(生活在公元9世纪)、司里特哈拉(生于公元999年)和巴士卡拉(生于公元1119年)。这5位数学家在确定“0”的意义和运算法则、无理数和不定方程的解法方面,使数学前进了一大步。

在亚历山大里亚,古希腊人只是在计数时用“0”表示哪一位上没有数,而没有别的含义,印度的数学家则把“0”看成一个完整的数。马哈维拉认为:一个数乘以“0”得“0”,并说减去“0”并不使一个数变小。一个数除以“0”后,这个数就是无穷量,不管再加多少或减多少,都是不变的,正如万世不变的神不会因世界的创生和毁灭而有所改变。“0”作为完全数的意义不仅使数字的表达更加明确,而且为建立一整套数学运算法则提供了最基本的条件。

无理数是毕达哥拉斯学派遇到的一个魔鬼。他们不能理解,世界的和谐秩序怎么可能被这样的无理数打破。但是印度数学家处理问题的方式同希腊人不同,他们不注重证明方法,不把算术和几何联系起来,而是直截了当地承认无理数也是数。他们不理会希腊人遇到的逻辑难点,并且随心所欲地用有理数的运算法则来计算无理数,从而使数学取得了进展,并通过这些法则沟通了有理数与无理数的联系。在他们看来,两个无理数之和是一个较大的无理数;而其乘积的两倍叫做较小的无理数,它们的和与差是照整数那样来算的。概括成运算法则就是 $a + b = (a + b) + 2ab$。这个法则正是从有理数运算而来的法则。例如,设有c,d两数,则 $c + d = (c + d)^2 = c^2 + d^2 + 2cd$。设若 $a = c$,$b = d$,则上式就和前式相同。

有趣的是,印度的数学题很多是编写在故事之中的。有一道题是这样的:“一群鹅中有一对留在水中游戏,而7倍于原来鹅数的平方根的半数的鹅厌倦了这项游戏,而向岸边游去。亲爱的姑娘,这群鹅有几只?”如果鹅群有 x 只鹅,则 x 乘以 $7\sqrt{x}$ 再除以 2 加上留在河里的 2 只鹅,就是鹅的总数,即 $x=\frac{y\sqrt{x}}{2}+2$,实际上是解一元二次方程。我们很容易就得到 16 只鹅的答案。也有很多题目是与交纳利息和税收相关的。这说明印度人的数学在生产实践,特别是商业交往中应用很广泛。

印度人在解不定方程整数解方面比古希腊人前进了一大步。巴士卡拉解过一道含有 3 个未知数的一次不定方程。题面是:4 个人拥有的马匹数各为 5,3,6,8;骆驼数为 2,7,4,1;驴子数是 8,2,1,3;牛数是 7,1,2,1;4 个人同样富有,请问各种牲畜的价格?这实际上是一个四元一次不定方程组,有很多组解。巴士卡拉通过复杂的推理得出了几组不同的价格,其中一组是一匹马 85 德拉玛(印度古币单位)、骆驼 76 德拉玛、驴 31 德拉玛、牛 4 德拉玛。巴士卡拉大概是用试错法(或称尝试法)来计算牲畜价格的。

从公元 600 年到 1200 年的 600 年间,印度的数学成就奠定了其在数学发展史上的历史地位。

从丈量土地到欧几里得几何学

古老的尼罗河孕育着几千年的埃及文明。两岸的人们依靠尼罗河恩赐的肥沃土地繁衍生息、世代相传。

为了使土地便于耕种、分配和缴纳租税，人们把土地划分为小块，并由法老派出的"牵绳者"用绳子来测量并计算面积。由于尼罗河每年定期泛滥一次，淹没了土地的界限，"牵绳者"每年都要重新对土地加以测量和划分面积。相传，勤劳而聪慧的埃及人在几千年前就学会了计算矩形、三角形的土地面积。

我们现在所称的几何学，最初就是测量土地的技术。几何学(Geometry)一词，就是由地(geo)、测量(metry)两个词组成的。后人发现的埃及纸草书上记有一块形状是三角形的土地，其中一条底边长度为4，另外有一条边长度为10，而面积记载为20。如果图形是直角三角形，则面积就是正确的。又有一块圆形土地，直径为9凯特(约189公尺)，其计算出来的面积是64，其π值相当于3.16，也是很正确的。

埃及人为了储存粮食，建造了许多尖顶的圆柱形谷仓。他们知道圆柱体体积的计算方法。而且，他们计算正方形截锥体体积的公式与今天我们使用公式 $V=\frac{(a+b)}{3}(a^2+ab+b^2)$ 得出的结果是一样的。

埃及人的几何学知识是通过泰勒斯、毕达哥拉斯等古希腊哲学家、科学家传到古希腊去的。据说泰勒斯在埃及学习时，曾运用等腰直角三角形的相似性原理测量过金字塔的高度。在一个晴朗的日子，泰勒斯拿一根竹竿竖立在金字塔旁，等竹竿的影子和竹竿的长度相等时，泰勒斯跑到金字塔影子的顶端刻下一个记号，然后测量出塔基到记号的距离，就得到塔的高度。泰勒斯还发现，任何圆周都可以被直径平分；等腰三角形两底角相等；半圆周角是直角；已知三角形一边及两邻角，则此三角形确定；等等。这些几何学命题对几何学的发展作出了贡献。他的学生毕达哥拉斯对埃及几何学进行了初步总结和升华。埃及人关于直角形的知识造就了最著名的毕达哥拉斯定理。几何学的真正成就是靠演绎推理实现的，这样一种见解从泰勒斯开始，经过亚里士多德，最终为欧几里得所接受。

亚历山大里亚学派的欧几里得，是古希腊数学成果的集大成者，他在公元前300年左右在数学上崭露头角，开始教授学生。他总结和发展了前人的几何学成果，写成《几何原本》，这部巨著使几何学从一堆没有头绪的乱麻变成了描绘空间结构的巍峨大厦，并且独领风骚2 000年。

《几何原本》是从一系列不言自明的公理开始的，而且是抽象的。对于公理，只要我们运用以往的经验就能充分理解。例如，没有部分的点，只有长度没有宽度的线，只有长度、宽度没有厚度的面等。进一步的公式是：两点成一线，直线的两端可以任意延长，可以任一定点为中心、任一距离为半径作一圆等。依据这些定义、公理，欧几里得用13卷的篇幅洋洋洒洒地论述了直边形和圆的性质、比例论、相似形、数论、无理数和立体几何等。

传说欧几里得非常鄙视几何学的实用价值。有一次在教学过程中一个学生问他学几何学有什么用，他立即叫来一个仆人，吩咐仆人说："拿三分钱给这个学生，因为他一定要从几何学里得到好处。"不过几何学特别是有关圆锥曲线的性质，后来却成为伽利略和开普勒研究抛物运动和天体运动的重要数学工具，成了理解炮弹弹道运动的战术学和天文学的钥匙。

至今为止，我们在中学时代学习的平面几何和立体几何知识，大部分都是欧几里得留给我们的。后人把这门科学称之为欧几里得几何学，以表示对这位伟大的几何学家的崇高敬意和纪念。

毕达哥拉斯

公元前570年左右，爱琴海东部萨摩斯岛一户叫姆奈萨尔克的人家生下了一个胖小子——毕达哥拉斯。

毕达哥拉斯年轻时曾拜哲学家泰勒斯为老师。这位米利都的大学者向他的学生讲授了哲学、天文学和数学知识。大概是受了老师的影响，毕达哥拉斯游学于北非和美索不达米亚各国。

他来到埃及，学习了埃及的数学特别是几何学；他也去过巴比伦，学习了巴比伦的数学和天文学知识。丰富的游学经历和对数学的偏好使他醉心于数学研究。后来，他来到意大利的南部城市克罗顿定居下来。

克罗顿是一座繁荣的商业城市，依靠从伊奥尼亚到意大利的转口贸易养活大约30万人口。繁荣的都市需要文化，毕达哥拉斯组织了一个具有宗教、科学和哲学性质的团体。在这个团体中，毕达哥拉斯带领学生们学习科学知识、研究哲学问题，而且还干预社会政治生活。他们的科学成就，特别是数学成就，使这个团体后来被人们称为毕达哥拉斯学派。

在埃及、巴比伦以及毕达哥拉斯的老师泰勒斯那里，数学的成就一般都是与具体的生产实践联系在一起的，例如测量土地、商品买卖等。人们知道5亩地、5只苹果、3棵树等数量概念，但是不能理解5和3这样一些抽象的数。毕达哥拉斯正是把5和3这样一些具体数字抽象出来进行研究，创立了纯数学。

毕达哥拉斯十分重视整数，认为万物都是由数组成的。他和他的弟子们把数分为奇数和偶数、素数和合数以及完全数、亲和数等。

他们常常在海边的沙滩上讨论数学问题，光滑的鹅卵石是他们研究数学的重要工具。他们用鹅卵石来代表数，在沙滩上排列成各种形状来研究整数的性质。他们发现，3颗鹅卵石可以摆成一个正三角形，而6颗鹅卵石、10颗鹅卵石也可以摆成正三角形。进一步研究后，他们发现了一个规律：所有$-n(n+1)$（今天我们加上限制：$n\geqslant1$）的数都可以摆成正三角形，他们把这些数称为三角形数。同样，能摆成正方形的点数叫正方形数，能摆成多角形的点数叫做多角形数，如五角形数、六角形数等。

他们还发现，两个相邻的三角形数之和是一个正方形数。例如3和6相加等于9。

在几何学方面，毕达哥拉斯及弟子们通过平行线的性质，证明了三角形的三个内角之和为两个直角，并进一步推论出多角形的内角和计算公式。他们在几何学上的最大贡献是发现了毕达哥达斯定理，即直角三角形弦的平方等于两直角边的平方和，并且可以化简为一个美妙的整数比 3∶4∶5。据此，他们研究出了很多符合整数比的直角三角形的三元数组。

正当毕达哥拉斯学派醉心于他们关于整数的见解，并且用数来解释世界的时候，他们遇到了一个很大的困难。一次他们在海上航行时，学派中一个叫西帕修斯的弟子惊讶地发现，等腰直角三角形的弦与直角边比不是整数比，而是2∶1∶1。这一发现否定了学派关于整数的铁律。学派的同仁从惊奇不安中醒悟过来，愤怒地把西帕修斯当作恶魔扔进了大海。

毕达哥拉斯学派运用数学知识去研究天文学。他们十分崇拜数字的和谐，认为 10 是一个完美的象征，因为它是 1 +2 +3 +4 的总和。据此他认为发光的天体也有 10 个。他欣赏球形体，因而凭直觉就认为天体，包括太阳、月亮、地球、月亮、行星是围绕旋转运动的。这一想法后来被误认为是太阳中心说的起源。

毕达哥拉斯学派由于对数学的崇拜而使天文学披上了神秘主义色彩的外衣，他们的宗教思想带有严重的神秘主义色彩。他们的学派有很多非常奇怪的规矩，如不允许团体的成员吃豆子，不准捡别人掉在地上的东西，不准在光亮的地方照镜子等。

毕达哥拉斯领导学派参与政治，并同贵族党结盟，因而遭到民主党的迫害。公元前 497 年（一说为前 500 年），毕达哥拉斯在米太旁敦（Metapomtmn）被害。他的弟子们将他的科学事业一直延续到公元前 400 年左右。

地球有多大

古代科学家对自己赖以生存的地球的形状和大小十分关心,并对此作出了种种猜测和论证。

毕达哥拉斯以后,关于地球是球形的观点逐渐为人们所接受。随着天文观测方法的进步,古希腊科学家开始测量天体之间的距离和大小,这也导致了天文学与哲学的分离。

公元前4世纪末,一大批希腊学者来到亚历山大城,在国王托勒密·苏特为他们建造的天文台和图书馆从事科学研究工作,形成了亚历山大学派。

生活在公元前310至前230年的阿利斯塔克是一位伟大的天文学家。他写下了许多著作,但只有《论日月的大小和距离》一部留了下来。他在观测中发现,月球是不发光的,月光是反射的太阳光形成的,月球是在圆形轨道上绕地球旋转的。月球上下弦时,从地球上看太阳与月亮的张角比一直角小3°,而且视线在同一平面上。他推算太阳到地球的距离是从月亮到地球距离的18~20倍,太阳直径为月球的18~20倍,而为地球直径的6~7倍。尽管这个数字并不准确,但是他关于太阳比地球大的发现,确实是一个重大进步。他还提出,太阳和恒星都是不动的,地球绕太阳转动,太阳在地球运行的圆形轨道的中心。这也是后来日心地动说的重要依据。阿利斯塔克非常正确地指出,恒星之所以看起来不动,是因为距离特别遥远,比地球轨道半径大得太多了。

继阿利斯塔克之后,另一个希腊天文学家埃拉斯特尼用很巧妙的方法测出了地球的大小。在夏至那一天,他发现塞恩正午时太阳光笔直地经过天顶,直照得井底都透亮;而在亚历山大城,正午时天顶距为圆周1/50。于是他测量了亚历山大到塞恩的距离,坚定地提出地球周长是这个距离的50倍,约为25万希腊里,折合公制约为39 600千米,这是一个相当精确的结果。

埃拉斯特尼还根据自己的研究画了一张地图,这张地图是有南北两极和赤道的圆球面,上面有经纬线,并且有5个地带:2个寒带、2个温带和1个热带。他把36°纬线称作平纬圈,它经过直布罗陀海峡和罗斯岛,陆地延伸7.8万希腊里,从大西洋一直到太平洋,其余都是海,可以沿平纬圈从西班牙一直航行到印度。

不朽的原子论

世界是纷繁复杂的物质世界。有鲜花、草原、森林,有各种各样的动物,有自然的灵物——人类。除了有生命的事物外,还有无生命的事物,江河大地、日月山川,处处生机盎然。

但是,无论世界多么丰富多彩,当我们将它一点一滴地分割直到最后,是不是可以得到组成世界的终极物质呢?这在古希腊,是一个深奥的科学和哲学问题,也是一个哲学家和科学家们感兴趣的问题。

泰勒斯大概受巴比伦和埃及人的影响,他认为组成万物的最终物质是水。他认为动物、植物吃的东西带有湿气或水,空气、土和水经过动植物的身体又复归到空气、土和水,世界上的一切东西都是由水组成的。阿那克西曼德不同意泰勒斯的看法,他认为,组成世界万物的是一种简单的元质,它是无限的、永恒的,而且是无尽的,它包围着整个世界,万物由此而生,但元质肯定不是水。如果它是水,它又是无限的,就不可能有其他东西存在了。元质在不停地运动,当元质蒸发的时候,活的生物就出现了,人是从鱼衍生而来的。

阿那克西美尼是米利都学派的第三位杰出代表,他既不认为万物始于水,也不认为组成世界万物的是元质,而认为万物的基质是气。火是稀薄的气,进一步凝聚就是水,再凝聚就是土,最后是坚硬的石头。

米利都学派是早期唯物主义的代表。他们关于世界万物起源的看法肯定了物质永恒和不灭的观念。而后来的赫拉克利特更进一步,他以诗人般铿锵有力的语言说:“这个世界对于一切存在物都是同一的,它不是任何神或人所创造,它的过去、现在和未来,永远是一团活火,在一定的分寸上燃烧,在一定的分寸上熄灭。”“火的转化是:首先成为海,海的一半成为土,另一半成为旋风(气)”;“一切事物都换成火,火也换成一切事物,正像货物换成黄金,黄金换成货物一样”,而且一切都在流动变化之中,“人不能两次踏进同一条河流”。火的运动实际上是一种永恒的变化过程,“太阳每天都是新的”。哲学家的智慧伴随着诗人的想象力一次又一次得到升华。

这种以一种物质——水、气或火——作为世界万物本原的思想,深刻地影响着后来的科学家和哲学家。但是,用水或者某种其他具体物质组成整个世界与经验事实不相符合,也容易遭到唯心主义的批评。毕达哥拉斯就说,万物都是数。他的这个“数”是整数，就是一种存在，具有原子的性质。而物体是由不同的数按不同的方式排列起来的。他提出了“四元素说”，认为土是立方体，火是四面体，气是八面体，水是二十面体。这四种物体由冷、热、湿、燥四种性质两两组合而成。冷和湿组成水，火是热与燥的组合。

受毕达哥拉斯的影响，巴门尼德也不同意从具体的物质中寻找组成世界的基本物体，他的弟子们认为，一种物质根本不可能从另一种物质中产生，可以感觉到的水、土、火是不可能互相转化和过渡的。他进一步说，必须摒弃一切感官感觉到的形体差异，只留下单一的、统一的本质，即“一”，这才是唯一的实在。“一”是无限的、不可分的，是物质的，占有空间，又是球形的，因而也具有原子的性质。

与巴门尼德差不多同时代的哲学家、科学家兼江湖术士恩培多克勒应该是毕达哥拉斯“四元素说”的直接继承者，不过他没有接受“数”是万物本原的思想。他证明了空气不是一无所有的虚空。他的实验是：用手指压住一根空管子的一头，浸入水中以后水不会流进管子，证明管子中空气的重量压住了水。空气出来之后，水就会进去。这样，水、土、气、火就成了四种永恒存在的元素。这四种元素被两种神力，即爱的力量(吸引力)和斗争的力量(相斥力)影响，以不同比例组合成世界万物。

毕达哥拉斯的“数”、巴门尼德的“一”，都带有很强的神秘色彩，很容易归结为上帝创造万物的观念。但是，关于世界本原的单一性、统一性思想，却包含在“数”或者“一”之中。另一方面，组成世界的基本元素，泰勒斯的水、阿那克西曼德的气、赫拉克利特的火，也都具有单一性、统一性。而“四元素说”的四种特性，则说明了这些基本元素之间的转化和过渡。冷、湿、热、燥实际上很好地说明了一切相关的观察事实。蒸发、凝聚、运动和新物质的生长，赫拉克利特的“无尽的流动”也说明了看不见的粒子的运动和变化。正是受这些思想的启发，后来的思想家提出原子论。

提出原子论的是留基伯和德谟克利特。这一学说完全继承了古希腊智慧的结晶，是科学理论的预言。他们提出问题说，土、水在无限分割以后，还是土和水吗？正如我们现在知道的一样，水分子可以分割为两个氢原子和一个氧原子，而它们却不是水，都是原子。原子论者没有依靠近代科学的成果就认识到，万物是由原子组成的，原子在物理上是不可分的和不可毁灭的；原子之间存在着虚空，原子在虚空中的运动是永恒的，原子的数目是无限的，种类也是无限的，不同的只是形状和大小。

原子的运动起初是杂乱无章的。在无限的虚空里没有上也没有下,原子的运动就好像灰尘在太阳底下的运动一样。

在运动中,原子互相碰撞,产生了漩涡,类似的原子就结合在一起,组成元素,形成许许多多的世界。无数的世界生长,衰败,直至毁灭,只有适合环境的才生存下来。

原子论者不管原子最初是怎样运动的,这是极为机智聪明的。他们不用上帝或者心灵的作用来解释,而认为原子的运动是永恒的。在这个基础上,又强调由原子组成的万物都是有原因的、必然产生的。这样,他们把物质运动的最初原因的疑问一直留到今天(今天我们也没有最终解决),而使自己的理论接近于近代的科学事实。

德谟克利特的原子论为卢克莱修所传播,从而得以保存和延续。后来原子论虽然受到亚里士多德的反对和中世纪的扼杀,但是到了近代,终为实验科学所接受并得到证明。

阿基里斯追不上乌龟

古希腊哲学在讨论运动、时间和空间的时候，存在两种截然相反的见解：赫拉克利特强调世界万物无时无刻不在变化、运动之中，而巴门尼德则认为运动、变化是不可能的。这个问题在数学上，也可表述为离散与连续的关系。毕达哥拉斯学派将“$\sqrt{2}$”当作魔鬼，因为这个数使两个量之间失去了联系。

巴门尼德的学生芝诺在论争中站在老师一边，并为之辩护。他提出了4个悖论来否定运动的绝对性和时空的无限可分性及连续性。

芝诺说，运动是不存在的，因为一个物体到达目的地之前必须到达它的半路上的点。如果空间是无限可分的，当你跑到一半的点时，剩下的路程仍然还有一半的点，因此，我们就不可能在有限的时间内通过无限可分的有限长度。因为在有限的时间内要想达到路途上无数个中点是不可能的。这就是“两分法”悖论。

为了进一步说明运动是不可能的，芝诺又说，现在让我们看看阿基里斯和乌龟赛跑。阿基里斯是古希腊神话中的神行太保，我们现在可以称之为长跑冠军。但是芝诺说，不管阿基里斯跑得有多快，不管乌龟跑得有多慢，阿基里斯是追不上乌龟的。这是因为当阿基里斯追赶的时候，他首先要跑到乌龟刚才的出发点；而阿基里斯到了这个出发点时，乌龟又到了新的出发点。因为被追赶的总是跑在前面。后人就把这第二个悖论称之为“阿基里斯和乌龟赛跑”。

芝诺的第三个悖论是非常有名的，即“飞矢不动”。芝诺说，在空气中飞行的箭，第一秒钟肯定在一个确切的位置，而第二秒钟肯定又在一个确切的新位置，第三秒钟……因此，我们就像看电影一样，只有一张张画面，而且是静止的画面叠加，箭在某一确定时刻是在某一确定位置，换句话，箭在某一确定时刻是不动的、静止的，因此，飞矢就不可能处于“飞”的运动状态。

芝诺的第四个悖论是游行队伍的速度问题。这个问题可以通过一个例子来说明。比如有三支游行队伍 A，B，C。这三支游行队伍排好队以后，A 队不动，B 队在一个较短时间内向前移动一位，C 队在一个较短时间向后移动了一位。这样，C 的速度对 B 就是 2 位，B 的速度对 C 也是 2 位，而 B 和 C 两队对 A

来说，都是一位。因此，对 B 和 C 而言，一半的时间等于一个时间单位，B 对 A 来说移了一位，而对 C 来说是移了 2 位。C 也是这样。这怎么可能呢？这是因为在芝诺看来，时间和空间只具有相对的性质，绝对时间和绝对空间是不存在的。

我们是根据亚里士多德的记叙才知道芝诺的悖论的。从数学上解决这些问题是微积分的功劳，在天文学和物理学上，是靠哥白尼和牛顿解决这些问题。而在哲学上，这些问题直到今天依然以各种形式表示出来。正如罗素在批评巴门尼德的理论之后所说的那样：哲学理论，如果它们是重要的，通常总可以在其原来的形式被驳斥之后，又以新的形式复活。反驳很少能是最后不变的，在大多数情况下，它只是更精炼的争论形式的序幕而已。

也许，科学和哲学，正是在这种论战的过程中前进的。如果没有谬误，真理就不会闪光。

古希腊的百科全书——亚里士多德

公元前 384 年，亚里士多德出生于希腊北部的斯塔吉拉，父亲是马其顿国王阿明塔二世菲利浦的侍医。

亚里士多德 17 岁时来到雅典，拜柏拉图为师，在他的老师办的学校里先做学生，后做老师，整整过了 20 年。柏拉图死后，他到处游历。公元前 343 年，他做了 4 年亚历山大少年时代的老师。后来他在雅典创办了自己的学园——吕昂学园。他和他的学生们经常在学园里一边散步一边讨论学术问题，所以人们称他的学派为“逍遥学派”。

亚里士多德是古代知识的集大成者。他涉猎所有已知的科学领域，并进行系统的分类整理，写下了近 1 000 本书，内容涉及哲学、逻辑学、政治学、伦理学、心理学、修辞学、物理学、气象学、天文学、动物学、植物学和几何学等，为后人留下了一座巨大的思想宝库。他所形成的思想权威在欧洲一直影响到文艺复兴时期。

亚里士多德在逻辑学方面影响巨大。今天人们学习形式逻辑时要仔细研究的三段论正是由他创立的。三段论是演绎推理的一种证明方法，是包括大前提、小前提和结论三个部分的论证过程。例如：凡是人都会死（大前提），张三是人（小前提），所以张三会死（结论）。亚里士多德研究了三段论的三种格式，即 AAA 式、EAE 式和 AII 式。亚里士多德对三段论式推理推崇备至，认为所有演绎推理都可以归结为三段论式推理，它是最完美的，因而也是思维科学最基本的形式，借此可以得到真实的知识，且演绎推理高于归纳推理。这对于亚里士多德同时代的人，如稍后的欧几里得来说，是非常重要的，欧氏几何学正是依靠演绎推理建立起来的。

亚里士多德获得成功的另一科学领域是生物学。他大概是最早为“生命”下定义的人之一。他说：“生命是能够自我营养并独立地生长和衰败的力量。”他讨论了 500 种动物，并且认识到鲸鱼是胎生的；他观察并且描述了鸡胎的发展，注意到鸡的心脏在蛋壳中的形成和跳动，这大概是世界上最早的胚胎学方面的研究；他制订的动物分类表，打破了过去按对分原则把动物分成互成对比的两类，如水中的动物和陆地上的动物、有翅动物和无翅动物的分类方法，从而使分类表更加接近于我们今天的分类方法；他认为植物没有雌雄的分别。

他的许多结论经历了几个世纪之后才被人们认识和接受。

亚里士多德认为,地球是球形的。他论证道:第一,球是对称的、完美的;第二,由于存在压力,地上的各部分向中心挤压,会成为球形;第三,月食时,地球的阴影是圆形的。这些论证是很有力的。

他认为地球是宇宙的中心。行星与地球依远近次序排列为月亮、水星、金星、太阳、火星、木星、土星和恒天星,达55 个之多,而且每一个天球层都是透明的。最外边是"原动天",是不动的推动者,依靠原动天的推动,其他天体及万物才有运动。

在亚里十多德看来,构成地球的是水、土、气、火四种元素,而构成天体的是第五种元素。进一步说,水、土、气、火的本质,又可以在冷热、湿燥的基本性质中找到,并根据不同比例形成,这就又退回到毕达哥拉斯时代的水平。

亚里士多德的老师柏拉图的王国是一个理念的王国。亚里士多德在接受老师的思想时对其加以改造,把许多常识性的东西加入了这个理念王国。他肯定心灵感知的世界是一个实在的世界,而不是一堆不可信赖的现象,理念只是第二性的实在,是实在世界的一部分,在实在世界之中。这就为经验科学留下了一席之地。但是,亚里士多德的逻辑学过分推崇演绎推理,他的权威使得他之后的科学界为寻找绝对肯定的前提而忽视经验,成为实证科学发展的障碍,许多权威性的错误结论使得实证科学在近 2 000 年的历史长河中踟蹰不前。到了中世纪,亚里士多德学说中的谬误甚至被神学利用为反科学的挡箭牌。

王冠的秘密

传说,地中海西西里岛叙拉古国国王为显示自己的富有,让金匠做了一顶纯金的王冠。王冠做成了,纤细的金丝成了各种花样,工艺十分精巧。国王非常高兴,但转念一想:王冠是不是纯金的,会不会掺进银子?于是国王派人把当时的大学者阿基米得召进宫中,要他检验王冠的纯度,前提条件是不能碰坏王冠上的一根金丝。

阿基米得苦思冥想了好几天,仍然想不出什么好方法。朋友们看到他那种寝食不安、日思夜虑的样子,就劝他去洗个澡,提提精神。阿基米得一路走一路想,以至于脱了衣服坐到满满一盆水里的时候还在想。

他突然发现自己的身体浮了起来,而水却从澡盆里溢了出来。他眼睛一亮,从澡盆里跳起来,光着身子跑出澡堂,一边跑一边喊:"我想出来了!我想出来了!"

他来到王宫,要来两只大盆子,盛满水后把王冠和同等重量的纯金分别放在盆子里。他又将漫出来的水分别收集在两只大小相同的杯子里,发现盛王冠的那只盆子溢出来的水比另一只多,他断定:王冠中掺入了其他金属。

姑且不论这个故事是否属实,其本身即具有极大的科学价值。阿基米得通过一系列实验总结出浮力定律,他在自己的专著《浮体论》中写道:物体浸在水中所失去的重量,等于它所排开的水的重量。这就是阿基米得定律。

无独有偶,在我国古代也流传着曹冲称象的故事。东汉末期,曹操"挟天子以令诸侯",贵为丞相。一国使臣送来一头大象。曹操想知道大象有多重,但当时的衡器无法称量,众谋士都束手无策。他的儿子曹冲想出一个好方法。曹冲让人把大象牵上一艘船,记下吃水线;然后又运来一些石头,搬到船上,逐渐增加,使吃水线与原来的一样,再称出船上石头的重量。这样就得出了大象的重量。这个故事说明我国人民很早就会利用浮力原理。

阿基米得,公元前287年生于叙拉古,是古希腊的物理学家和数学家,青年时期曾在埃及的亚历山大里亚接受了物理学、数学、天文学等方面的教育,是早期少数几个用实验方法验证科学理论的科学家之一。

阿基米得在研究机械过程中发现了杠杆原理。他在《论杠杆》一书中提出:离支点等距离的相等重量处于平衡,不等距离处的相等重量不平衡,而向距离较远处的那个重量倾斜。他证明了当杠杆平衡时，物体的重量之比等于距离的反比。他认识到，要省几倍的力，就可以用一根动力臂比阻力臂长几倍的杠杆。他曾经说过这样一句名言："如果给我一个支点，我就能撬动地球。"阿基米得为近代力学奠定了基础，是公认的古代最伟大的力学家，被称为"力学之父"。

阿基米得也是一位伟大的爱国者，当罗马军队侵犯他的家乡时，他竭尽心智发明了投石机，不仅能迅速投掷石块，打击城外的敌兵，还能投掷火器，焚毁敌人的战舰。投石机将罗马士兵阻止在叙拉古城外达 3 年之久。公元前 212 年，弹尽粮绝的叙拉古城终于陷落，正面对砂盘里复杂曲线沉思的阿基米得倒在了罗马士兵的利剑之下。

血管里流动的是血

血管里流动的是什么？是血。现在这是一个普通人都知道的常识,但是古代的人们认识到这一点,却经历了漫长的过程。

早期的医学是和巫术联系在一起的,人体患了疾病被认为邪魔附体。因此,巫师就举行驱赶魔障的仪式,用咒语或焚烧符咒来给人治病——这种办法在现代落后的地方仍然可以看到。

毕达哥拉斯学派的生物学家和解剖学家阿尔克莽大概是最早进行解剖的人。公元前500年左右,他发现了把眼睛和脑联系起来的视觉神经,也认识到大脑是智慧——感觉和理智的中央器官。后来恩培多克勒也做过解剖,看到血液流进心脏并从心脏流出。

希腊医学学派中的柯斯学派的希波克拉底,创立了一套具有现代精神的医学学说。他们研究生理学时一般不问“为什么”,而问“怎么样”,因而更加接近于现代临床医学。他们认为,人体有四种体液,即黑胆汁、血液、黄胆汁和黏液,四种体液协调一致,身体就健康,否则就会生病。据说,这是观察血液中存在的四种物质后得出的结论,很有点现代血液分析的意思。他们看到,血液中有一种黑红色血块,代表黑胆汁;一种红色液体,相当于血液;一种黄色的浆水,是黄胆汁;一种纤维蛋白,他们认为这和黏液有关系。

在古埃及亚历山大里亚,有一位叫希罗费罗斯的医学大师大约在公元前260年公开进行了人体解剖。他发现,人的动作是与神经系统的作用联系在一起的,动脉有搏动,静脉没有搏动。他的同时代人埃拉西斯特拉托研究了静脉和动脉在人体内的分布情况,并且发现了神经系统中人脑和高级智慧的联系。他设想,血液在向下流动时人吸进空气,而向上升时就呼出空气,因此,在正常情况下,动脉血管就是空气的通道。空气进入动脉血管就成为活力灵气,也称为“动物元气”。据说,他发现死动物的动脉血管都是空的,因此他认为,血管被割开后,空气跑掉了,血液便流出来。

古代西方最后一位医学科学家是盖伦。公元130年,他出生于小亚细亚的帕尔加蒙的一个建筑师之家。早年在柏加曼学医,游历亚历山大,然后到罗马定居,并成为罗马皇帝马可·奥里略和维卢斯的御医。盖伦对动物进行尸体解剖和活体解剖。他怀疑关于动脉血管里流动空气的说法,为此他做了一个很有名的实验:他把一只活猕猴的动脉血管扎起来,使血管里的东西不外流,然后再切开血管,发现里面装满了鲜血而不是空气,从而证明了血管里流动的是血。

盖伦把人的活力分为三级,即消化系统、呼吸系统和神经系统,并且把活力灵气称为“纽玛”。他做的另外一个著名实验就是解剖心脏的构造,并且历史上第一次试图系统说明血液的流动。他认为,人们吃进食物的有用部分以“乳糜”的形态从胃肠道通过脉门进入肝脏,变成深红色的静脉血,并且由此推进静脉,从肝脏单程流向心脏右心室。右心室有心房瓣控制静脉血不能倒流,而是通过膈膜转入左心室,或者转到肺里。在左心室,静脉血中的杂质被分出来,通过肺静脉排到肺里。这样,空气经过肺及肺静脉来到左心室,把纽玛分出来作为活力灵气注入血液(“纽玛”,今天可以解释为氧气,置换过程是在肺里完成的)。这样制成鲜红的动脉血由活气灵气的推动带进动脉,流向全身。一部分动脉血流向大脑,活力灵气就变成灵魂,人就有了各种感觉。

盖伦的血液循环学说主张心脏是呼吸的主体,这是错误的,因为心率和呼吸率根本就不是一回事,空气也不可能进入左心室。但是他的认识达到了他所处的那个时代的顶峰,也是人类关于自身认识的一个新的阶段。他的学说统治医学界 1 500 年后,最终被哈维建立的血液循环学说推翻。

点石成金之梦

人类很早就试图用铅、铁、铜等普通金属来制造贵金属黄金。化学与炼金术的不解之缘,是从愚昧而又天真的炼金术之中诞生的。

早期的炼金术是商业、科学发展和哲学思想的混合物。大约在公元1世纪,有一位炼金术士假借哲学家德谟克利特的名义专门写了一本关于怎样炼金的著作。在早期炼金术时代,黄金、宝石、珍珠、泰尔紫(一种珍贵的染料)都是皇宫贵族才能享用的奢侈品,珠光宝气而又价值连城。如果从贱金属中炼出贵金属或者宝石,是可以发一笔大财的。于是很多人包括一些著名的学者,也专心研制各种炼金术秘方。

炼金术士是很虔诚的,他们具有神秘主义思想,认为万物皆有灵气,所有的灵气都像种子一样,可以成长为实体。对于人来说,人的善恶不是因为肉体不同,而是灵魂不同,改变灵魂,就可以改变人。同样,改变金属的灵魂(它的特性)就能改变金属。让金属带上银子的白色,就是银子;带上金色,它就是金子。而当时人们已经知道,染色用的媒剂可以侵蚀金属表面,使它改变光泽。

炼金术士研究的实际炼金过程大概分为四步:第一步是把锡、铅、铜、铁按一定比例熔合成一种黑色合金,使四种金属都失去原来的个性或灵魂成为另一种东西。第二步是加入水银、砷等,使合金去掉土质,不会生锈,并且变成了银白色,就和白银的颜色相仿。第三步是加入少量黄金作为种子,试图让它在与合金的冶炼过程中生长起来,像酵母发酵馒头一样。最后一步是加进硫黄水进行表面处理,使合金呈现金黄色。这样,贱金属就变成了黄金。

还有一种奇妙的想法,据说是一个名叫玛丽的犹太女子提出来的。她把炼金术看成两性交配的过程。她认为,使雌雄交配,就能获得要找的东西。银子很容易做到这一点,但是要让铜交配很难,就像要马和驴、狗和狼交配一样难以做到。这实质上和万物有灵气的想法相似。

早期炼金术士辉煌了300年。公元296年,罗马皇帝戴里克烧毁了所有炼金术的书,断然禁止这种"骗人"的把戏。但是,同后来的炼金术流于骗术不同,早期的炼金术士不是傻子,也不能算是骗子。他们一定程度上是科学的探索者,他们的过错是因为当时科学水平不高,认识局限造成的。直到后来,科学的化学才从炼金术士的魔圈中解脱出来。

近代实验科学的先驱——罗吉尔·培根

中世纪，科学的命运比哲学更惨，几近不复存在。但是科学的精神仍然在14世纪发出了自己的呐喊，罗吉尔·培根就是这样一位伟大的呐喊者。

罗吉尔·培根是13世纪法兰西斯教派的一位思想家。他出生于1220年，早年在牛津大学求学，酷爱数学和科学。他认为，人们产生错误的根源有四个方面，即过度崇拜权威、习惯、偏见和自负。真正的知识靠实验来获取。应当靠实验来弄懂自然科学、医学、炼金术和天上地下的一切事实。他坚信，权威的知识应当靠观察和实验来证明。为此，他做了很多实验，研究了凸镜的作用，认为用凸镜可以制造望远镜。他还对虹的现象进行了实验，证实确实如《圣经》所说，虹是水汽蒸发的结果。当然，他也做过炼金术士的工作，渴望点石成金，这正好被他的论敌抓住了把柄，认为他宣扬异端邪说和妖术魔法。公元1257年，教团总管圣博纳梵图命令培根在巴黎接受监视居住，并禁止刊印培根的著作。

在极端苦闷中，培根写信给当时教皇驻英国的使节富克，向他诉说了自己的不幸遭遇。这位开明的法律家和政治家热情鼓励培根，要他为了教皇的利益继续他的研究工作。但是，这位后来成为教皇克力门四世的开明绅士却要求培根保守秘密，这样就给培根带来很大的困难，因为他是一个托钵僧侣，靠别人的施舍过日子。但是困难难不倒他，他四处向朋友借贷，凑足了写书和购买材料的钱以及基本生活费用，用一年半的时间于1267年写成了3本书送给克力门四世：一本是《大著作》，详述了他的全部见解；一本是《小著作》，是前书的概要；还有一本是《第三著作》，是怕前两本书遗失而补作的。

培根从事科学工作好景不长。1277年，克力门四世去世，培根失去了保护伞，教会立刻把他抓起来判处监禁，而且蛮横地不许他上诉。他在狱中待了14年，1292年获释后不久就无声无息地去世了。

培根在他的三部著作中详细地记录了他对自然科学的实验研究。他涉猎领域非常广泛，有百科全书式的风范，如天文、地理、物理、光学等。他还对许多近代发明作出了奇迹般的预言，如望远镜，不用马拉的车、没有桨和帆的船、像鸟一样有翅膀的飞行器、不用桥墩支撑的桥梁等。所有这些都是他通过实验合理地推论出来的。这些当时看起来荒诞不经、被教会视为异端邪说的预言，今天都成为现实。

罗吉尔·培根是黑暗时代照亮科学前程的第一盏明灯。

中世纪的农艺和工艺

黑暗时代,欧洲的科学传统特别是理性精神受到了经院哲学和宗教的无情扼杀。但是,上帝也需要供品。罗马陷落以后,蛮族的入侵者带来了新的工艺,使生产技术得到革新,生产得到了新发展。

由于蛮族的侵入,欧洲人第一次脱下长袍,穿上了裤子。一般的日用品如雪橇、木桶、毛毡的制造工艺也得到改进。

蛮族同时也带来了新的粮食作物,裸麦、燕麦、小麦、蛇麻花(啤酒花)开始在欧洲安家落户。更为重要的是,蛮族在公元1世纪就开始使用的新式犁、重轮犁也随入侵者来到欧洲,改进了欧洲原本的耕作方法。

在此之前,欧洲人一直使用的是旧式犁。这种犁除了在公元前10世纪用铁代替了木头的犁外,1 000多年来几乎没有变化,犁地不深,扶犁的农民非常费力、费时,一般需要横着犁一次,竖着再犁一次。

新式犁的后面装有一个轮子,既可控制犁的深度,也可控制犁的方向,犁地的人只要扶稳犁把就行了。而且,新式犁的犁头有一面犁刀划土,还有一个控制翻土方向的模板,朝翻土的方向与犁面成一钝角(120°左右),这样犁出来的田垄既深又直,因此犁地省时省力,田也被犁成长条田。由于提高了生产力,复种指数也从二圃制改成三圃制,即从耕种一年养地一年,变成耕种两年养地一年,产量因此也提高了1/3。到公元9世纪,从亚洲传来马颈圈和马蹄铁,马的拉力因此提高了三四倍,北欧从此开始用马代替牛来耕田。

欧洲人在中世纪已经开始使用水磨,即利用水力推动水轮,带动石磨来磨谷物。这种水磨遍及中世纪欧洲的农村。有人统计,公元10世纪末英国的水磨坊大约有5 000座,差不多每400个英国人就有一座磨坊。后来又发明了风轮,这种风轮有一个横卧的轴和垂直的帆翼。

农业生产的发展使剩余产品出现,这就为手工业和商业的发展创造了条件。贸易兴旺起来的直接结果就是航海业得到了长足发展。为了建造运输量大的海船,公元13世纪,商业城市联盟“汉撒同盟”的商船已经装上了尾舵和牙樯配合纵帆,使得海船告别了依靠划桨来驾驶的历史。尾舵稳定地控制着航行方向,而牙樯和三角帆(纵帆)使海船能够迎风航行和转向,大大提高了海运能力,扩大了海运范围。商船不仅在地中海上来往如梭,甚至通过波罗的海和北海也毫不畏惧。

丰富的剩余产品为中世纪许多重大历史创举提供了雄厚的物质基础。许多巍峨高大的神圣教堂和著名大学建立起来。仅法国在1170年至1270年的一个世纪中就建造了80座大教堂,人工和材料约合今天的10亿美元之巨。

技术工艺进步的成果,也为上帝的供桌上增加了一份供品。此期从东方中国传入欧洲的印刷术则使《圣经》成为平民的读物。

地球中心说

在科学发展的过程中，谬误往往是真理的前奏。关于太阳系运动的规律和模型就是一例。在哥白尼以前，也有人提出过太阳是宇宙中心的论断，但是由于科学认识的局限，这一论断还不能为人们所接受。相反，占统治地位的是地球是宇宙中心的认识。

从古埃及、古巴比伦直到古希腊的科学家，都一直试图解释太阳、地球、月亮及其他行星的运动规律。柏拉图的学生欧多克斯是第一位试图解释这一运动规律的科学家。他设想了一个巨大的同心透明球体，地球处于这个球体的中心，而太阳、月亮、其他行星都在这个同心球中绕地球运行。而阿利斯塔克提出的太阳中心思想违背了古希腊人的宗教思想，他们认为，卑下的地球不可能和纯洁的天体一样具有和谐的圆周运动。

公元前220年，古希腊柏加地方的阿皮罗尼提出了一种解释天体运动的新的假说。他的思想为天文学家希帕克采用并加以完善。希帕克认为，太阳、月亮、行星都在一个以地球为中心的圆周上运动，这个圆周轨道叫做均轮。而太阳、月亮、行星的运动又在自己的轨道上做圆周运动，这个圆周以均轮轨道为中心，叫本轮，它的大小可以通过观测来确定。他还制作了一个数字表，可以精确地预测天体的位置，准确地预测日食和月食。

这个错误的假说现在看来很可笑，但在当时既很好地解释了已知的天文现象，又维护了地球中心的宗教意识，因此受到社会的欢迎和承认。250年以后，亚历山大里亚的天文学家托勒密总结概括了古代天文学的全部成果，写下了13卷巨著《天文学大全》，构造了严密的地心说体系。托勒密告诉人们：地球是宇宙的中心，是静止不动的；太阳在均轮上围绕地球运动；每个行星和月亮都在本轮上匀速转动，本轮的中心在均轮轨道上匀速运动；恒星和日月行星还与恒星天一起，每天绕地球自东向西转一周。他又做了一些补充，使地心体系和观测事实相对一致起来。这对于当时的天文学来说，具有很大的进步意义。

但是，地心说为神学提供了根据，于是，希腊的神也就从奥林帕斯山移到了天上。到了中世纪，托勒密的学说在经历短暂的困难后，最后成了解释宗教教义的工具。这使得地心说统治天文学界达千年之久，最终为哥白尼的太阳中心说所取代。

驰誉世界的中国金属冶炼术

我国古代金属冶炼术长期遥遥领先于世界。西晋著名诗人刘琨曾经写下这样的诗句:“谁意百炼钢,化作绕指柔。”这就是成语“百炼成钢”的由来。我国的钢铁冶炼技术早在春秋时期就已出现。更令人惊叹的是,远在商周时期我国的青铜冶炼技术已相当成熟。

北京故宫博物院陈列着一尊1939年在安阳小屯殷墟出土的司母戊大方鼎,长110厘米,宽78厘米,高133厘米,重875公斤,造型精美,结构复杂,纹饰瑰丽,是我国目前为止出土的最大青铜器。1938年,湖南宁乡出土的著名的四羊尊,更是一件精美的艺术品。尊身由四只带卷曲角的羊构成,四壁中间各有一条两个身子一个头的双角小龙突出在尊外。这两件国宝成为我国3 000多年前高超铸造技术的有力见证。唐宋时,我国首先冶炼成白铜(一种铜镍合金),同时创造了胆水(其主要成分是天然硫酸铜)炼铜法,开始大规模制取金属铜。而欧洲直到15世纪才发现铁可以置换铜盐中的铜这一现象。

铜的冶炼技术为炼铁业奠定了良好的基础。早在3 000多年前,我们的祖先就开始使用铁器。河北藁城出土的一件商代铁刃铜钺,就是用天然陨铁锻打后与青铜铸接而成的。春秋时已开始了人工炼铁。

相传春秋时吴王阖闾命干将、莫邪夫妇在莫干山铸造宝剑。干将、莫邪虽历尽千辛万苦,削发入炉铸成两口锋利无比的宝剑,然而却因延误时机,干将被阖闾派人杀死。后来夫差又命令公孙冶铸了一口宝剑,能削铁如泥。这些传说表明,2 000多年前我国钢铁冶炼技术就已经达到了相当精湛的水平。1965年湖北江陵墓中出土了越王勾践剑,剑身在地下埋藏了2 000多年,但至今仍闪着请冽的光芒。

生铁冶铸在冶金史上是一个划时代的进步。据江苏六合程桥东周墓出土的用块炼铁(早期熟铁)制成的铁条和白口生铁铸成的铁丸可知,我国在春秋晚期就已经炼出了生铁。这个铁丸是我国也是世界上最早的生铁实物,欧洲直到14世纪才炼出生铁,比我国落后1 900多年。1976年,湖南长沙春秋晚期墓中出土了一把用中碳钢制成的剑。从熟铁(含碳量小于0.05%)到生铁(含碳2%到6%)和钢(含碳0.05%到2%),其间应该有一个发展过程,但在中国却几乎同时出现,这在世界冶铁史上是绝无仅有的。

初期的炼铁方法是原始的固体还原法，人们在800～1 000℃的温度下用木炭还原铁矿石而得块炼铁。这就必然夹杂大量杂质，且质地软，只能锻，不能铸。于是我们的祖先取法炼铜术，在世界上最早采用高炉炼铁，并进一步加强鼓风以及扩大炉型，改进燃料。炉高从1.5米扩大到4.5米。在鼓风方面，先后发明了人力压动的皮风囊鼓风、马排、牛排鼓风，特别是到东汉初年，先于欧洲1 200多年发明了水排鼓风，明代又发明了活塞式木风箱。在燃料方面，先于欧洲500年在南宋末年发明了焦炭炼铁。这些发明使炼铁的温度提高到1 200℃以上，从而将铁化为铁水，从炉底流出，直接烧铸成型，大大提高了炼铁的质量和速度。铸铁的热处理技术也日益成熟。人们相继制造出应用范围十分广泛的可锻铸铁和球墨铸铁。

与此同时，我国的炼钢技术也在不断发展。春秋晚期，人们将块炼铁反复加热锻打，挤出夹杂物，并在与炭火的不断接触中使之增碳，炼成了块炼渗碳钢。两汉时人们发明了炒钢法，把生铁加热到液态，加入铁矿粉不断搅拌，利用铁矿粉和空气中的氧“烧”去生铁中的一部分碳，并除去杂质，将生铁中的含碳量降低，经反复锻打将铁炼成钢。炒钢法是两步炼钢的开始，是炼钢史上的重大突破，具有划时代的意义。人们把这种钢反复锻打制成“宝刀”、“宝剑”。东汉末年，曹操曾命人造“百炼利器”5把；三国时刘备命蒲元造“七十二炼”宝刀5 000把，称绝一时。1974年山东苍山出土了一把东汉时的钢刀，上有错金铭文“卅炼大刀”等字。这些宝刀都是用“百炼钢”反复锻打而成的。

到南北朝时，綦毋怀文发明了“灌钢法”。綦毋怀文曾任北齐的信州（今四川奉节一带）刺史，是一名出色的制刀能手。他发现在炒钢时，最难的是火候的掌握，常常因炒过火，使含碳量过低，更加费时费工，需要继续加入生铁进行锻打。他尝试用优质铁矿石炼出液态生铁，把它浇在熟铁上，经过几次熔炼，使熟铁渗入碳而成钢。他用这种方法制成的“宿铁刀”锋利无比，能够一下子斩断铁甲30札。这种方法大大提高了钢的产量和质量，其原理已开始向现代平炉炼钢接近，在冶炼技术史上是一项突出的创造性成就。

汉通西域后，我国的钢铁曾通过“丝路”运往西方。公元1世纪，罗马博物学家普林尼在其名著《自然史》中说：“虽然铁的种类很多，但没有一种能和中国的钢媲美。”现在钢铁工业仍是我国国民经济的支柱产业。

世界建筑史上的奇迹——万里长城

万里长城雄踞我国北部，自西向东跨过高原、沙漠，穿越崇山峻岭和河谷溪流，宛如一条巨龙，气势磅礴，雄伟壮观，成为中华民族的象征，是世界建筑史上的奇迹。

长城的修筑是从战国时期开始的。那时诸侯割据，战争频仍，燕、赵、韩、魏、齐、秦六国逐鹿北方和中原大地。为了自卫和防止北方游牧民族南侵，六国在各自的边境修筑了长城。

公元前 221 年，秦始皇统一中国，建立了中国历史上第一个封建制中央集权的大帝国。为了防范匈奴南侵，秦始皇派大将蒙恬率领 30 万大军驱逐北方游牧民族，并抽调大批人力，把燕、赵、魏等诸侯国的长城连接起来。历时 10 多年，终于筑成沿黄河到内蒙临河，北达阴山，南到山西雁门关、代县、河北蔚县，经张家口，东达燕山、玉田、辽宁锦州延至辽东的万里长城。当时北方地区气候、地理条件极其恶劣，冬季或大雪纷飞或风沙漫天，夏季或酷热难当或大雨滂沱，再加上工程本身十分艰巨，许多人不堪重负，病累而死。民间至今仍流传着“孟姜女哭倒长城”的故事，可见万里长城是古代劳动人民血汗和智慧的结晶。

汉武帝时，为了抗击匈奴的侵扰，确保河西走廊的畅通，加强对西域各少数民族的统治，重修了万里长城；又耗费了大量的人力、物力，修筑了朔方长城和凉州西段长城。后者在甘肃境内，从北端额济纳旗居延海开始，向西南经金塔县至安西县，再经敦煌，直达玉门关进入新疆，并且“五里一燧，十里一墩，卅里一堡，百里一城”，修筑了大量的烽火台和城堡。

明代北方鞑靼族兴起，不断南下侵扰。明太祖派大将徐达统兵镇守长城，并对其进行了维修。明成祖朱棣迁都北京后，对长城进行了扩建，先后历时 100 余年，才完成了西起嘉峪关，东到山海关的全长 12 700 余里的修筑工程。同时设立了 9 个重镇（辽东镇、蓟州镇、宣府镇、大同镇、山西镇、延绥镇、宁夏镇、固原镇、甘肃镇）进行分段防守。此外还建筑了许多关城，大都选择在地势险峻处，其中最著名的有嘉峪关、居庸关和山海关。

嘉峪关是明代长城的起点，建在酒泉以西 70 里通往新疆的大道上。关城平面呈方形，东西两面有城门，四角设有角楼，关城与祁连山相连，形势极端险要,被称为“天下第一雄关”。居庸关在北京城西约百余里,城墙用巨大条石砌成,高大而坚固,尤其是八达岭长城居高临下,异常险峻。山海关是明长城东端终点,位于河北、辽宁两省的交界,西部是高山,东临大海,成为通向东北地区的咽喉要道,自古以来就是军事重镇,号称“天下第一关”。

明代修筑的长城十分坚固,山西以西全部夯土筑成,烽火台建筑在长城两侧,每4米长5米高的墙面用土80立方米,一个烽火台的用土量就达800立方米。山西以东长城大多采用砖砌,石灰浆勾缝,八达岭一带用大石条砌筑。当年人们要将数十斤的大条石运上山,困难重重,除施工时集中建窑烧砖、就近搬运外,人们还设法利用畜力或制作精巧的机具,如绞盘、手推车等,运送砖石上山。

巍巍长城,经历了数百年无数次战火的考验和风雨的侵蚀依旧岿然不动,充分显示了我国古代劳动人民的勤劳、智慧以及在建筑工程方面的高超技艺。如今,万里长城已成为中华民族坚不可摧的精神象征。

指点迷津的指南针

传说大约在四五千年前，我国黄帝部落和蚩尤部落在涿鹿展开一场大战。蚩尤长相凶恶，善兴风作“雾”，尽管黄帝骁勇善战，但由于辨不清方向，大败而归。黄帝回去后，立即组织人研制指示方向的工具，很快造出了指南车，并在第二次交战中大败蚩尤，从此在黄河流域定居下来。据史书记载，周朝的成王年幼时，周公摄政，在首都镐京举行了一次诸侯朝会大典，来自南方的越裳氏担心回去迷路，周公便送给他一辆指南车。

指南车是我国古代最早的指示方向的工具。它是一辆用四匹马拉的双轮车，车上有一个长方形的车厢，车厢外面装饰着形象生动的雕刻和色彩鲜明的绘图，车厢里是相互联动的齿轮装置，并设置了一根立杆和齿轮衔接，杆上有一木偶举手指南，车虽转动，所指方向却不变。后来，东汉时的张衡和三国时的马钧等人都造过指南车。但是这种车子笨重，使用十分不便。

春秋时，人们在采矿中发现了天然磁石。《管子》记载：“上有慈石者，下有铜金”。“慈石”即磁石，“铜金”即铁矿。据说，秦始皇建造的阿房宫北宫门用磁石制成，用以防范身穿铁甲或携带兵器的人行刺。战国时，人们利用磁石的特性，发明了“司南”，这是原始的指南针。人们把磁铁磨成勺子的形状，放在一个分成24个方向刻度的铜盘上，铜盘内圆外方，勺底和盘面光滑，转动司南，勺柄指向南方。

天然磁石两端具有不同的磁极，一为南极，一为北极。地球是一块大磁石，磁北极在南极附近，磁南极在北极附近。“同性相斥，异性相吸”，把磁石的南极磨成勺柄，自然永远指向地球的南方。

人们在不断的实践和探索中发现，天然磁石受剧烈的震动和高温容易失去磁性，据此，北宋时人们发明了人工磁化法。据曾公亮主编的军事著作《武经总要》记载，把铁片剪成鱼形，放在火里烧红，趁热夹出顺南北方向蘸入水中，使之迅速冷却，铁叶鱼因受地磁感应而带有磁性，从而制成了指南鱼。据北宋科学家沈括的《梦溪笔谈》记载，用天然磁石摩擦钢针，钢针便带有磁性，可制成指南针。沈括还亲自动手做了四种实验：一是水浮法，把磁针横穿灯草心，放在水碗里，利用灯草的浮力和水的滑动力，使磁针指示南北；二是缕悬法，用一根丝粘在磁针中心，悬于木架之上，针上安放一个标有方位的圆盘，静止时指示南北;三是指甲旋定法,把磁针放在大拇指的指甲上,稳定时即可指示方向;四是碗唇旋定法,将磁针平放在碗边,也可指示方向。沈括在试验缕悬法指南针时,多次发现磁针并不是指示正南正北,而是微偏西北和东南,从而发现了地磁偏角,即地球南北极连线与地磁南北极连线交叉构成的夹角。这一发现比欧洲要早400多年。

后来为固定磁针,人们把磁针和方位盘联成一体,发明了罗盘,促进了指南针的广泛使用。

指南针的发明和使用使人们在迷茫的路途中找准了方向,在茫茫大海上找到了航标。指南针在航海上的应用弥补了天文导航的不足,使航船具有全天候航行的能力,开创了航海技术的新纪元。

公元1123年,北宋政府组织的一支庞大的船队依靠指南针的指引成功出使朝鲜;明代郑和依靠指南针七下西洋,远航到达东部非洲。

中国发明的指南针,在2世纪以后传到了阿拉伯国家和欧洲,推动了世界航海事业的发展。15世纪晚期哥伦布发现新大陆和16世纪上半叶麦哲伦环球航行都有赖于指南针的忠实指航。

令世界震惊的甲骨文

19 世纪末，河南安阳洹水之滨小屯村的村民在耕翻土地时常常发现一些龟甲和兽骨，上有刻痕，有的还涂有颜色，人们不知其为何物，姑且取而藏之。有人把捡到的一些大的甲骨当作龙骨卖给药铺，数十年后被一些古董商和文字学家偶然发现。

第一个搜集、鉴定甲骨文的是清末收藏家王懿荣。据说，清末江苏丹徒人刘鹗客游京师，住在朋友王懿荣家中，恰好王懿荣生病，从菜市口达仁堂药店购得药物，内有龟板，刘鹗发现龟板上有锲刻的文字，就拿给王懿荣看，两人都十分惊讶。于是派人到药店寻觅，选择其中文字较清晰者购买。据史学家考证，1899 年，潍县有一个姓范的古董商得到一些刻有文字的甲骨，将它卖给王懿荣。甲骨文从此得见天日，并很快在世界上引起轰动。人们追根寻源，找到河南安阳的小屯村。1911 年，罗振玉派人到小屯大举搜求，村人售出各自所藏共约 3 万片甲骨。人们据此考证出这里就是史书中记载的距今 3 000 多年的商朝的国都——殷的旧址。

从 1928 年到 1937 年，人们先后 15 次对殷墟进行了大规模的科学发掘，取得了丰富的考古发现。1936 年 6 月 12 日，在第 13 次发掘扫尾时，人们发现了未经扰动的一整坑甲骨，共有约 1.7 万块。整坑布满甲骨，并有一个蜷曲之人架靠近北壁，大部分躯干压在龟甲之上，只有头和上躯露出龟甲层之外。这一发现立即引起了轰动。人们做了一个大木箱，将坑连土整取，装进箱内，重达 6 吨，送到南京后进行了长达半年之久的室内发掘。1950 年，新中国成立后又进行了大规模的发掘。郭沫若、胡厚宣等一大批考古学家对甲骨文进行了研究，并形成了甲骨学。

据统计，从安阳小屯村出土的刻字龟甲和兽骨总共约 15 万片，刻有 3 500 多个字，这是当时商王朝占卜记事的文字记录。人们将这些刻在龟甲、兽骨上的文字称为“甲骨文”，这是我国目前发现的最早的比较成熟的文字，其内容极为丰富，涉及殷商后半期社会生活的许多方面。

专家们通过甲骨文中的内容了解到，在商代渔猎已不是重要的生产手段，畜牧业、农业已十分繁盛，牛、马、猪、鸡、狗、羊六畜经常在甲骨文中出现。据甲骨文反映，人们祭祀鬼神时，一次要用上千只牛羊，平时大量的牲畜采取放牧和圈养相结合的办法喂养。“牧”字在甲骨中写作“ ”或“ ”，好像人执鞭驱赶牛羊的样子。圈养的牛羊等牲畜则关在“牢”里，如“ 、 ”。甲骨文中的“田”字写作“ 、 、 、 ”，可以看出当时开垦的农田为四方块的井田。耕作技术也在生产中不断发展，最早人们使用一根尖头木棒刺入土中播种，用“ ”来表示，为加强向下的力量，在尖头木棒的下部绑上一根横木，便于脚踏，其形状为“ ”，后进行改良，以减少掘土时向下压木柄的俯身角度，如“ ”这就是甲骨文中的“力”字。为提高效率，人们又将单尖工具改为双尖的双齿木耒，如“ ”或“ ”。甲骨文中还出现了“犁”字，即“ ”，像人拉犁之形，反映了当时可能广泛用人拉犁的办法进行耕种。甲骨文中还记载了禾、粟、黍、稻等谷物的名称。

甲骨文中也反映了十分丰富的手工业内容，有运输、冶铸、酿造、土木工程、纺织等。车是旱路运输的主要工具。甲骨文中的“车”有许多写法，如“ 、 ”，前者只有两个轮子一根轴，后者除一轮二轴外，还能看到两轮间的装载货物的部分——舆和辕，以及驾车时搁在牲口颈上的两根曲木——轭，说明当时已用牛马拉车。水路运输则主要依靠舟船与筏子，如“ 、 ”，可以看出它是平底、方头、方尾，两头上翘，两端有甲板和出角，显然当时已不是“刳木为舟”的时代了。

商代青铜器的冶炼技术也十分高超，炼铜、铸铜的场地已经分开，甲骨文中以“ ”来表示“铸”，上有两手执一锅，把锅内的东西倒入下面的器皿中，极其形象地道出铸的字义。当时已采用鼓风设备，写作“ ”，表示皮囊。

商代的酿酒业已十分发达，从地下发掘出来的酒器也很多，“酒”字写作“ ”。

商代建筑业也较发达。安阳的殷墟规模宏大，总面积约24平方公里，其城墙是夯土分段版筑而成的。当时的房屋造型很多，基本形状为“ ”，即一脊两墙，单扇的门称为户“ ”，双扇的称为“ ”，复杂的宫殿则有“ ”或“ ”，可见有些房屋是相通的。此外还出现了楼房，如“ ”、“ ”作“高”字，而“ ”、“ ”则显示了建筑在高台上的房屋，前者适用于潮湿地域，后者像是建在台基上的宫殿。

商代纺织业的主要原料“丝”，在甲骨文中写作“”、“”、“”、“”、“”。这类字共有100个，可见当时蚕丝业已相当发达。当时人们还普遍使用了石制或陶制的纺轮，用来纺纱，如“”、“”、“”等字都很像用手转动纺轮把上面的纤维不断地缠绕在一起，而“”字则像用手执丝线在染液里染色。

此外甲骨文中还记载了丰富的天文、气象、数字、医学等知识。

甲骨文是研究我国古代科学技术发展的珍贵的文献史料。

纸的诞生

纸是人类文明的标志。可是在漫长的古代岁月里人类不会造纸。远古人用堆石、结绳、楔木、刻陶等方法记事。随着文字的发明,人类的记事材料不断更新。欧洲人把字写在石头、蜡板、纸草、羊皮上,但纸草易断,不易保存;刻石耗时,十分费力;羊皮昂贵,不易推广——抄写一部《圣经》就要300多只羊的皮。印度人则用贝多罗树的叶子作书写材料。

我国古代记事材料一开始则用龟甲、兽骨、金石、竹简、木牍、缣帛之类。殷商时代人们把文字刻在龟甲和兽骨上,叫甲骨文;有的铸刻在青铜器或石头上,叫做钟鼎文或石鼓文。随着文字使用范围的扩大,春秋时人们改用竹片或木片,称为简牍,写完后还要用牛皮或绳子编串起来,叫做“册”或“策”。简牍体积大、分量重,不便携带和阅读。据记载,战国时惠施出外游学,要用五辆马车装载书籍,这就是成语“学富五车”的由来。秦始皇统一全国后,每天要批阅的竹简公文达120多斤。西汉的东方朔给汉武帝写了一封信,用了3 000根竹简,由两个人抬进宫去,汉武帝足足用了两个多月的时间才读完。我国古代还用绢帛作书写材料,称为“帛书”。绢帛轻便,便于携带和书写,但其价格太贵,无法普及。

后来,人们用蚕茧做成絮纸,这是纸的原始形态。1933年,我国考古工作者在新疆罗布卓尔的汉代烽燧遗址中发现了一片公元前1世纪(西汉宣帝时期)的麻纸。1957年,西安东郊灞桥的西汉墓中出土了一叠大约公元前2世纪的麻纸,经揭剥分成80多片。这是迄今世界上发现的最早的纸张。这些都有力地说明了早在公元前2世纪,我国就发明了造纸术。

但是早期的西汉麻纤纸比较粗糙,不便书写。公元2世纪,东汉宦官蔡伦利用担任尚方令官职(监制皇宫用器物)的机会,改进了造纸术。他总结了前人的造纸经验,带领工匠用树皮、麻头、破布、旧渔网等做原料,经过切碎、浸渍,加入草木灰蒸煮,除去木质素、果胶、色素、油脂等杂质,用清水漂洗后加以舂捣,再用漏水纸模捞取纸浆,摊成薄片,最后经脱水、晒干或烘干就制成了纸张。

公元105年,蔡伦向汉和帝报告其造纸的经过,并把所造之纸献给朝廷,受到赞扬,得到推广,促进了造纸业的发展。蔡伦因献纸有功被封为“龙亭侯”,后人把他造的纸称为“蔡侯纸”。

蔡伦开拓了丰富的造纸材料的来源,取废物制新物,变无用为有用。他用碱液蒸煮法除去原料中的非纤维成分,这是后世碱法化学制浆过程的滥觞;他设计出的多孔平面筛把浆滞留在筛面,这是现代长网和圆网造纸机的雏形。

公元3至4世纪,纸已基本取代了帛和简而成为最主要的书写材料,有力促进了我国科学文化的传播和发展。此后,造纸术得到不断革新。隋唐五代时期,我国除麻纸、楮皮纸、桑皮纸、藤纸外,还出现了檀皮纸、瑞香皮纸、稻麦秆纸和竹纸。随着隋代雕版印刷和宋代活字印刷的发明,造纸业获得更大的发展空间。

值得一提的是,唐宋时期开始生产的宣纸历来为书画家们所喜爱。安徽泾县所产宣纸号称“全球第一”,具有洁白、柔韧、匀墨、吸墨等优点,至今仍享誉海内外。

中国的造纸技术先后传到朝鲜、日本以及阿拉伯地区和欧洲。公元8世纪,居住在撒马尔罕(今乌兹别克斯坦)等地的阿拉伯人通过战争获得了造纸术,并设立了造纸工场。纸的制造和应用推动了阿拉伯文化的昌盛。公元12世纪,西班牙和法国设立了纸厂。16世纪,纸风行欧洲,有力地推动了欧洲的文艺复兴运动。1891年,上海开设了伦章造纸厂,这是我国最初的机器造纸厂,从此我国造纸业进入一个新的发展阶段。

神奇的针灸术

春秋时期，有一位医术高超的神医叫扁鹊，他经常在齐、赵等地行医。一天，扁鹊带着他的学生行医来到虢国，看到国都内人们的神情一片凄惶，宫内传来阵阵哭声，就询问发生了什么事。有人告诉他们虢国太子刚刚暴病身亡。扁鹊详细询问了太子的病情后，认为太子还可能被救活。虢国君听说后，急忙派人请他们进宫医治。扁鹊经过诊察，发现太子脉搏尚存，掌心尚温，确定太子是“尸厥”（类似休克），并未真正死亡。于是扁鹊在太子头顶、胸部和四肢的一些部位进行针刺，不一会，太子就苏醒过来。而后扁鹊又给太子煎药内服，并在两肋热敷，太子很快就恢复了健康。

针灸疗法早在春秋时期就已达到了相当高的水平。针灸疗法是我国独特的医疗方法，其特点是治病不靠吃药，只是在病人身体的一定部位用针刺入或用火烧灼，前者称为针法，后者称为灸法，统称针灸疗法。早在新石器时代，人们把石头磨成砭针或砭镰，用以刺破或切割表皮脓肿，放血排疡。后来发明了金属针。1968 年，河北满城西汉刘胜墓中出土了 9 根金银针。这是我国发现的最早的古代针灸用金属针。人们在与火的接触中发现，用火烧炙皮肤伤口，可以除寒湿，驱病毒，加快伤口愈合，缓解病痛。后来针灸疗法逐步发展成为一种独特的治疗方法，广泛适用于内、外、妇、儿、五官等科的多种疾病，并成为几千年来我国医学中的一项重要医疗手段。

古人在长期的针灸实践中发现，针灸的治疗作用与人体内部的机体传导作用有很大关系，针刺和灸灼的感应可以沿一定的途径传导和扩散。于是逐步形成了“经络”的概念，进而发展成为中医学理论中独特的经络学说。早在2 000多年前，人们就对经络学说和针灸的临床经验进行了系统的总结。1973 年在湖南长沙马王堆汉墓中发现了周代编写的《足臂十一脉灸经》和《阴阳十一脉灸经》等医书，这是已知最早的经脉学专书，也是最早的灸疗学著作，它们分别论述了 11 条经脉的循行线路以及相应的病症疗法。

战国时期出现了一部内容丰富的医学理论著作——《黄帝内经》。它包括《素问》和《灵枢》两部分，论述了人体解剖、生理、病理、病因、诊断等基础理论，并记述了经络、针灸、卫生、保健等多方面的内容，为中医学理论的形成奠定了基础，使中医学成为我国古代科学中最完善的学科之一。在《黄帝内经》

中，人们把人体的主要经脉概括为12条，并对每条经脉的循行部位及其与疾病、治疗的关系作了详细的记述，使这一学说更加完善。人们认为经络遍布人体各部分，承担着运送全身气血、沟通身体内外的功能。它不仅分布在体表，而且与体内的脏腑相互联结沟通，并“流行不止，环周不休”。其中直行的干线称为经脉，旁行的支脉称为络脉。在经脉和络脉的循行线路上，有许多腧穴（即穴位）分布于体表的一定部位。脏腑发生的种种变化往往通过经络反映到肤表腧穴上来，而针灸有关腧穴，可以通过经络的传导治愈或缓和、控制脏腑的病情。这就为针灸诊疗提供了理论说明。这一学说成为2 000年来中医体系中辩证施治的基本理论之一。

三国时，皇甫谧成的《针灸甲乙经》对针灸的取穴方法和每个穴位的主治病症进行了系统的总结，记录了654个穴位。同时期还出现了经络穴位图。

唐代名医孙思邈绘制了3幅大型彩色针灸挂图，分别把人体正面、背面和侧面的十二经脉用红色绘出，把以外的奇经八脉用绿色绘出。王焘又分绘出12幅大型彩色挂图。当时针灸疗法已被正式列入太医院的教育课程，并设立了针灸科，有针博士、针助教等职衔。

宋代以后，针灸获得了进一步的发展，新的穴位不断被发现。公元1027年，北宋医官王惟一科学地总结了古代针灸学成就，编写了《新铸铜人腧穴针灸图经》一书，并主持监制了最早的两具刻有经脉腧穴的针灸铜人，用于教学和考试。据记载，在针灸科学生考试时，先在铜人体外涂蜡，体内灌水，然后让被考察者向指定的穴位进针。下针准确，则蜡破水出，否则就格格不入。

民间的针灸医疗实践也很盛行，有力地推动了针灸学的不断发展。东汉末年，名医华佗运用针灸为人治病，应手而愈，被人们称为“神医”。他发现了“夹脊”穴。北宋时宋仁宗因病昏迷，御医束手无策，民间医生许希在其脑后一无名穴进针，刚一出针，仁宗就苏醒过来。他睁开双眼，连声称赞：“好惺惺（高明）！”这个穴位后来被称为“惺惺穴”。

针灸疗法一直流传至今，并得到不断的丰富和发展，同时也得到了世界上越来越多国家的肯定和赞誉。针灸因其神奇的作用被誉为中国的“魔针”。

大禹的传人

我国的治水历史源远流长。相传我国远古时鲧之子禹继承父业治水，变堵为疏，终使水患平息，百川归海，百姓得以安居乐业。2 000 多年前李冰父子带领民众修筑都江堰，驯服岷江的故事更以铁的事实创下了世界水利工程史上的奇迹。

岷江发源于四川境内海拔 4 000 余米的岷山南麓，流至宜宾汇入长江，全长 700 多公里。其上游蜿行于深山峡谷之中，自北向南，流至灌县出山口，河面陡然开阔，转而向东南。每当春末夏初，岷山雪水融化，加之雨水连绵，岷江水位猛涨，极易发生水患。灌县城西南有一座玉垒山，正好挡住岷江东流之路，湍急的水流折而向西，在河岸低平处冲出河道吞噬大片农田和农舍，山东面却往往缺水灌溉，造成大旱。在水、旱灾害十分频繁的成都平原，老百姓常常背井离乡，流离失所。

公元前 256 年，李冰被任命为秦国的蜀郡太守。他亲眼看到百姓深受水旱灾害之苦，扶老携幼四处逃荒的惨景，决心治理岷江。他上任不久便带着儿子跋山涉水进行实地勘测，并深入访问两岸百姓，了解岷江水情。他还召集一些富有治水经验的能工巧匠商议对策，一项宏伟的计划在李冰心中形成了。

首先他决定凿穿玉垒山，引水东进。成千上万的民工在他的带领下开上了玉垒山。他们依靠简陋的工具，日夜奋战，但因山石坚硬，工程进展缓慢。李冰忧心如焚，一位老农向他建议在岩石上开些沟槽，并填满干草，再堆上树枝点火焚烧，待岩石烧热后，立刻用水猛浇，这样一热一冷，岩石爆裂，开凿就容易多了。李冰采纳了他的建议，工程进展迅速，很快凿出了一条宽 20 米、高 40 米、长 80 米的引水渠，这样既可以使岷江分洪减轻对西岸的压力，又可以引水灌溉，解除山东部的旱情。李冰给凿开的山口取名为“宝瓶口”。

为进一步驯服岷江，李冰父子决定在江中构筑一道分水堰。一开始他们命人在江中抛石筑堰，但由于水流太急，抛下的石块很快被卷走了，反复几次都未成功。李冰从附近百姓用竹篓、竹笼装东西的习惯中得到启发，让民工们上山砍伐竹子，而后编成长 3 丈、宽 2 尺的大竹笼，装满鹅卵石，用船把这些庞然大物抛入江中。

筑成的分水堰任凭江水咆哮，也岿然不动。酷似一条逆流而上的大鱼，把岷江一分为二。西边为外江,是岷江的主流;东边为内江,是岷江的支流。奔腾而下的江水失去了往日的威风,一股由外江平缓南去,一股由内江通过宝瓶口,灌溉着东边900万亩良田。

为控制流入宝瓶口的水量,李冰父子在鱼嘴分水堤的尾部、内江右岸又修建了飞沙堰,长约180米。在洪水期间,内江的水能从堰顶溢入外江,确保内江灌区的安全,同时又可减少泥沙在宝瓶口的淤积,确保水道畅通。都江堰工程的设计说明,2 000多年前我国劳动人民就已掌握了流体力学的许多原理,这不能不令人惊叹。

为观测和控制内江水量,李冰父子凿了三个石人像置于宝瓶口附近的江水中,规定"水竭不至足,盛不没肩",可以说这三个石人是世界上最早的水文标志。此外还制定了"深淘滩,低作堰"的岁修原则,每年定期淘修,保证工程长年受益,经久不衰。

都江堰工程是一个十分完备的系统工程,无论选址、布局,还是设计、施工、维护管理,都达到了相当高的科学水平。

都江堰的筑成,彻底改变了成都平原水旱灾害频繁的局面,使其成为"稻香鱼肥,民多殷富"的"天府之国"。2 000多年过去了,都江堰历经沧桑,而李冰父子初建时的工程主体仍然较好地发挥着作用,哺育着成都平原数十万儿女。正如法国一位地理学家所说:"都江堰灌溉方法之完善,在世界上首屈一指。"

敲响现代科学晨钟的奇妙八卦

1979年4月20日，著名的美籍华人物理学家李政道教授在同中国科技大学少年班的同学们见面时谈到《易经》和八卦，他说："《易经》是中国古代重要的科学著作；八卦实际上是今天数学上的八阶矩阵，电子计算机的二进位制也来源于八卦。"

八卦是《易经》中的8种基本图形。相传《易经》这本古老的著作是公元前11世纪周文王所作，它通过八卦的形式，推测自然和社会的变化，认为阴阳的相互作用导致万物变化，包含着辩证法思想的萌芽。传说伏羲氏得了天下，黄河龙马驮了一张图作为礼物献给他，叫做"河图"，伏羲氏因之而画八卦。

八卦由两种符号组成，以"⚊"为阳，以"⚋"为阴，称为"两仪"，两仪生四象：太阳(⚌)，少阴(⚍)、少阳(⚎)、太阴(⚏)。四象再生成八卦：乾(☰)、坤(☷)、震(☳)、艮(☶)、离(☲)、坎(☵)、兑(☱)、巽(☴)。这8种符号常用来代表8个不同方位，或代表天、地、风、雷、水、火、山、泽8种自然物。八卦两两相重得六十四卦：乾(䷀)、坤(䷁)……如果把阳爻(⚊)当作数码1，阴爻(⚋)当作数码0，便可以把八卦的8个符号看作如下的二进位数：

卦名	坤	震	坎	兑	艮	离	巽	乾
符号	☷	☳	☵	☱	☶	☲	☴	☰
二进制记法	000	001	010	011	100	101	110	111
十进制记法	0	1	2	3	4	5	6	7

如果每次取6个爻，即可用0和1这两个数码来表示十进数中0至63这64个数。

由此可见，八卦这种世界上最早的符号体系，实际上就是人类最古老的二进位制。微积分的创始人——德国大数学家莱布尼茨曾收到一位法国传教士白晋从北京寄给他的"八卦图"，他惊喜地发现八卦中的阴、阳二爻同自己发明的二进制中的H和O两个字母异曲同工。对此，他予以高度评价："易图是流传于宇宙间科学中最古老的纪念品。"他进而赞颂说："伏羲是古代的君王，世界知名的学者，中华帝国和东洋科学的创造者……"表达了对古老中国的向往之情。据记载，莱布尼茨在1617年制成了能计算加法和乘法的计算器后，将一架复制品送给了康熙帝。他还给康熙帝写过一封热情洋溢的信,建议在北京成立科学院。

八卦还有许多奇妙的数学意义。如果把阳爻规定为正,阴爻规定为负,那么按照每一卦三爻的正负,这八个卦(+,+,+)、(-,+,+)……(-,-,-)正好代表立体解析几何笛卡尔坐标系的八个“卦限”。同样,平面解析几何中的四个“象限”的“象”字,也是从“四象”借用的。

1940年,一位在法国巴黎留学的中国留学生刘子华,曾经用八卦的原理预测到太阳系第十颗行星的存在,并把它命名为“木王星”,还算出它的平均轨道速度为2公里/秒,离太阳的平均距离为74亿公里。他的博士论文《八卦宇宙论与现代天文——一颗新星球的预测》提交巴黎大学审查通过。许多科学家对他的研究成果给予了高度的评价。他被正式授予法国国家博士学位。

电子计算机的出现是人类科学的一项重大突破,今天电子计算机已成为现代文明的一个重要标志。而现代电子计算机大多采用二进制的数字线路,这与古代的八卦组合竟完全相似,真是一个令人惊叹的数学奇观。

从运筹到拨珠

“一一得一，一二得二，二二得四……九九八十一。”乘法口诀《九九歌》已为每个小学生所熟知。其实，早在春秋时期这则歌诀就开始使用了，不过是从“九九八十一”开始的。

据记载，春秋时齐桓公曾专门设立了一个“招贤馆”来征求人才，可应者寥寥。一年后一人前来应召，把《九九歌》作为献给齐桓公的礼物。齐桓公觉得好笑，对他说：“《九九歌》能当作礼物吗？”这人回答说：“《九九歌》确实算不上什么，但是如果您对我这个只懂得‘九九’的人都能录用的话，还愁没有更高明的人来应招吗？”齐桓公认为他的话很有道理，将他接进招贤馆，以上宾之礼款待他。果然，不到一个月，有才学的人便接踵而至。这个故事表明我国古代对数的运算规律的认识是相当早的。

数学是自然科学的皇后，而算术则是其最古老的分支。原始人在生产和生活实践中学会记数和积数，一开始采用结绳、刻痕等方法，后来改为书契。相传4 000多年前黄帝轩辕氏“使隶首作数”，伏羲氏制造了数学工具规（圆规）和矩（曲尺）。流传到现在的汉朝浮雕中，就有“伏羲手执矩，女娲字执规”的图像。3 000多年前殷商时期的甲骨文中出现了许多数字记录，在甲骨上刻着战争中杀死或俘虏敌人的数目、狩猎时获得的禽兽的数目等。甲骨文及西周时的钟鼎文都已采用一、二、三、四、五、六、七、八、九、十、百、千、万的合文来表示10万以内的任何自然数。如“2 656”记作“二千六百五十六”，在甲骨上写作“[illegible]”。这种记数法采用的是十进制，已含有明显的位值制的意义（现代：一、二、三、四、五、六、七、八、九、十。甲骨文：[illegible]）。

春秋战国时，随着生产的发展，要求进行复杂的计算，人们创造了一种简便的计算方法——筹算，这是当时世界上最先进的记数和计算方法，是数学机械化的最早形式。筹算是用算筹作工具。算筹是以竹制的小棍，用纵式或横式表示数字。如数字1至9的纵式和横式分别作如下表示：

纵式：𝍠 𝍡 𝍢 𝍣 𝍤 𝍥 𝍦 𝍧 𝍨

横式：𝍩 𝍪 𝍫 𝍬 𝍭 𝍮 𝍯 𝍰 𝍱

个位摆纵式，十位摆横式，百位再用纵式，这样纵横相间，以此类推，遇0则空位，以此来表示任何自然数。筹算一经出现，就严格遵循十进位值制，与现在通行的十进位值制完全一致。我国十进位值制记数法的出现，是对世界数学的最古老、最伟大的贡献之一，是世界文化史上的一件大事。正如李约瑟所说："在西方后来所习见的'印度数字'背后，位值制早已在中国存在了2 000年。"古巴比伦人采用六十进位制，古希腊用27个字母相互配合也只能表示1 000以内的数，计算都十分繁琐。罗马人用数字符号记数，如"2 656"记作"MMDCLⅥ"，计算起来更加繁难。古埃及用象形文字记数，如用一只鸟表示10万。因此，马克思曾经称十进位值制是"最妙的发明之一"。

秦汉时期，人们已经能熟练地运用筹算来进行四则运算、开平方、开立方等比较复杂的计算。筹算的能力曾被汉高祖视为大将必备之才，即要能"运筹策于帷幄之中"。南北朝时著名的冶金家綦毋怀文就是在用算筹运算方面具有较高造诣的代表人物。据记载，綦毋怀文曾经为一匈奴客人计算庭院中枣树的果实数量，用算子计算之后，他不仅说出枣子的总数，而且说出有多少已经变红，有多少半红半白。打下枣子一数，发现比算出来的总数少一颗。他说肯定不会少，于是又摇动枣树，果然又掉下一颗。

十进位值制记数法和筹算的运用，是我国古代算术和代数学取得辉煌成就的重要原因之一。约在公元前1世纪前后，我国出现了两部最古老、最伟大的数学著作——《周髀算经》和《九章算术》。《周髀算经》记录了分数的乘除法、公分母的求法以及分数的应用。分数最早出现在商代（公元前12世纪），规定一年为365 $\frac{1}{4}$日，是用符号来表示的。《九章算术》的第一章"方田"中着重介绍了分数的四则运算，详细说明了通分、约分、求最大公约数等运算法则，并最早采用了最小公倍数作公分母。

魏晋时，刘徽从理论上对分数的基本性质作了明确的阐述，说明分子分母同乘或除以一个数时，其值不变，并在世界上最早发现了十进分数，还发现了分数通分和分数除法的简便规律。宋元时出现了算筹分数记数法。如3 056 $\frac{1}{4}$记作

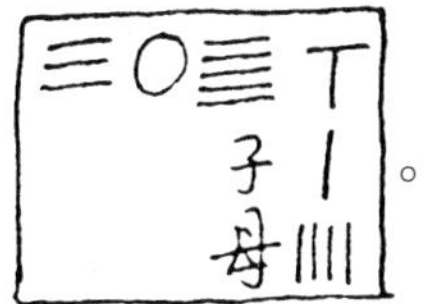

。我国关于分数的记载是世界上最早而且最有系统的论述，至少比印度领先500年，比欧洲领先400年。

《九章算术》还用算筹的不同摆法和不同位置来表示一个方程的各次项系数或联立一次方程组中的各系数,进行开平方和开立方运算、加减消元运算,以及进行比例分配问题的计算;还用算筹来表示正负数(用红筹表示正数,用黑筹表示负数),进行正负数的加减运算,这些在世界数学史上都占有重要地位。

我国是世界上最早发现并系统地论述负数,最早发明正负数加减法则的国家。希腊数学家丢番都在公元275年曾把具有负数解的方程说成是“荒唐的东西”,到16世纪欧洲人对负数还缺乏正确认识,德国人施蒂斐尔在1544年还把负数称为“荒谬”。国外首先提到负数的是公元6世纪印度人婆罗摩及多,公元12世纪,印度数学家婆什迦罗对负数作出解释。欧洲直到1637年笛卡儿创立解析几何学,负数才得到实际的解释,并逐渐得到承认。这都比我国晚了1 000多年。

《九章算术》是举世公认的古典数学名著,它的出现标志着我国古代以算筹为工具,具有独特风格的数学体系的形成,集中显示了我国古代劳动人民的聪明才智。它所确立的算术和代数学体系长期领先于世界,与古希腊数学体系相得益彰,在世界数学史占有十分重要的地位,对我国乃至世界数学的发展产生了巨大而深刻的影响。

筹算法在我国古代大约使用了2 000年。唐宋时,随着手工业和商业的兴盛,要求进一步改善计算工具和技术,同时出现了大量的计算歌诀。在这种情况下,珠算作为一种新的计算方法产生了。“珠算”一词最早出现在东汉末年徐岳的《数术记遗》中。公元570年左右,北周的数学家甄鸾在此书的注释中描述了珠算盘的形状。宋元时,珠算盘在民间普遍使用。元末陶宗仪在《辍耕录》中把婢仆贬为算盘珠,“拨之则动”。15世纪中期,《鲁班木经》中介绍了珠算盘的制造方法。到了明代,商人、数学家程大位在《直指算法统宗》(又称《算法统宗》)中系统完备地介绍了珠算术,完成了从筹算到珠算的转变,这部著作一出版就风靡全国,研究算法的人几乎人手一册,并流传了100多年,这在中国数学史上是罕见的。“三下五除二,二一添作五,一退十还九”等珠算口诀也随之为人们所熟知。

时至今日,世界进入了电子计算机时代,中国的算盘非但没有被送进博物馆,反而以其快捷、准确的特点仍然为全世界的人们所广泛使用,即使在美国、日本等发达国家,也有很多人使用算盘。

中国古代独特的数学方程术

在公元3世纪,西方代数学的鼻祖、古希腊著名代数学家丢番都的墓碑上刻着如下碑文:

过路人,这儿埋着丢番都的骨灰,下面的数目可以告诉您他一生究竟有多长。

他生命的1/6是幸福的童年。

再活了1/12,颊上长起了细细的胡须。

丢番都结婚了,可是还不曾有孩子,这样又过了一生的1/7。

再过5年,他得了头胎儿子,感到很幸福。可是命运给这孩子在世界上的光辉灿烂的生命只有他父亲的一半。

自从儿子死了以后,这老头儿在深深的悲痛中活了4年,也结束了尘世的生涯。

请您算算看,丢番都活了多大岁数,才和死神相见?

这段绝妙的墓志铭道出了这位数学家一生所从事的研究——代数方程理论。我们只要列一个一元一次方程,就不难算出他的有生之年。可是在古代要解这个方程却并非易事。正如西方数学史家史密斯所说:"世界竟曾经为一个形如 $ax \times b = 0$ 的方程所困惑过……曾求助于一种比较繁琐的方法,这种方法后来在欧洲被称为试位法。"

试位法又称"双假设法"。如设 X_1、X_2 是方程 $ax + b = 0$ 的两个猜测值,而 Δ_1 和 Δ_2 是误差,即可得到 $ax + b = \Delta_1$,$ax + b = \Delta_2$,进而推算出 $X = \frac{\Delta_1 X_2 - \Delta_2 X_1}{\Delta_1 - \Delta_2}$。公元9世纪前后,阿拉伯的数学家花剌子密等人都曾应用过试位法。在欧洲,直到13世纪,试位法才首次在意大利数学家斐波那奇的著作中出现。但有趣的是,这种方法早就包含在我国古代数学名著《九章算术》的"盈不足"一章中,比花剌子密要早800年,比斐波那奇要早1 200年,这种方法叫"盈不足术"。

所谓"盈不足术",就是在两次假设中,由于猜测值与正确值不符,误差或正或负,结果也必有盈或亏(不足)。公元855年左右,唐代官员杨损在一次选拔官员时为显示公正,当众出了一道题:有一个人傍晚走进树林中,听到几个盗贼在商议如何分配他们偷来的布匹。一个盗贼说,如果每人分6匹,则余5

匹，如果每人分 7 匹，则少 8 匹。问这里共有几个盗贼，布匹总数又是多少？两个小吏在大厅的石阶上用筹进行计算，其中一个很快得出了正确答案，因此被提升了，大家对这个决定都心悦诚服。这个故事中的问题，列出二元一次方程即$\begin{cases}Y=6X+5\\Y=7X-8\end{cases}$就能求得盗贼是 13 人，布匹是 83 匹，每人平均可分得 83/13 匹。

对于$\begin{cases}Y=a_1X+b_1\\Y=a_2X-b_2\end{cases}$方程组，盈不足术给出了一般解法，即：$X=\dfrac{b_1+b_2}{a_1-a_2}$，$Y=\dfrac{a_1b_2+a_2b_1}{a_1-a_2}$。

这种解法似乎与双假设法有区别，那么《九章算术》中另一道题则完全一致了：今有三份漆可以换得四份油，四份油可以调和五份漆，现有漆 30 升，如果用一部分去换油，再用油去调和余下的漆，刚好把漆用完，问：换油的漆、换来的油、剩下的漆各是多少？这样一个简单的一次方程题（即 $X+\dfrac{4}{3}X\times\dfrac{5}{4}=30$，$X=11\dfrac{1}{4}$升）在古代不知如何立出，只得依赖于另一种方法。《九章算术》中说："假设取出 9 升漆换油，比 30 少 6 升，又假设取出 12 升漆换油，比 30 多 2 升。"然后再转化为二元一次方程组，用盈不足术求得。同样若用公式 $X=\dfrac{\Delta_1X_2-\Delta_2X_1}{\Delta_1-\Delta_2}$，即可求得$X=11\dfrac{1}{4}$，结果完全一致。

"盈不足术"被阿拉折人称为"契丹算法"，并传播到欧洲。同时从这里可以看到我国古代对方程及方程组的解法具有独特的发明和贡献。

中国古代所说的方程是指用算筹把联立一次方程组的各项系数排成一个方阵，如方程组$\begin{cases}3x+2y+z=39\\2x+3y+z=34\\x+2y+3z=26\end{cases}$表示为

𝍠	𝍡	𝍢	上 ×××
𝍡	𝍢	𝍡	中 ×××
𝍢	𝍠	𝍠	下 ×××
𝍪𝍥	𝍫𝍣	𝍫𝍨	实

。这是世界上最早的联立一次方程组。这种"算筹排列法"与现代"分离系数法"相仿，方程术中采用的"直除法"则与现代的加减消元法完全一致。这比法国数学家别朱（Bezout）早了 1 500 多年，在世界数学史上具有重大意义。

13 世纪前后，我国古代数学家创立了列方程的方法——"天元术"，就是立"天元一"为所求的未知数，根据已知条件，列出不同的天元式，将两式相减，得到一边为零的方程。这叫做"同数相消"或"如积相消"。天元表达式就是在未知一

次项旁记一“元”字，常数项旁记一“太”字。“元”上一层表示未知量的幂次增加一次，“太”下一层，表示未知量的幂次减少一次，若系数为负时，即在此数字的个位上加一斜线，如 $X^2-8460+52X^{-1}+60X^{-2}$ 表示为 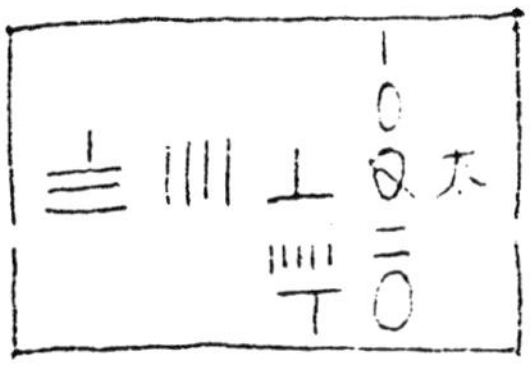 。这种“天元术”的创立与“增乘开方法”的发明是分不开的。

公元 11 世纪，宋代数学家贾宪发明的开平方、开立方和开四次方的新方法，开创了用此法求任何高次方程正根的先河。100 年后，数学家秦九韶在《数学九章》中把高次方程的增乘开方法发展到十分完备的程度，并创立了“正负开方术”。这与英国数学家霍纳创立的方法完全一致，并比霍纳早 500 多年。这就为天元术的创立创造了条件。

此后，我国古代数学家又很快将天元术扩充到求解多元高次方程组的方法。因未知数可以达到四个，被称“四元术”。“四元术”是元代数学家朱世杰首创的，记录在他的著作《四元玉鉴》(1303 年)中。他用天、地、人、物四元素表示四元高次方程组。

如
$$\begin{cases} -x-y-xy^2+xyz=0 & (1) \\ x-x^2-y+z+xz=0 & (2) \\ x^2+y^2-z^2=0 & (3) \end{cases}$$

表示为：(1)

(2)

(3)

朱世杰还详细论述了消元法的问题。中国古代数学在宋元时期达到繁荣的顶点，在世界数学史写下了辉煌的一页。

勾^2 + 股^2 = 弦^2

勾股定理是平面几何中一个十分重要的定理,是指直角三角形两直角边的平方之和等于斜边的平方。

我国是最早认识勾股定理的国家之一。早在4 000多年以前,我国人民就会应用这一定理。据司马迁《史记·禹本纪》记载,大禹治水时使用了"左准绳"、"右规矩",说明他已掌握了勾股术,并用以测量水位,疏通河道。禹是世界上有史记载的第一个与勾股定理有关的人。

约成书于公元前1世纪的我国一部天文学和数学著作《周髀算经》记载了这一定理,称直立的标竿为股,地面上的日影为勾,斜边为弦,因而这一定理可表述为:勾^2 + 股^2 = 弦^2,这就是勾股定理的由来。

《周髀算经》的首章记载了一则商高论矩的故事。公元前1100年,西周的周公旦问商高:古代伏羲氏是如何测量天地的,人们既没有那么高的梯子可以登天,又没有那么长的尺子可以测地,那些数据是从哪里来的?商高回答说:求数的方法出于圆和方,而圆形出自方形,方形则出自矩形。在研究矩形前需知道九九口诀,设想把矩形沿对角线切开,使勾为3,股为4,弦就等于5,以弦为边作正方形,并用4个同样的直角三角形把它围起来拼成1个方形盘,以方形盘的面积49减去由4个直角三角形构成的两个矩形的面积,便得到最初所作正方形的面积25,这种方法称为"积矩"。商高又说,把矩尺(直角三角形)平放在地上可以"正绳",竖立着可以测量高度,倒立着可以测量深度,而平卧着可以测量距离。这个故事说明,我国人民不仅很早就知道勾股定理,而且已能将这个原理用到实践中。

据记载,古希腊数学家毕达哥拉斯及其门徒于公元前500多年首先证明了这一定理,他们十分高兴,宰杀了100头牛大摆宴席来庆贺。西方称这个定理为"毕达哥拉斯定理",但这比商高提出勾股定理晚了500多年。

毕达哥拉斯曾拜有西方"测量之祖"之称的古希腊学者泰勒斯为师。约在公元前600年,泰勒斯曾利用日影测金字塔的高度,这使埃及国王大为惊奇。泰勒斯在一个日照强烈的下午,选定一个合适的方位,等阳光照下的身影与自己的身长恰好相等时,在金字塔影子的三角尖顶处做上记号,然后再丈量塔底中心到塔影顶端的距离,那就是金字塔的高度。

《周髀算经》中记载了与泰勒斯同时代的陈子利用三角形的原理测量太阳高度的事。《周髀算经》没有对勾股定理加以证明。

到公元3世纪，三国时的吴国人赵爽在给这部书作注时，附录了《勾股圆方图说》，对勾股定理进行了巧妙的证明，其证明方法是采用我国独特的出入相补原理，即一个平面图形从一处移置他处，面积不变。这一方法比欧几里得的证明要简单得多，因而《几何原本》直到卷一之末才出现这一定理，而在整部书中几乎没有用到。

在我国，勾股定理在《九章算术》中已有多种多样的应用，成为2 000年来数学发展的一个重要出发点。

勾股定理对世界数学史产生了巨大的影响。勾股定理的产生促成了无理数的发现，还导致了数学史上的一出悲剧。公元前5世纪，毕达哥拉斯的学生希伯斯在运用勾股定理进行计算时发现，当正方形的边长为1时，它的对角线的长不是一个整数，也不是一个分数，而是一个新的数$\sqrt{2}$，这是一个我们后来称之为无理数的数。这一发现引起了毕达哥拉斯学派的极大恐慌，因为它推翻了该学派的一个不可动摇的信念，即“世界上只有整数和分数，除此之外，就再没什么别的数了”。他们下令封锁这一发现，但消息还是传播了出去。于是该学派下令追捕希伯斯，并在几年后将偷偷乘船回希腊的希伯斯扔进地中海淹死。后来人们称这一事件为第一次数学危机。

圆周率之父——祖冲之

圆周率 π 是圆的周长与直径的比值。在计算圆周长、圆面积、球体积时，都要用到 π。有一位德国数学家曾经这样说过："历史上一个国家所得到的圆周率的精确程度，可以作为衡量这个国家当时数学发展水平的一个标志。"

古希腊学者阿基米得和我国春秋战国时的学者，都进行了圆周率的计算，其数值是整数 3。公元前 1 世纪成书的《周髀算经》中就有"周三径一"的记载。这当然是很不精确的。东汉时刘歆推算出圆周率是 3.154 7 和 3.166 这两个近似值。东汉大科学家张衡则提出了"10 的平方根"和 730/232 这两个近似值。魏晋时期杰出的数学家刘徽发现，"周三径一"的数据实际是圆内接正 6 边形的周长和直径的比值，以此计算出来的结果不是圆面积，而是圆内接正 12 边形的面积。经过深入的研究，刘徽发现圆内接正多形边数无限增加时，多边形周长无限逼近圆周长，所得的圆周率也就越精确，从而创立了割圆术。用割圆术求圆周率，是数学上极限概念和直曲转化思想的体现，因为当时还是筹算阶段，计算过程极为复杂，计算速度很慢，一个数学家即使用毕生的精力也很有限。刘徽计算到圆内接正 192 边形，得出圆周率在 $3.14+\frac{64}{625}$与 $3.14+\frac{169}{625}$之间，去掉尾数，得 3.14 或化为$\frac{157}{50}$。数学界将这个数值称为"徽率"。

南北朝时期的数学家祖冲之不满足于前人的成就，决心攀登新的高峰。

祖冲之是河北涞水县人，出生于一个为朝廷掌管历法和负责宫廷建筑的官宦世家，自幼聪明好学，曾担任过南徐（今镇江）从事史。他虽长期务政，但在工作之余，致力于天文历法、数学和机械制作的研究，成绩斐然。为创制《大明历》，他首次把岁差计算在内，定一回归年为 365.242 8 日，一交点月为 27.212 23日（现代数据分别为 365.242 2 日和 27.212 22 日）；测得木星的恒星周期是 11.858 年，与现代推算的 11.862 仅仅误差 0.004 年；还制作了指南车、千里船、水碓磨等。

祖冲之最突出的贡献是正确计算了圆周率。他从圆内接正 6 边形开始，再一次求正 12 边形、24 边形……边数成倍增加，依次计算出正 6 144 边形、12 288边形的每边长度及各边的总长度。在直径 1 丈的圆形图上，已经要用针尖才能作出正 24 576 边形的一边来,这条边已经和圆周紧贴在一起了。祖冲之认识到理论上可以无穷尽地割下去,事实上已不能再割了。他计算出正 12 288 和正 24 576 边形的各边总长度分别是 3.141 592 61 丈和 3.14 1 592 71 丈。他提笔记录:“圆径一丈,圆周盈数三丈一尺四寸一分五厘九毫二丝七忽,朒数三丈一尺四寸一分五厘九毫二丝六忽,正数在盈朒二数之间。”即 $3.141\,592\,6 < \pi < 3.141\,592\,7$。精确到小数点后七位。在国外,公元 1427 年,阿拉伯人阿尔·卡西才打破他的记录,把 π 计算到小数点后 17 位。

祖冲之还第一次明确提出了两个分数近似值,一个叫约率,一个叫密率,分别为 $\frac{22}{7}$ 和 $\frac{355}{113}$。

欧洲人过去一向认为 $\frac{355}{113}$ 这个值是荷兰人安托尼兹或德国人鄂图在 1573 年求得的,但实际上他们都要比祖冲之晚 1 000 多年。日本已故数学家三上义夫将这一数值称为“祖率”,以纪念祖冲之的突出贡献。

祖冲之还与其子祖暅一起首次完成了球体积公式的计算。球体积的计算,在秦汉时代的《九章算术》中就已经出现了,是球外切正方体的9/16,这当然是很不精确的。到刘徽作《九章算术注》时,有了重大突破,得到了一个球体体积与“牟合方盖”(在一立方体中依两不同方向作两内切圆柱体,它的共同部分)体积比的公式。但他没有深入下去,中途停止了。祖冲之父子在这个思路的启发下,作了进一步研究。祖暅提出“幂势既同则积不容异”,即二立体等高处截面积均相等则二体体积相等的等积定理,数学界称之为“祖暅定理”,按这一定理求得了球体积的计算公式为:$V_{球} = \frac{1}{6}\pi D^3$ 或$\frac{4}{3}\pi R^3$(D,R 分别是球体的直径和半径)。

直到公元 17 世纪,意大利数学家卡瓦列里才求得同一定理,该定理成为微积分得以创立的关键性的一步。

“小孔成像”与对光的认识

光是一种重要的物理现象，在光学的发展道路上，古代中国曾经作出过重大贡献。在3 000年前，人们就对光的特性有了深刻的认识。大量的观察事实使人们认识到光是沿直线传播的，但是光在前进的方向上遇到物体的时候，就会发生反射现象。

早在公元前11世纪前，我国就已经制造和使用铜镜，到秦汉以后，铜镜大大发展，并畅销国内外。尤其是有着2 000多年历史的奇特的透光镜能通过反射映出镜子背面的美丽图案，引起了人们的极大兴趣。直到近代人们才发现，这是由于镜面在制造加工以后，有相对于背面图案的轻微不等的曲率，通过反射映出背面的图案。我国古代这种高超的制镜技术充分显示了对光的反射特性的深刻认识。

公元前5世纪中叶，春秋战国时期杰出的科学家墨翟及其门徒对光的传播、小孔成像、镜面成像、光与物和影的关系等一系列光学现象进行了观察、实验和分析，并作出了科学的说明。他们做了世界上第一次小孔成像实验，解释了小孔成倒像的原理。

在一间黑暗的小屋朝阳的墙上开一个小孔，人站在屋外对准小孔，屋里相对的墙上就出现一个倒立的人影。墨家解释说，光照如射，是直线行进的，人的头部遮住了上面的光，成像在下面；人的足部遮住了下面的光，成像在上面，从而形成了倒像。这是对光直线传播的第一次科学解释。

墨家利用光的这一特性，解释了物和影的关系。在某一特定瞬间，运动物体的影子是不动的。影子看起来在移动，只是旧影不断消失、新影不断产生的结果。所以飞翔的鸟儿，影子也仿佛在飞动。墨家还解释了投影和半影现象，指出一个物体有两个影子，是由于它受到双重光源的照射。当两个光源照射一物时，就有两个半影夹持着一个本影。

墨家对平面镜和球面镜成像也进行了研究。若人站在平面镜之上，其像是倒立的；当人走向镜子，像随之；离开镜子，像亦随之。对凸面镜而言，物体不管在什么位置，像仅有一种，而且总是在镜面的一侧，并比原物体小。只是距中心近的像显得大，距中心远的像显得小。凹面镜在我国古代又称“阳燧”，是利用太阳光取火的工具。墨翟和他的学生通过实验发现，当物体放在凹面镜球心之内时，得到的是正立的像，距离球心近的像大，距离球心远的像小；当物体放在球心之外时，得到的是倒立的像，距球心近的像大，距球心远的像小；当物体在球心处时，则像和物重合。当时墨家已明确区分焦点和球心，把焦点称为中燧，只是尚未能以焦点来说明物与像的关系，也未能说明球心和焦点间的成像情况。

墨家的这些实验堪称世界上最早的光学实验，他们所开创的以应用实验手段引出合乎科学结论的方法，在我国科学史上是十分重要的。

公元前 2 世纪前，人们利用平面镜反射的原理，制成了世界上最早的潜望镜。据汉初《淮南万毕术》一书记载："取大镜高悬，置水盆于下，则见四邻矣。"这个装置虽然粗糙，但意义深远，近代所使用的潜望镜就是根据这一原理制造的。同时，人们利用光直线传播的性质，发明了皮影戏。汉代初年，齐少翁用纸剪的人、物在幕后表演，并且用光照射，人、物的影像就映在白幕上，幕外的人就可以看到影像的表演。皮影戏在宋代曾非常盛行，后来传到西方，亦引起了轰动。

14 世纪中叶，宋代科学家赵友钦进一步详细考察了光源通过孔隙所形成的像和孔隙之间的关系。他在楼下两间房子的地板上挖两个直径相同而深度不一的圆井，以近千支蜡烛为光源，置于井中，在井盖上开小孔，以楼板为像屏，然后分别调整光源的远近、像屏的距离及小孔的形状和大小，仔细观察每一步实验的结果，并归纳出了小孔成像的规律。他指出，屏近孔时像小，远孔时像大；光源近孔时像大，远孔时像小；像小则亮，像大则暗。他还指出，当孔相当小时，不管孔的形状如何，得到是光源的倒立像，这时孔的大小只不过和像的明暗程度有关，不改变像的形状；当孔相当大时，所得到的是孔的正立像。用如此严谨的实验来证明光的直线传播，阐明小孔成像的原理，这在当时世界上是绝无仅有的。

光在沿直线传播的过程中，遇到透明的物质，会发生折射和色散现象，这一特性人们很早就已经发现了。如人们在捕鱼时，对准在水中静止的鱼，掷出渔叉必定落空，就是因为水的折射使人们看到的只是鱼的影像。

人们在实践中认识到凸透镜的聚焦现象。1 000 多年前晋代张华所著的《博物志》一书中说："削冰命圆，举以向日，以艾承其影，则得火。"冰遇热会融化，但是古人把它制成凸透镜，利用聚焦取火。

人们还对彩虹这一奇妙的自然现象的成因进行了探讨。唐初的孔颖达就指出了"若云薄漏日，日照雨滴则虹生"。这就说明虹产生的条件是薄云、日照和雨滴，表明虹是日光照射雨滴产生的折射和色散现象。公元 8 世纪中叶，张志和进行了人工造虹实验。他背向太阳喷出小水珠，就看到了类似虹霓的情景，从而证实了虹的产生是阳光透过水滴的结果。公元10世纪，人们发现一种六棱形的天然透明晶体经日光照射以后也会出现五色光，因而把这种晶体叫做“五光石”。

对光的色散现象的认识是一大进步。到17世纪中叶，牛顿通过三棱镜把日光分成赤、橙、黄、绿、青、蓝、紫七色光，说明了日光是由这七色光组成的，从而逐步解开了虹和五光石之谜。

慧眼观星象　巧手绘星图

1612年,意大利天文学家伽利略用望远镜观察到太阳中有黑斑,并将其命名为"太阳黑子",1613年伽利略将这一观察结果公开发表,在欧洲天文学界引起了轰动。后来人们才发现,早在伽利略发现太阳黑子前1 600多年,中国人就已经用肉眼观察到太阳黑子的存在,这就是西汉河平元年(公元前28年)三月所见到的太阳黑子现象。在《汉书·五行志》上记述了其出现的时间和位置:"河平元年……三月己未,日出黄,有黑气大如钱,居日中央。"这是现今世界上公认的最早的关于太阳黑子的记载。

这一史实说明了我国是世界上观测天象最早的国家之一。我国早在新石器时代就开始观测天象,并用以指导农业生产。相传在颛顼时就设立了被称作"火正"的官员,专门负责对红色亮星"大火"(心宿二)进行观测,以此确定四时季节,授时于民。据史书载,尧帝曾组织一批天文官到东南西北四个地方去观测天象,并祭祀日出,以编制历法。《尚书·胤征》篇中记载了某年九月初一发生日食,人们惊慌击鼓、四处奔走的情形。这是世界上关于日食的最早记录。当时人们对日月星辰的运行通过丰富的想象加以解释,产生了种种神话传说,人们把日神叫做"羲和",把望舒称作"月御",说他们都驾着马车在天上巡行,把日月食说成是太阳和月亮被天狗吃了。

以后历代对天象观测都十分重视,对天象的认识也越来越丰富。商代甲骨文中有5次日食记录,并出现了世界上最早的新星记录。春秋战国时人们对恒星和行星的观测进行量化,提出了"二十八星宿",发现了火星、太白星的逆行现象,并留下了许多宝贵的记录。据《春秋》记载,鲁文公七年(公元前687年)"夏四月辛卯夜,恒星不见,夜中星陨如雨",这是世界上关于天琴座流星雨的最早记录;鲁文公十四年(公元前613年)"有星孛入于北斗",这是关于哈雷彗星的最早记录。长沙马王堆三号汉墓出土的帛书中就有29幅图,记载了彗星的各种形状。同时还出现了石申、甘德、巫咸等著名的天文学家,他们已开始将天空恒星背景划分若干特定部分,建立一个统一的坐标系统,以此作为观测日月星辰的参照系。在湖北随县发掘的战国早期曾侯乙墓中出土了一只漆箱盖,其上绘有28宿的全部名称,这是关于28星宿名称的最早文字记载。石申对28宿的距度(28宿距星的赤经差)和其他一些恒星的入宿度(恒星同所在的宿距星的赤经差)进行了测量,并精心绘制了121颗恒星的赤道坐标值和黄道内外度,这就是世界上最早的星表——石氏星表。

汉代以后人们创制了浑仪等多种观测仪器,使天象观测更加准确,记载更加齐备。三国时吴太史令陈卓将石申、甘德、巫咸等命名的恒星并同存异,合并成一张圆形盖天式星图,共绘有星283组、1 464颗,被后世天文学家奉为圭臬。

南北朝北齐时,一位民间天文学家张子信在一个海岛上,利用浑仪对日月星辰进行了长达30多年的观测,发现了太阳和五星视运动的不均匀现象,“日月交道,有表里疾迟”,“日行在春分后则迟,秋分后则速”,这是继发现岁差后的又一划时代发现。

人们还推算了日月食发生的时间。唐代僧人、天文学家一行为编制新历,对天象进行了一系列的实测,掌握了大量日月星辰运动的第一手资料,并用科学方法在世界上第一次进行了子午线的实测,测得地球子午线1°相隔为129.22公里。

北宋时,于11世纪进行了5次大规模的恒星位置观测工作,使其精确度大为提高。1078年至1085年间的第四次观测结果被绘成星图。1247年左右由王致远按黄裳原图(约绘于1193年)刻石,这便是举世闻名的苏州石刻天文图,刻有1 400多颗星。元代郭守敬又进行了大规模的观测,使星数增加到2 500颗。

我国古代的天象观测和记录,历代延续不断且有所发展,在望远镜发明以前的漫长岁月中,积累了大量关于日月食、太阳黑子、彗星、流星雨、新星、超新星和极光等十分准确而丰富的记录。据不完全统计,我国古代关于太阳黑子的记载超过了100次,关于哈雷彗星的记录有31次,关于流星雨的记录有170~180次,关于新星和超新星的记录有90次。这些都为近现代科学研究提供了宝贵的历史资料。

中国古代的一位全才——张衡

河南南阳石桥镇有一座朴素而肃穆的坟茔,墓前竖着一方不高的石碑,上刻:"如此全面发展之人物,在世界史上亦属罕见,万祀千龄,令人景仰。"题词者郭沫若。这里长眠着一位名震寰宇的大科学家,他就是我国东汉时期的张衡。

张衡,公元78年出生在荆州南阳郡西鄂县(现河南南阳城北一带)的官宦世家,30多岁时担任了汉廷的太史令,主持观测天象、编订历法、候望气象、调理钟律等事务达14年之久。其间他系统地观测天体,研究探索它们的运行规律,写出了《灵宪》等天文学著作。

在《灵宪》这本书中,张衡系统地总结了前人关于宇宙生成与演化的思想,描述了天地万物生成变化、发展的过程。他认为"宇之表无极,宙之端无穷",空间和时间都是无限的,宇宙不是一成不变的,而是始终处于发展变化之中。在这本书中,张衡已经用了赤道、黄道、南极、北极等天文学名词,并第一次科学地解释了月食的成因。他明确指出,月亮本身并不会发光,月光是反射的太阳光。当月亮转到地球与太阳之间时,人们看不到月光;当月亮与太阳相对,月光明亮正对地球,是满月。当地球处于日月之中时,月光常常被地影遮蔽,地影叫做暗虚,星遇之则暗,月遇之则发生月食。张衡记录了在洛阳观察到的恒星2 500颗,他还测定出地球绕太阳1年所需的时间是$365\frac{1}{4}$天,这与近代天文学家的观测结果十分接近。

关于天地的形状和位置,以前人们大多相信"盖天说",认为天在上,地在下,天像一个半圆形的罩子,罩住大地,日月星辰附着天而平转,不能转到地的下面,等等。也有人主张"宣夜说",认为天没有一定的形状,而是无边无际的充满着气体的空间,日、月、星都飘浮在气体中。张衡却极力宣传"浑天说",认为天好像一个鸡蛋壳包在地的外面,地好像鸡蛋黄处于天的中间。他明确指出大地是一个圆球。这种"浑天说"虽然不符合实际情况,但比"盖天说"大大前进了一步,并对计算历法有实用意义。在1 800多年前,张衡就提出了如此卓越的理论,令人惊叹。他的学说是中国乃至世界天文学史上的一个里程碑,奠定了中国天文学理论的基础。

公元117年,张衡根据浑天说,研制出一台利用水力推动自动运转的大型天文仪器——水运浑象。这是世界上第一架巧夺天工的天文演示仪器。这架仪器主要是一个直径达 4 尺多的空心大铜球，装在一个倾斜的支架上，天轴支架和地平斜交成 36°，这是洛阳的北极仰角，也是洛阳的地理纬度。球面上刻着恒星和南极、北极、经度、纬度、赤道、黄道，球体外有两个圆环，一个是地平圈，一个是子午圈。铜球自东向西旋转，刻在上面的恒星就从东边升到地平圈以上，又向西转到地平圈以下，把天象变化形象地演示出来。为了使其能自行转动，张衡巧妙地把计量时间用的漏壶与之相连，以漏水为原动力，推动齿轮，由齿轮带动天球绕轴旋转，并利用漏壶的等时性，使其旋转一周的速度恰好和地球自转一周的速度相等。当太阳的余晖隐没在地平线下时，人们可以从仪器上看到星辰的位置，这和当时的实际天象完全符合，许多学者对这一仪器赞叹不已，称之为“巧夺天工”。

张衡生活的时代地震比较频繁。据记载，从公元 92 年到 125 年的 30 多年间，洛阳等地先后发生过 20 多次地震，其中 6 次是破坏性较大的地震。张衡目睹震后惨状，痛心不已。为掌握各地震情，他感到需要有一种仪器来观察。于是，张衡孜孜不倦地探索和研究，经过 6 年的艰苦努力，终于在公元 132 年，制成了世界上第一台测定地震方位的仪器——候风地动仪。

张衡的候风地动仪是用青铜制造的，状似倒置的酒坛，四周刻铸着 8 条龙，龙头分别朝着东、东南、南、西南、西、西北、北、东北 8 个方向。每条龙的嘴里都含着一个小铜球，龙头下方，蹲着一只铜雕的蟾蜍，对准龙嘴张着口。哪个方向发生了地震，朝着那个方向的龙嘴就会自动张开，吐出铜球，入于蟾蜍口中，发出地震警报。

公元 138 年二月初三，灵台室内的地动仪正西方的龙嘴中的小球突然落到了下面的铜制蟾蜍口中。可是那一天洛阳一点震感也没有，京城的学者和官员们议论纷纷，一些人讥笑地动仪不灵。过了几天，驿使骑着快马急奔洛阳，报告陇西地区发生了大地震。这时，大家才赞叹地动仪应验如神。

候风地动仪是人类科技史上的奇迹，也是世界地震史上一个划时代的重大事件，开始了用仪器研究地震的新纪元。候风地动仪利用物体的惯性来获取地震波，从而对地震进行远距离测量，这个原理直到现在仍被沿用。它比欧洲类似的仪器要早 1 700 多年。

张衡的成就远不限于此。他在数学方面也很有研究，计算出圆周率比 10 的平方根多一点，著有《算罔论》；他还创造了世界上第一架测定风向的仪器——候风铜鸟，类似的候风鸟直到公元 12 世纪才在欧洲出现，比张衡晚了1 000多年。

令人惊叹的是，张衡还是当时著名的文学家，《二京赋》和《归田赋》分别标志着汉大赋的终结和抒情小赋的开端。同时张衡也是一位大画家，被列为东汉六大名画家之一。

张衡在世 62 年间，创造了一个又一个奇迹。他的好友崔瑗作出了公正的评价："数术穷天地，制作侔造化。瑰辞丽说，奇技伟艺；磊落焕炳，与神合契。"20 世纪 70 年代，国际天文学组织用张衡的名字命名月球北面的一座环形山和太阳系中的一颗小行星（1 802 号），以此纪念这位伟大的科学家。

“医圣”张仲景

东汉末年,张角领导的黄巾军农民起义动摇了皇室的统治,接着天下群雄并起,战争连绵不断,百姓流离失所,田园大量荒芜,一时间饿殍遍野,瘟疫流行,无数人被夺去了生命。这时,出现了一位大医学家,他常常奔波于患者之间,救死扶伤,他就是“医圣”张仲景。

张仲景,约公元150年出生于河南南阳,汉灵帝时被举为孝廉,后任湖南长沙太守。青年张仲景看到当时政治腐败、天下离乱、瘟疫流行的情景十分痛心,他拜同乡张伯祖为师,立志钻研医学。他生活的时代迷信当道,巫术流行,人一旦染上瘟疫,就以为是鬼神附体,往往因得不到及时救治而死亡。张仲景对此十分感慨,并由此激发了学习医学知识的强烈愿望。他一方面“勤求古训,博采众方”,查阅《内经》、《难经》、《阴阳大论》、《胎胪药录》等古典医书,深入研究扁鹊、淳于意等医学名家的医疗经验;另一方面深入民间,广泛收集民间的有效方药,并在自己的行医实践中加以反复验证,进行归纳总结,确立了理、法、方、药(即有关辨症的理论、治疗法则、处方和用药)的辨证施治医疗原则。经过长期的学习实践,张仲景在治疗外感病及其他杂病方面积累了丰富的经验。

一年夏天,湖南一带瘟疫大流行,张仲景行医路过,一位姓李的病人请他看病。他给病人搭了搭脉,看了看舌苔,摸了摸他发硬的肚子,然后对病人的母亲说:“你儿子得的是伤寒,是由病邪侵入体内引起的,现在病邪已侵入到肠胃,我用一副凉药就可以把病邪泻出去。”病人按他的方子买来药,吃下去,不久就恢复了健康。

张仲景在多年的临床诊断中,继承了扁鹊的“四诊法”,通过望、闻、问、切来分析病情。对于伤寒,他根据各种类型和不同病程阶段,把它归结区分为太阳病、阳明病、少阳病、太阴病、少阴病、厥阴病六大症候群,每一症候群用一组突出的临床症状作为依据,并根据病理变化,掌握病候实质,这就是“六经辨证”。他认为,任何疾病总不外分成这六种类型,都具有“阴、阳、表、里、寒、热、虚、实”等性质。这种“八纲辨证”的雏形对后世产生了极其深远的影响。

张仲景根据这一治疗原则,在临床实践中采取了“随症施治”、对症下药的方法,对伤寒和其他杂病总结了多种治疗方法。后人把它归纳为“汗、吐、下、和、温、清、补、消”八法,即邪在肌表用汗法,邪壅于上用吐法,邪实于里用下法,邪在半表半里用和法，寒症用温法，热症用清法，虚症用补法，属于积滞、肿块一类病症用消法。

在准确辨症和施治的基础上，张仲景着力研究了方药，对每一味药的成分、制法、服法、主治范围都进行了反复、认真的验证和记述。他共选收了300多方药，许多药方至今仍被广泛应用。

晚年，张仲景将一生的医疗经验加以总结，写出了著名的《伤寒杂病论》，后人将其整理为《伤寒论》和《金匮要略》两部书。这两部书从辨症、立法、拟方到用药，形成了一整套中医临床辨证施治的法则，奠定了中医治疗学的基础，丰富并发展了中医学的理论和方法，大大推动了我国医学的发展。张仲景因之被人们称为“医圣”。

中国瓷器传遍全球

瓷器是我国古代的伟大发明之一,西方的瓷器及其制造技术都是从中国"批发"出去的。在英文中,中国和瓷器是同一个词:China。

我国瓷器的历史最早可以追溯到3 000多年前的商代,它是由制陶技术发展而来的。早在6 000多年前的新石器时代,我们的祖先就已经创造并且使用陶器,当时的陶器是用黏土经手工捏制以后,在500~600℃的低温下烧成的。经过长期的实践,制瓷工艺逐步从制陶工艺中分化出来。到商代,出现了用高岭土做原料,经1 000℃以上的高温烧成的刻纹白陶和压印几何纹饰的硬陶,这是原始瓷器出现的基础。据河南郑州、安徽屯溪、江苏丹徒等地考古发现,商周时期出现了"釉陶"或青釉器皿,如尊、碗、瓶、罐等,具有光泽,叩之作金石声,兼有陶和瓷的特点,因而被称为"原始瓷器",标志着我国陶瓷生产已经进入了一个新的时代。

东汉末到六朝时期,作为瓷器的代表——青瓷诞生了。1924年,河南信阳擂鼓台曾经发现了公元99年的早期青瓷。新中国成立后,南京、浙江等地又发现了公元3世纪的青瓷器皿,这表明当时我国古代劳动人民已经比较成熟地掌握了瓷器生产技术。在制作过程中,先将高岭土做成瓷坯,在坯骨中适当掺入酸性氧化物,并在坯的表面施上一层薄薄的釉,经1 000℃以上高温焙烧,使瓷坯硬化,便成为吸水低、质地坚硬、表面光洁的瓷器。

随着制瓷工艺的不断改进,制釉技术得到进一步提高。人们发明了各种釉药作为瓷器的着色剂,其主要成分是硅酸盐、氧化铝、酸盐或磷酸盐等。如汉代多色釉,就是铅釉(铅的氧化物)中含有铁盐和铜盐所引起的结果。唐宋以后用锰、钴、铁等金属元素的氧化物作为釉药,使瓷器的色彩更加绚丽,如加氧化亚铁就呈绿色,加氧化铁则呈赤色或褐色。明清时期,瓷器颜色之鲜艳、质量之优异到了巧夺天工的境界。

我国瓷器以青瓷、白瓷和粉彩瓷为主要品种。到了唐代,制瓷工业已成为独立的生产部门,出现了邢窑(在今河北内丘)和越窑(在今浙江绍兴)等名窑,生产的白釉瓷和"千峰翠色"瓷达到了很高的水平。五代后周时,周世宗柴荣的御窑名瓷"雨过天晴"被誉为"青如天、明如镜、薄如纸、声如磬"。宋代的瓷器技艺神奇,制作精妙,达到了登峰造极的地步,出现了划花、刻花、印花、堆花、彩绘、釉上彩等工艺,烧成了美丽绝伦的“青花瓷”。而且官窑辈出,私窑蜂起,出现了定窑、汝窑、官窑、哥窑、钧窑五大名窑,江西景德镇开始成为著名的瓷都。这些名窑的瓷器各具特色,为世所珍。明清时期制瓷技术达到了辉煌的境界,已由单彩釉发展到多彩釉,在色彩上有鲜红、翠青、宝石红、娇黄、孔雀蓝、天蓝、碧青、苹果绿、吹红、吹紫、吹绿、胭脂红、油绿、矾红、紫红、釉里红……真是五彩斑斓、争奇斗艳。

中国瓷器价逾黄金,名播全球,远在唐代就通过海上和“丝绸之路”销往国外。15 世纪制瓷技术传入欧洲,1470 年意大利威尼斯创办欧洲第一家瓷器厂开始生产瓷器。

中国瓷器精致美观,使世界各国的人为之倾倒,视为宝物而珍藏。菲律宾人平时将瓷器装箱埋在地下,每逢重大节日或喜事才取出一用;十字军东征时,在耶路撒冷见到中国瓷器惊喜万分;13 世纪,埃及等地的人们常把瓷器镶嵌在清真寺的门楣上或富家客厅的壁龛中;17 世纪末至 18 世纪,欧洲的皇室和贵族花费大量钱财设置了专门的“瓷器陈列室”。伦敦一家拍卖行拍卖过一只宣德窑花瓶,从 36 万英镑开叫,到 70 万英镑才成交。中国瓷器显示出巨大的收藏价值和艺术魅力。

古代农学巨著《齐民要术》

我国是世界上从事农业生产最早的国家之一，也是世界上农作物发源的中心地之一。早在新石器时代我国就培植出粟、水稻等多种农作物，战国时期就基本形成了以粮食作物生产为主、桑麻禽畜为辅的农业结构，并一直延续了2 000多年。我们的祖先在长期的生产实践中，创造了许多先进的生产工具和耕作技术，使农业科学技术不断得到发展，涌现出许多杰出的农学家。南北朝时的贾思勰就是其中的一位。他用了10多年的时间，写出了一部11万字的农学巨著《齐民要术》，这是我们能见到的最古老、最完整的农业科学著作，也是世界上最早的农学巨著之一。所谓"齐民"就是平民百姓，所谓"要术"就是谋生的主要方法，《齐民要术》比较系统地总结了公元6世纪前我国黄河中下游地区农业生产的经验，内容涉及农、林、牧、副、渔各个方面。

贾思勰生活在北魏末年，是山东人，曾做过青州（一说瀛州）高阳太守，自幼极爱读书。有一年冬天，风雪交加，寒风凛冽，他安坐家中读书，家人从他身边走过时不慎踩了他的脚，他却毫不知觉，原来他的脚已被冻麻木了。家人称他为"书痴"。他亲身经历了北魏由盛转衰的过程，亲眼看到了社会经济由繁荣走向没落，对北魏政权深感忧虑，希望统治者能重视农业，常常用管仲的"一农不耕，民有饥者；一女不织，民有寒者"来阐发自己的重农思想。他对古代圣君贤相、学者名官注重农业、取得成就的事迹极为敬佩，并时常以此鞭策自己。当时，皇室、士族、官宦等骄奢淫逸，大肆挥霍，修筑庭园，广建寺院，对此他明确表明了自己的态度，他在书中写道："舍本逐末，贤哲所非……花草之流，可以悦目，徒有春华而无秋实，匹诸浮伪，盖不足存。"但是对平民百姓的"资生之术"，他却"靡不毕书"。

为写作《齐民要术》，贾思勰付出了艰巨的劳动。他查阅了一百五六十种前人的著作，广泛收集农谚，并深入山东、河北、山西等地访问有经验的老农，进行调查研究。他常常翻山越岭，风餐露宿，了解和观察农作物的栽培技术。他强调要顺应天时地利，以较少的人力获得好的收成。他总结了精耕细作的优良传统，提出要按不同情况决定耕地深浅程度："初耕欲深，转地（再耕）欲浅"，"秋耕欲深，春夏欲浅"，耕地时要"宁燥不湿"；并引用农谚说："湿耕泽锄，不知归去"，耕后要耙、耱，这样才可以保墒防旱。他在考察了水稻的种植后，提出了水稻生长期中要进行两次耕田和排水晒田（即“烤田”）的措施，指出晒田可以“爆根乏竖”。这一技术合乎科学，一直沿用至今。

贾思勰十分重视选种育种，他还具体记叙了选种、收藏和播种前的处理方法，并最早记录了水稻的催芽技术。他搜集了粟的86个品种，并深入分析了各品种的质量和性能，指出不同品种各有的特性，“成熟有早晚，苗秆有高下，收实有多少，质性有强弱，米味有美恶”，必须选用品种纯净的种子。

贾思勰还研究了施肥、换茬轮作、间作套种等保持和提高土地肥力的技术。他指出，轮作可以防止由于土地肥力下降和病虫害加剧导致的产量下降。他肯定了绿肥的肥效，并在书中写道：“凡美田之法，绿豆为上，小豆、胡麻次之。”他还指出豆科作物有提高土地肥力的作用，把豆科类作物与禾谷类作物进行轮作，可保地力长期不衰，而不必用撂荒来恢复地力。他一共记载了20多种轮作方法，而在西方，最早推行绿肥轮作制的是英国，他们称为“诺福克轮作制”，比我国要晚1 200多年。贾思勰还发现，在一块菜地里可以同时种植葱、瓜、萝卜、葵、莴苣、蔓菁、芥、白豆、小豆、茄子等蔬菜品种，这种间作套种可以增加复种指数，提高土地利用率。

为掌握无性繁殖嫁接法，贾思勰亲自动手进行梨、棠嫁接实验。他用棠树做砧木，选择向阳的枝条，用梨树苗作接穗，将木质部和韧皮部密切对应接合，再扎紧绑牢，不久以后，梨结果大而细密。他还向老百姓传授制酱、酿酒的方法。他明确指出制酱中“黄衣”（即黄曲霉孢子）的作用，这是微生物史上的重要发现。贾思勰在制曲中利用曲的滤液进行酿造和对酶的作用的认识，比西方早1 300多年。

有一年，贾思勰路过正处在开花期的果园，当时天雨新晴，北风寒彻，他想这种气候条件必定当夜有霜，如不采取措施，这片果林定会遭受霜冻而减少收成。于是，他叫园主在园中堆置乱草、生粪，到夜里升起烟火，从而防止了霜害。这种烟熏防霜的方法一直沿用至今。

贾思勰倾注毕生精力撰写成的农学巨著《齐民要术》以其承前启后的卓越成就为我国后来的农学奠定了基础，在我国乃至世界农学史上占有重要地位。

葛洪的炼丹术

化学作为一门独立学科，和其他学科一样都经历了一个幼稚的阶段，这个阶段就是恩格斯称之为“化学的原始形式”的炼丹术。英国科学史家李约瑟博士说：“整个化学最重要的根源之一(即使不是唯一最重要的根源)，是地地道道从中国传出去的。”的确，我们中华民族在化学这门学科上，同在其他科学技术领域中一样，曾经为人类作出了巨大贡献。

炼丹术是古人为求长生不老而炼制丹药的方术，在我国起源最早。战国时就有方士向荆王献“不死之药”。秦始皇也曾派徐福率“童男童女数千人”渡海往传说中的蓬莱仙岛去求仙人“不死之药”，结果一行人一去不复返，杳无音讯。西汉武帝刘彻妄想“长生久视”，在民间广求丹药，并招致方士从事炼丹。自此炼丹之风盛行，历代都出现了许多炼丹家，晋代葛洪(284—364)就是其中的杰出代表。

葛洪，自号抱朴子，丹阳郡句容人，出生于西晋一个破落的官僚家庭。少时跟郑隐学道，晚年时闻交阯(今越南)产丹砂，要求调往勾漏(今属广西)任县令，携子侄在罗浮山(位于广州东部)炼丹，其后罗浮山被道教称为“第七洞天”。

葛洪毕生孜孜不倦地从事炼丹实验和医学实践，把中国古代炼丹术大大向前推进了一步。他认为天地万物都在不断的变化之中，既有沧海变桑田，也有树、草、虫、鸟“倏急而易旧体”，而“陶冶造化、莫灵于人”，人可以创造条件去改变自然界的事物。比如，人可以让马和驴交配而生出骡子；可以把白的铅变成红的丹等。因此他自豪地宣称：“变化之术，何所不为！”也就是说人力可以创造一切人间奇迹，甚至可以使“发白更生黑，齿落出旧所，老翁复丁壮，耆妪成姹女”，即能够使人返老还童。尽管他的思想方法中科学和迷信并存，但“变化之术”的观点仍然是推动我国古代化学和医学进步的一个重要理论基础和精神支柱。

古代的炼丹家们在长期的炼丹活动中，积累了丰富的炼丹和化学知识，他们已经知道可以从硫化汞中提炼出水银；铁与铜盐化合时，铁能将铜离子置换出来生成金属铜；氧化铅能够被碳还原成铅等。葛洪炼丹时所用的药物和矿物原料大大超过了前人，除了汞、硫、铅丹、雄黄、雌黄、丹砂等，还用了许多不纯的无机物，如石胆(硫酸铜)、硝石(硝酸钾)、矾石(白明矾)等。他还发现了化学反应的可逆性。将红色硫化汞加热，可以分解出水银；水银再与硫化合，又生成红色硫化汞。他注意到了金属的置换作用。将硫酸铜溶液涂抹在铁的表面上,铁就能置换硫酸铜里的铜离子,使"铁赤色如铜……外变而内不化也"。所有这些都保存在他的《抱朴子》一书中,《抱朴子》也成为我国化学史上重要的科技史料。

当然,葛洪及其前人或后人都未能炼出可以使人长生不死的"仙丹",相反,不少人却因吃了"仙丹"而早逝。东汉炼丹家魏伯阳就是吃了自己炼的丹而"仙去"的。唐代竟有几个皇帝因服金丹而死,其中包括唐太宗李世民。然而,无心插柳柳成荫,葛洪"变化之术"的观点和炼丹实践促进了科学技术的发展,葛洪关于炼丹术的记载成为我国化学史上重要的科技史料,举世闻名的四大发明之一——"火药"的发明也归功于炼丹的实践。

炼丹炼出了火药

火药是我国古代四大发明之一,是人类通向文明的一个里程碑。

火药的发明与炼丹分不开。我国古代的炼丹家们在求取长生不老药的过程中,早就接触过火药的原料——硝石、木炭、硫黄等物,并且发现这些物质混杂在一起,稍不小心就会燃烧。因此,远在汉代,炼丹家魏伯阳就用硫黄来检验硝石的真伪,真的硝石很容易氧化硫黄而产生燃烧,假的则不会燃烧。南北朝时,炼丹家陶弘景明确指出硝石遇赤热炭会产生猛烈燃烧。据记载:隋朝初年一个叫杜子春的人去拜访一位炼丹老人,老人留他住宿。半夜,响声如雷,杜子春从梦中惊醒。他寻声来到丹房,只见炼丹炉内喷涌出浓浓的紫色烟雾,转眼间烟雾窜上房顶,房屋燃烧起来。他看到的就是火药爆炸的情景。这种不断出现的爆炸现象引起了许多炼丹家的注意。他们经过不断试验制成了火药。唐代孙思邈在他的《丹经》一书中,第一次记述了火药的配方和制法:取硫黄、硝石各 2 两研末,加皂角子焙烧,然后用 3 斤炭炒制而成。

顾名思义,火药即"着火的药",触火或被猛烈打击后将产生燃烧和爆炸。火药的这一特性很快被用于军事。在火药发明之前,在火攻的战术中常用到火箭这一武器,是在箭头上绑上松香、油脂、硫黄等易燃物质,点燃后发射,燃烧慢,火力小。唐末人们制成了火药箭,其威力大增。到了北宋,火药的生产规模进一步扩大。开封开设了兵工厂,其中有专门生产火药的车间,"同日出弩火药箭七千支,弓火药箭一万支、蒺藜炮三千支、皮火药二万支"。公元 1002 年有人制作了火箭、火毬献给宋真宗。宋真宗召他进宫,让他当众作了表演。

与此同时,火器的种类也大大增加,人们创造了"霹雳炮"、"震天雷"等爆炸力较强的武器。公元 1126 年,宋军统帅李纲用霹雳炮击退了金兵对开封的围攻。稍后,人们又发明了管形火器,如"突火枪",以"巨竹为筒",夹有"子窠"(即原始的子弹),这就是原始的发射子弹的火器。元至顺三年发明了铜火铳。明代又创制了多种火药箭,如同时发射 10 支箭的"火弩流星箭"、发射 32 支箭的"一窝蜂"、发射 49 支箭的"飞廉箭"、发射 100 支箭的"百矢弧箭"和"百虎齐奔箭"等。最值得注意的是一种名叫"火龙出水"的火箭,这是二级火箭的雏形。作战时点燃龙身下面的 4 支火箭,利用火药燃烧喷射的反作用力把龙形筒射出,当 4 支火箭里的火药将要烧完时,便立即引燃龙嘴里的神机火箭，把它射向敌方。这一原理与后世喷气推进原理极为相似。

我国发明的火药和火器通过多种途径向外传播。早在唐代，我国就不断与印度、波斯等国进行贸易往来，硝随同医药和炼丹术传出。阿拉伯人称硝为“中国雪”，波斯人则称之为“中国盐”。直到南宋，火药才由印度传到阿拉伯国家，而火器则是在元代通过战争向外传播的。

金灭宋后，把北宋的“兵工厂”和制作火药的技术人员掳到北方，自行制作火药。后来蒙古族首领成吉思汗打败金人，继承了金人生产火器的技术。这使得蒙古军队如虎添翼，横行欧亚大陆，向西一直打到多瑙河流域，向南经过波斯，打到伊拉克和叙利亚。蒙古人所用的火器是阿拉伯人和欧洲人见所未见的，因而被称为“妖术”。阿拉伯人在与蒙古人的交战中掌握了火药和火器的制作技术。而欧洲人则是在同阿拉伯人的数百年战争中，掌握了火药和火器的制作技术。直到文艺复兴后，英国人才掌握了火药的配方，比我国落后数百年之久。

马克思曾说，在欧洲，“火药、指南针、印刷术——这是预告资产阶级社会到来的三项伟大发明。火药把骑士阶层炸得粉碎，指南针打开了世界市场并建立了殖民地，而印刷术则变成新教的工具，总的来说是变成科学复兴的手段，变成对精神发展创造必要前提的最大杠杆”。

中国丝绸“衣”被天下

相传,远古时黄帝的妃子嫘祖在花园中散步,看见许多细长的小虫在桑树叶上吐出闪亮的细丝,结成丰满的果实。她叫一个小侍女爬上树逐个采摘抛下,凑巧有一个抛在一位小侍女捧着的热水杯里。那个侍女想从热水杯里把“果实”捞起来,却从杯中捞出一缕轻盈、柔韧、细长的丝来。嫘祖把那吃桑叶的长虫叫做“蚕”,白白的果实叫做“茧”,细长的发状物叫做“丝”。此后,嫘祖教会了人们栽桑、养蚕、缫丝、织绸。

在距今六七千年的浙江余姚河姆渡新石器遗址中发现了养蚕和丝织品的痕迹,并出土了一套原始的纺织工具。更为惊人的是,1958 年在浙江吴兴县钱山漾新石器遗址中发掘出一段丝带和一小块绢片,距今有 4 700 多年。这是迄今发现的世界上最早的丝绸残片。在距今3 000 多年的殷商时代的甲骨文中已有桑、蚕、丝、帛等字,而且有关于蚕事的卜辞;从出土文物中发现人们已用丝绸来包裹铜器,用帛作货币在部落间做买卖。到周代时,每年养蚕季节,都要由王后亲自主持祭祀蚕神的仪式——“先蚕”典礼,并设立了机构管理丝绸生产,制订了许多促进蚕桑生产的政策,如将蚕丝作为赋税征收。

春秋战国时黄淮和长江流域的蚕桑丝织业生产呈现出一片兴旺的景象,已能生产许多丝绸品种,如“齐纨”、“鲁缟”、“卫锦”、“荆绮”、“楚练”等。诸侯们在集会、结盟和相互拜访时也常以丝绸作礼物。

汉代时丝绸业出现了一个高峰,缫、纺、织技术均已达到很高水平。据载,汉武帝在一次巡狩中,御赐给臣僚的丝绸就达 100 多万匹。汉代丝绸不仅产量高,而且品种十分繁盛。1972 年在湖南长沙马王堆一号汉墓中出土了 114 件丝织品,这些丝织品绚丽多彩,令人惊叹。其中一件素纱禅衣,薄如蝉翼,轻软透明,衣长 128 厘米,袖通长 190 厘米,重量仅 49 克。还有一块手感丰厚、图案富丽的绒圈锦,其花纹由绒圈组成,有浮雕的立体感,是我国最早发明的绒类织物。这些都说明当时的缫、纺、织技术均已达到了很高的水平。

汉代以后,织造精美的蜀锦兴盛一时,大放异彩。唐时丝织业相当兴盛,出现了专门设立的织染署,下设织绸、丝带、线、练染等作坊 25 个,有工匠数百人。据说在唐中宗时,宫廷织造署用百鸟羽毛夹彩丝为安乐公主织了两条裙子,正面看是一种颜色,倒过来看又是一种颜色;白天看是一种颜色,灯影下看又是一种颜色。还用百兽的毛夹彩丝织出鞋面，能清楚地呈现出百兽的不同形状。这几件丝织精品曾轰动朝野，许多达官贵妇都竞相仿制。这充分说明宫廷织工技艺的高超。

到了宋代，官府在各地建立了许多织造工场，在京城建有庞大的绫锦院，有织机400张。民间的蚕丝生产和丝绸生产开始分工，城市丝织业兴盛。大文豪欧阳修曾以“孤城秋枕水，千室夜鸣机”的诗句来描绘这种景象。同时，我国丝绸中心由北向南转移，东南吴越一带成为丝织业最发达的地区之一，出现了宋锦、缂丝与刺绣三大名产，从而奠定了长江下游丝绸业的重心地位，开拓了明清直至现代南方丝绸业繁盛的新局面。

明清时期，太湖流域出现了成千上万繁华的丝绸小集市，成为全国产丝的中心地。由于海内外贸易的发展，丝绸业的商品化日益明显，分工也越来越细，生产规模不断扩大。全国设有20多个织造局，苏州、杭州、嘉兴、南京、潞州(今山西长治)、成都、广州等地成为著名的丝绸中心。丝绸的花色品种和质量进一步丰富和发展，“京绒”、“苏绒”、“杭罗”、“潞绸”等极负盛名。故宫中保存的一件清代百花蝴蝶袍，用料精美绝伦，上面织着散点的折枝花，三两彩蝶飞舞在嫩枝鲜花之间，使人过目难忘。

中国丝绸之所以精美，不仅由于蚕丝质地优良，而且由于制作技术先进。从养蚕、缫丝、丝织到漂练、印染都有独特的创造。我国蚕农积累了一整套种桑养蚕、选种制种的经验，所产的丝长而细。缫丝技艺也不断更新，相继发明了手摇和脚踏缫丝车，使生产效率大为提高。丝织技艺由“手经指挂”(原始的织造法)发展到织机，春秋时已出现了脚踏织机。从汉代出土的画像石——“慈母投杼图”上可以看出带有脚踏板的斜织机的形制。这幅图说的是春秋时孔子的学生曾参幼年的故事：曾参的母亲坐在机旁织布，有人进屋报告说她儿子杀了人，起初曾母不信，但经不住三番五次地报告，于是误信了，气得她投杼罢织，教训跪在地上的儿子。

脚踏织机的出现是我国领先世界的伟大发明。宋末元初，木匠出身的山西人薛景石对几种织机进行了规范和改革，写下了我国古代纺织科技史上的重要著作《梓人遗制》。由于推广了他的织机，山西潞安州的丝织业和江浙地区并驾齐驱，有“南松江，北潞安，衣天下”的说法。

与此同时，我国的提花技术也不断发展。汉代陈宝光之妻和三国马均对提花机作了改进和简化，提高了生产效率，织成的花纹图案奇特，花型变化多端。明代宋应星的《天工开物》中记载了我国最完整的提花机，一直流传到现代。明代以前，我国的提花技术一直处于世界的领先地位，尤其是提花技术中使用的高超的挑花结本原理，开拓了近现代穿孔纹版和电脑控制提花的途径。

中国丝绸很早以前就传到西方。德国考古学家曾在一个公元前500多年的古墓中发现人体骨骼上有中国丝绸的残片。在公元前4世纪的希腊文中就出现了“seres”这个词，中国被称为“丝之国”。公元前1世纪，古罗马恺撒大帝穿着丝绸袍去看戏，轰动了整个剧场，此后贵族们纷纷仿效，以穿丝绸为荣。中国曾一度被称为“丝之国”。由于当时西方尚无蚕桑丝绸，一些博物家凭想象编造了一些关于东方丝国的神奇而美丽的童话，认为“赛里斯人”因林中产丝而驰名宇内，丝产于树上，取出后浸之于水，理之成丝，即可织成丝绸。

为争夺丝绸的贸易权，东罗马帝国和波斯之间曾爆发了战争。西汉张骞奉汉武帝之命两次出使西域，打通了通往中亚、西亚的陆上通道，使我国精美的丝绸得以源源不断地由中原输往西域各少数民族地区和西方各国，形成了闻名世界的“丝绸之路”。唐宋时又开辟了海上丝绸之路，丝绸随中国的船队远行印度、阿拉伯和非洲。大约在公元6世纪，中国的蚕桑丝织技艺传入了欧洲。这一光辉的发明创造不仅美化了人类的生活，而且对各国文化的发展也产生了深远的影响。

不朽的赵州桥

赵州桥原名安济桥，建于公元605年至618年，横跨在河北赵县城南的洨河之上，它气势雄伟，布局奇特美观，是世界上最古老的一座单孔敞肩石拱桥。1 300多年间，它经历了无数次洪水、暴雨、大风、冰雪的冲击和侵蚀，依旧巍然屹立，创下了世界桥梁工程史上的奇迹。这座桥的设计者、制造者是隋代卓越的工匠李春。

隋代以前，我国就出现了梁桥、拱桥、吊桥等许多风格各异的桥梁。据史料记载，我国最早的桥梁是渭水浮桥，距今3 000多年。公元前257年，山西蒲州（现在的风凌渡）架设了第一座跨黄河大浮桥。此外还有西安灞桥等。建造拱桥的结构形式往往采取多孔形式，每孔跨度小，坡度平缓，便于修建，但由于桥墩多，不利于航行和泄洪，容易坍塌。

李春出生于工匠世家，在长期的劳动实践中，练就了高超的技术，积累了丰富的经验。他承担了建桥的重任后，奔走于洨河两岸进行勘察和测量，了解洨河的水文和地质情况。他还走访河边的船夫和农民，询问洨河一年四季的水情变化。有一次，大雨滂沱，河水暴涨，李春冒雨来到河上观测河水的流量和流速。当时风急浪涌，伙伴们劝他回去，他却坚定地说："不入虎穴，焉得虎子，现在正是实地勘察的好机会，怎能错过？"根据勘测和走访结果，李春把桥址选在洨河下游距赵县城南2.5公里处，因为这里地基比较坚实。

在桥的结构形式上，李春决定采取单孔跨石拱形结构，不立桥墩。他创造性地采用了"扁弧形拱"，桥拱的跨度37.37米，拱高7.23米，拱高和跨度之比为1∶5，摒弃了常见的半圆拱，使车马行人过桥十分方便。这种巨型跨度在当时世界上是首屈一指的。更显示其高超技术的是，李春在大拱圈的两肩上，各设两个小孔，改变了历来拱圈上实填砂石的建筑形式，首创"敞肩拱"的新式桥。这种布局不仅增加了洪汛季节的过水面积，而且大大减轻了桥身的自重，节省了石料。这一设计在我国乃至世界桥梁工程史上都有重要意义，使人类造桥技术向前跨了一大步，比欧洲同类桥要早700多年。

今天，我们用现代科技来观察大桥整体，发现它各部分无不合乎建筑力学原理，并达到了惊人的高水平。以桥基为例，1 300多年来整座大桥经历了难以数计的负载，桥基仅仅下沉了5厘米。

世界古代水利工程的壮举——京杭大运河

京杭大运河是世界上开凿最早、规模最大、里程最长的航行运河。它北起北京，南至杭州，全长 1 794 公里，沟通海河、黄河、淮河、长江和钱塘江五大水系，是我国古代南北交通的主要干线。

由于我国地形西高东低，长江、黄河等一些主要河流都发源于中西部的崇山峻岭之中，自西向东注入大海。它们孕育了古老的华夏文明，然而也制约了南北区域经济和文化的交流，同时也成为政治上相互割据的天然屏障。于是人们试图在沃野千里的南北大地上架起一座“桥梁”，以免去舟楫劳顿之苦。

早在春秋末期，吴王夫差为争霸中原，实现自己的宏图伟业，征调数十万军民，于公元前 486 年开凿了邗沟(今扬州东侧)，把长江之水引入淮河。公元前 482 年，又开挖深沟，北接沂水，南接济水，乘舟可由吴国首都直达齐国首都。

南北朝时，由于连年征战，北方的经济受到严重的削弱，大批北方士族纷纷南迁，促进了江浙一带的经济发展，长江三角洲逐渐成为鱼米之乡。及至隋代，隋炀帝为控制江南富庶地区，并把江南大量的粮食、绢帛等物资顺利地运往陪都洛阳，决定开凿一条通航运河。公元 605 年，隋炀帝在全国征集百万民工，开凿了从洛阳到清江(今淮安)约 1 000 公里的通济渠。公元 610 年，隋炀帝又开通了从京口(今镇江)至杭州约 400 公里的江南运河。从而使通济渠、邗沟、江南运河首尾相接，共长 1 700 公里。与此同时，为巩固东北部边防，隋炀帝又开凿了从洛阳经山东临清直至北京的约 700 公里的北运河。由于常年抽调民力，一时间民怨沸腾，天下群雄并起，隋炀帝非但未能巩固自己的统治，反而加速了隋朝的崩溃。

隋朝大运河建成后，成为南北交通的大动脉，南方的粮食等物资源源不断地运往北方。唐代时由大运河运到北方的粮食每年在 200 万石以上，宋代每年增加到 700 万石以上。元灭宋建都北京后，从江浙运粮到北京要绕道洛阳，十分不便。于是在山东西部的丘陵地区开凿了一段约 600 公里的运河，从而形成了现在的京杭大运河。

开凿大运河要通过不同的地理环境，工程十分复杂。我国古代劳动人民在实践中不断探索，克服了种种困难，解决了许多复杂的技术问题，既开导了水源,又保持了一定的水量,才使运河得以通航。山东西部丘陵地区的这段运河,因为穿过黄河,地势高低悬殊,水流湍急,不便航行。为解决这一难题,明代永乐年间,平民白英经过认真的勘测,选择了这段运河的最高点,设法把汶河水全部汇集到这里,并使其南北分流,同时利用地形沿运河修筑“水柜”蓄水,解决了水源问题。他还沿运河修建了30多座水闸,节节控制,分段平缓水势,以利航行。为避免黄河泥沙进入运河堵塞河道,他又设法抬高运河的水位,引水流由运河注入黄河,从而使京杭大运河畅通无阻。

京杭大运河的开通促进了我国古代经济的发展和政治的统一,尤其是促进了运河沿岸经济的繁荣,出现了许多重要的工商业城市,如天津、德州、临清、济宁、淮安、扬州、镇江、苏州、嘉兴等。同时它还在陆上和海上“丝绸之路”之间架起了一座桥梁,沟通了东方和西方文明,成为中国与东南亚、日本、朝鲜以及西方经济贸易和文化交流的重要通道。

京杭大运河是我国古代劳动人民智慧和汗水的结晶,是中华民族古代文明的有力见证。

中国古代印刷术的巨大贡献

1900 年,甘肃敦煌莫高窟发现了大批文物宝藏。英、美、法、日等帝国主义的文化特务闻风而动,千方百计地蚕食鲸吞。所发现的 2 万件古卷轴被他们盗走了 1 万多件。1907 年,英国文化特务斯坦因骑着毛驴悄悄来到莫高窟,一次盗走文物 20 多箱。其中有一卷印刷精美的《金刚经》,长约 1.6 丈,宽约 1 尺,是由 7 个印张粘连而成的首尾完整的卷子。《金刚经》卷首是一幅释迦牟尼说法的图,卷尾题有"咸通九年四月十五日王　为二亲敬造普施"字样。这是世界上现存最早的雕版印刷品,刻印于公元 868 年,距今已有 1 100 多年了。此卷雕刻精美,刀法纯熟,图文清晰,说明当时的印刷技术已达到成熟阶段。

在印刷术发明以前,我国书籍的流传全靠抄写,既费时费工,又易发生错误。这就迫切要求有比手抄更好的传播文化的方法出现。印章和石刻的长期使用给印刷术提供了直接的经验性启示。早在战国时印章已经通行。早期的印章多是阴文(凹下去)反字,两汉时期逐渐改成阳文(凸出来)反字,都是用来打印封泥,防伪防拆的。东汉时石刻开始流行。公元 175 年,东汉灵帝接受了大臣蔡邕的建议,下令将重要的儒家经典刻在 46 块石碑上,立于洛阳太学门前,作为学生抄录、拓印经书的范本。公元 4 世纪左右,发明了用纸在石碑上墨拓的方法。将事先浸湿了的坚韧薄纸铺在石碑上,轻轻拍打,使纸压进石碑上笔画的凹陷处,待纸干后,刷墨于纸上,然后把纸揭下,就成为黑底白字的拓本。根据这一启发,隋唐之际人们发明了雕版印刷。

雕版印刷一般选用适于雕刻的枣木和梨木,先把字写在薄而透明的纸上,字面朝下贴在板上,用刀把字刻出来;然后加墨,把纸张盖在板上,用刷子轻匀揩拭,就印出正写的文字。这样使书籍的生产速度明显加快,流传更广。到公元 8 至 9 世纪,雕版印刷已广泛流行,遍及长江流域和长安、洛阳等地,人们用它来印刷佛经、医书、农书、历本、字帖等。约在公元 762 年后,唐代长安的商业中心东市就有商家印的字帖和医书出售;公元 824 年,元稹为白居易诗集写的序文中曾提到有人拿白居易的诗集印本换酒茶。据记载,公元 836 年唐文帝时,东川节度使冯宿在赴任途中发现民间有人出售私刻历本,认为政府的司天台还未颁布新历而民间所印历本"已满天下",有损皇帝的威严和"授民以时"的权利,于是上书朝廷下令禁止。可见当时印刷业已相当繁荣。

到了宋代，雕版印刷进入了黄金时代，这时刻印的书就是有名的"宋版书"。北宋初年，张徒信在成都雕印《大藏经》，费时 12 年，计 1 046 部、5 048 卷，雕版达 13 万块。

此后又出现了套色印刷。元朝末年，中兴路（今湖北江陵县）所刻《金刚经注》就是用朱墨两色套印的，这是现存最早的套色印本，比欧洲套色印的《梅因兹圣诗篇》要早 117 年。

雕版印刷是印刷术的一大创举，但这种方法费时、费工、费料，于是人们又寻求改进的方法。至北宋庆历年间（公元 1041—1048 年），杭州雕版工人毕昇发明了活字印刷术。在长期的雕版印刷工作中，毕昇深感雕版印刷术有许多缺点。一天，他凝视着一块刻满字的木板苦苦思索，雕版上的一个个字在他眼前晃动……他灵机一动："如果把字与版分开，刻成一个个单字，这次用过下次不是还可再用吗?"他经过反复试验，选用了胶泥，把它制成一个个四方长柱体，上面刻上反体单字，用火烧硬。可是一个个单字不能印书，还得把它制成一块整版。于是他就准备了一块铁板，在上面放上松香、蜡、纸灰等，四周围上铁框，在铁框里密密地排满活字，然后拿到火上烤，待松香等物熔化，再用一平板把字压平，刷上墨印在纸上。印完后把铁板放在火上一烤，活字就拆下来了。"成功了!"毕昇内心十分高兴。为提高效率，毕昇准备了两块铁板，一块排字，一块印刷，交替使用。

就这样，一项伟大的发明——活字印刷术诞生了。毕昇的活字印刷术包含了铸字、排版、印刷三大工艺过程，是近代印刷技术的雏形。

到了元代，农学家王桢创制木活字获得成功，他制造了 3 万多个木活字，还发明了"转轮排字盘"。王桢用木头做成两个直径约 7 尺的大轮盘，一个叫"韵轮"，他把不常用的字，按韵分类，放在格子内；另一个叫"杂字轮"，专放常用字。排版时，一人念稿，一人坐在两轮架之间转动轮盘取字，既迅速又方便，效率大大提高了。1298 年，他用这种方法试印自己编著的《旌德县志》，不到一个月的时间，就印出 6 万字的县志 100 多部。此后，人们又创制了铜活字。

从雕版印刷到活字印刷是一个巨大的飞跃。我国首创的印刷术先后传入朝鲜、波斯以及欧洲各地。我国古代的雕版印刷比欧洲要早 600 年，毕昇的活字印刷术比欧洲早 400 年。

我国古代印刷术有力推动了我国和世界科技文化的广泛传播，对世界文明作出了巨大的贡献。

梦溪园的主人——沈括

在江苏镇江城东有一所环境幽雅的庭院，上书“梦溪园”三个大字。院内两侧立柱上有一幅长联，上联是“沈酣于东海西湖南州北国之游梦里溪山尤壮丽”，下联是“括囊乎天象地质人文物理之学笔端谈论自纵横”。距此处不远的梦溪广场上塑着一座高大的雕像，他就是梦溪园的主人——宋代卓越的科学家沈括。他在这里写下了举世闻名的科学巨著《梦溪笔谈》。

沈括，1033 年出生于北宋的一个官吏家庭，祖籍杭州钱塘，少年时随父走南闯北，饱览了各地的风情民俗，开阔了视野。步入仕途后，曾任海州沭阳县（今江苏沭阳）主簿。其间平伏民变，兴修水利，初露锋芒。其后考中进士，先后出任扬州司理参军、提举司天监等职。他积极参与王安石的变法运动，出使辽国，平息边界纠纷，显示了政治和外交才能。后来官场失意，屡次遭贬。1087 年，沈括决定隐居润州（镇江古称），终老梦溪园。沈括在科学上涉猎极广，博学多才，“于天文、方志、律历、医药、音乐、卜算无所不通”，还十分重视实地考察和科学实验，在天文历法、物理、数学、化学、地学等方面取得了许多卓绝的成就。

1072 年，宋神宗任命沈括为提举司天监，主管天文历法。他一上任就大胆起用布衣出身的淮南人卫朴进行改历工作，主持制订了“奉元历”。他还精心改制了浑仪、漏壶、圭表等天文仪器。他从农业生产的实际需要出发，大胆提出采用阳历的主张，即用节气定月，而不管月亮的圆缺。这一主张因遭到士大夫们的极力反对而未被采用。

1073 年，沈括奉命前往浙江察访新法执行情况，并了解农田水利、差役等事。一天，他来到温州雁荡山，发现雁荡诸峰峭拔险怪，上耸千丈，穷崖巨谷，均被诸谷环抱，从岭外看，一无所见，而山谷之中诸峰直指云霄。沈括研究认为，这是由于山谷中大水冲激，沙土尽去，因而剩下石块高峻耸立。

1077 年，沈括以河北西路察访使的职务北行考察。在沿太行山向北行走的途中，他发现山崖之间往往嵌着螺蚌壳以及鹅卵石，横亘如带。他推断这里在远古时代曾经是海滩，今天已距海约千里之遥。而今天的陆地，则是河水夹带泥沙在海口沉积而形成的。他还联想到西北黄土高原由于被雨水不断冲刷留下了一个个黄土包，而黄河、漳水等含泥沙量大的河流却不断将泥沙冲到大海,日积月累,泥沙逐渐高出海,成了陆地。他科学地解释了雁荡奇峰和华北平原的成因,其卓越的见解比意大利达·芬奇的同类研究早400年左右。

在此期间,他还别出心裁地创造了立体式地图模型。先在木板上画出河川道路,再以面糊木屑浇成地势模型。后因木屑寒冻不可制作,又改用熔蜡。回京后,又以木刻代之,呈送朝廷。从此开创了我国制造地图模型之先河。

1080年,沈括调任延州(今延安)知州兼鄜延路经略安抚使。沈括在戎马倥偬之余考察了当地的风物。鄜延境内,向有石油,当地人称之为脂水、石漆、泥油、火井油,并用来点灯,燃烧起来烟灰很多。沈括试着用油烟灰制成墨,觉得黑光如漆,比松木炭制成的墨好。他详细记载了它的储量、用途,命名为“石油”,并断言其“后必大行于世”。

沈括退出政坛后,在润州梦溪园住了10年,潜心研究科学技术。在数学上他创立了“隙积术”和“会圆术”。沈括在润州城中常常看到酒肆和陶器店用瓮、缸之类堆积成长方棱台,底层排成一个长方体,以上逐层长宽各减一个,因堆积物间有空隙,所以叫“隙积”(物体个数)。他经过研究创立了求取隙积的“隙积术”,这属于高阶等差级数求和的问题。此后,南宋杨辉、元代朱世杰将其发展为“垛积术”,而西方直到沈括之后五六百年才出现。沈括还推导出已知圆的直径和弓形的高求弓形底和弓形弧的方法,即“会圆术”,这在我国数学史是第一次。后来元代郭守敬据此发展出球面三角学。

在物理学方面,沈括亲自做了指南针的装置实验,在世界上首次发现了磁偏角。在声学方面,他做过纸人测定共振的实验。一天,沈括在朋友家串门,门外走过一支吹吹打打的迎亲队伍,鼓乐喧天,朋友突然听到家中古琴发出清脆的声音,觉得十分惊奇,以为是神灵宝物。沈括让其取来两架琴,又用剪刀剪了个小纸人,贴在一根琴弦上,用手指拨动另一架琴的同一根弦,结果小纸人在琴弦上跳动起来,弹别的弦纸人却不动。这个实验比17世纪英国的诺布尔和皮戈特用纸游码演习弦线基音和泛音的共振关系的实验要早600年。在光学方面,沈括研究了阳燧取火(凹镜成像)的原理。他把手指放在凹镜前,当手指迫近镜面的时候,得到的是正立的像,渐远就看不见像,因为手指正在焦点处,超过焦点,像就成了倒像,他发现凹面镜成像与焦点有密切的关系。

此外,沈括在气象、物候、动植物学和医药学等领域都有杰出的贡献,他关于陨石、雷电、海市蜃楼、虹等自然现象的记载生动形象,暗合现代科学理论。他的“秋石方”是世界上关于性激素的最早记载。我国四大发明之中的印刷术、火药、指南针正是由于他的详细记述才得以流传。《梦溪笔谈》集我国古代自然科学之大成,被誉为“中国科学史的坐标”,现已被译成多国文字广泛流传。

沈括的博学多才为世人广泛称颂。日本著名学者三上义夫曾称赞道:“沈括这样的人物,在世界科学史上也难寻其二,唯有中国出了这个人。”

中国的“第谷”——郭守敬

第谷是16世纪丹麦的天文学家，被称为近代天文学的始祖。他一生制作了许多天文观测仪器，进行了多次天文观测活动。明代来华的德国传教士汤若望看到我国元代天文学家郭守敬创制的天文仪器后，称郭守敬为“中国的第谷”。事实上，郭守敬创制的天文仪器，比第谷同样的发明要早300多年。郭守敬的创造发明使我国古代天文观测成就在世界上遥遥领先，达到了天文学研究的高峰。

郭守敬，1231年生于河北邢台，自幼随祖父郭荣生活。郭荣通晓五经、天文、算术、水利，给了郭守敬良好的启蒙。后来祖父又把他送到其好友刘秉忠门下学习天文、地理、律历等，期间郭守敬结识了精通算术、天文的王恂。郭守敬在这些饱学之士的影响下，迷上了自然科学，极喜制作各种器具。

在十五六岁时，郭守敬得到一幅石刻“莲花漏图”。莲花漏是北宋科学家燕肃改进创制的计时器，其结构复杂、原理深奥，许多学者苦思不得其解。少年郭守敬却很快掌握了其制作原理，并成功地照图进行了复制。

邢台城北有一座石桥，在蒙古和金的战争中遭到破坏，桥基陷入污泥，天长日久，谁也说不清桥基的位置。20岁的郭守敬认真勘查了河道上下游的地形，推测桥基旧址，竟一下子挖出了久被淤埋的桥基。石桥修复后，著名文学家元好问特意撰文记述此事。

1271年，忽必烈建立元朝。为统一全国历法，他下令征调全国各地人才，修订新历，郭守敬和张文谦、王恂等均在其列。

要观测天象，必须有完备的天文仪器。郭守敬到任后，仔细检查了原有仪器，发现存在许多缺点，有的简陋落后，有的年久失修，均已不堪使用。于是他组织了一批能工巧匠，改进创制了许多精密的天文仪器，如简仪、高表、候极仪、景符、仰仪、浑天象、玲珑仪、让理仪、窥几、日月食仪等。其中最为后人所推崇的是简仪、高表和仰仪。

简仪是由浑仪改制而成的。早在战国时期，我国就发明了浑仪，此后历代均有发展。这种仪器有较多重叠的圆环，遮挡了观测的视线。郭守敬在沈括等前人改进的浑仪基础上，大胆革新，只保留了地平圈和赤道圈，并使其各处独立，分别测量天体的赤道坐标和地平坐标，取消了其他重叠圆环，这就大大开阔了观测的视野,提高了精确度。简仪的结构简单、新颖且方便实用,是一项具有世界意义的重要发明,对近现代天文仪器产生了巨大而深远的影响。现代天图式望远镜上的赤道装置上便可找到简仪的影迹。

仰仪是一个铜制的中空半球面,形状像一口仰置的锅。半球的口上刻着东、南、西、北等方向,球里面刻有与观测地纬度相应的赤道坐标网。半球口上架一小板,板上有孔,孔的位置正在半球的中心。日光通过小孔,在球里面投下一个圆形的倒像,由此可以读出太阳的坐标和该地的真太阳时。利用仰仪不但可以避免用眼睛逼视耀眼的太阳,看清太阳的位置,而且能够直接、准确地观测出日食的方向、亏缺部分的大小及各种食象的时刻等。

为准确测定24 节气,特别是夏至和冬至的时刻,郭守敬对过去的圭表进行了重大改进。他把圭表和表高加至40 尺,是旧表的5 倍,从而使推算节气时的误差减小。他还创制了一种名为"景符"的辅助仪器,运用小孔成像的原理,解决了表杆影模糊的问题。郭守敬所造的河南登封观星台是中国现存最早的天文台,至今还保存着巨大的砖石结构的高表。

天文仪器制成后,郭守敬和王恂等人同一位尼泊尔建筑师阿你哥合作,在大都(今北京)城东兴建了一座司天台,安置了他所创制的那些天文仪器,这是当时世界上设备最完善的天文台之一。1277 年,在郭守敬的主持下,在全国范围内进行了大规模的观测工作。他调集了 14 位天文学家,设立了 27 个观测点,南到西沙群岛,北到西伯利亚(北极圈附近),按纬度每隔 10°设一个观测台,取得了许多第一手资料。

在此基础上,郭守敬还着手编制新历。他首先废除了以往历法沿用的推算时间向上追溯很多年的做法,避免用复杂的分数来表示一个天文数据的尾数部分,改用十进小数。他创立了"等间距三次差内插法"及球面三角学的计算公式。他还吸取前人的研究成果,以 365. 242 5 日为一回归年,与现行公历即意大利格里高利历(1582 年通行)完全一致。1281 年"授时历"正式颁行,比"格里高利历"要早 300 多年。这是一部精确而先进的历法,此后被沿用达 300 年。

郭守敬的天文学成就得到了世界的广泛赞誉。1970 年,国际天文学会将月球背面的一个环形山命名为"郭守敬山";1977 年,国际小行星组织又给紫金山天文台发现的一颗小行星命名为"郭守敬星"。

从郑和的辉煌说起

1405年的一天，在波涛汹涌的印度洋上，出现了一支浩浩荡荡的庞大船队，100多艘大小船只首尾相连，绵延10多里……这些船只桅杆林立，云帆高张，乘风破浪，如履平地。为首的一艘巨船，长44丈，宽18丈，气势雄伟，一位身长7尺、着锦袍玉带的大臣在众多卫士和水手的簇拥下，气宇轩昂地立于船头。船队所到之处，引起异域百姓的一片欷歔："这是来自哪个国家的船队？真了不起！"

这支船队就是我国明朝著名的航海家郑和所率领的首次下西洋的庞大船队。这在当时世界上是前所未有的。此后郑和又进行了6次这样大规模的航行，20多年间共访问了30多个国家，航程10多万公里，最远曾到达非洲东海岸。郑和率领的船队每次都有100～200艘船只，其中长度超过100米的大型海船有40～60艘，最大的宝船上载人过万。郑和的远航震惊了世界，在世界航海史上写下了辉煌的一页，充分证明了我国古代造船和航海技术在世界上处于遥遥领先的地位。

我国是世界上造船历史最悠久的国家之一。远在原始社会，中国人就会制造独木舟，这是人类历史上最早的船只。用木板造船起源于商代。春秋战国时期，我国南方已有专设的造船工场——船宫。各诸侯国之间已使用船只进行贸易运输和作战。公元前648年，晋国发生灾荒，秦国用船装粮，经渭水、黄河、泌水运达晋国。公元前482年，越国攻吴，水军乘船沿海北上，然后进入淮水和吴军作战，当时的船已有多种类型，大的船可载50人和供他们食用3个月的粮食。

秦汉时造船业有了很大发展，出现了广州、苏州、长安等造船中心。广州市曾发掘出一个规模巨大的秦汉造船工场遗址，有3个平行排列的造船台，船台和滑道相结合，外形和铁路相似，由枕木、滑板和木墩组成。这就证明，历史上我国很早就利用船台造船，并利用滑道使船舶下水。秦始皇在统一南方的战争中曾组织过一支能运输50万石粮食的大船队。公元前210年秦始皇第五次出巡，由江苏南部乘海船北上，在山东半岛绕航一周。汉武帝时曾建造过高大的战船——楼船，高10余丈，分3层，可载近万人，船上设备已使用纤绳、橹、帆、楫等，用来训练水师。

隋唐时造船技术更为发达。隋代曾造过高4.5丈、长20丈的大龙舟，隋炀帝曾率数千大臣沿大运河南下巡幸扬州。为保持楼船的稳定性，人们在船底装上许多大铁块来“压载”。唐代造过许多载重达千吨、结构坚固的大船，并开辟了海上“丝绸之路”。公元842年，航海木帆船船长李邻德驾驶海船自宁波启程，沿海岸北行经山东、辽宁、朝鲜然后到达日本。公元834年，商船船长李处人首次开辟由日本嘉值岛直达我国浙江省温州的新航线，全程约6昼夜。向南，我国的海船已越过印度和斯里兰卡，远达波斯湾的阿拉伯国家。每天从广州开出的海船有10多艘。唐朝廷还设立了专门的机构，专管海船的接待和贸易事务。

宋元时我国造船业迅猛发展，造船场遍布全国，规模尤以明州、温州、吉州等官办造船场为最，年产大小船只数千艘。新的船型不断涌现，仅海船就有两三百种之多，还有许多战舰。1078年，安焘出使高丽，在明州（今宁波）造万斛船两艘。1122年，路允迪、傅墨卿和徐竞等人出使高丽又造两艘神舟，载重在1 500吨以上。1169年，水军统制官冯湛打造了一艘多桨船，采用了“湖船底”、“战船盖”、“海船头尾”，既可以涉浅，也可以迎敌，还可以破浪，往来十分便捷。在宋金和宋元战争中，宋朝出动战舰常达数千甚至上万艘。同时，宋代还发展了车船。杨幺农民起义军造的车船高3层，可载千余人，无论是顶风、逆水，以人力踏动，均可快速行驶。这是轮船的雏形。

明代造船技术达到了鼎盛，出现了一些规模较大的造船厂。20世纪六七十年代，在南京市汉中门和挹江门之间相继发现了8个大船坞，并出土了长11.07米的大舵杆以及残损的绞关木等船用设备构件，郑和下西洋的船只就是在这里建造的。郑和的宝船上竖了9根桅杆，挂了12张帆，“篷、帆、锚、舵，非二三百人莫能举动”。郑和的成功远航，反映了我国明代造船技术的高超水平。

我国古代木船从唐代直到清中叶以前一直是世界公认的优良的海上交通工具，它以体积大、载量多、结构坚固、抗风力强闻名于世。木船船型十分丰富，尤以沙船和福船最为著名。沙船的特点是平底、多桅、方艄，并有“出艄”便于安装升降舵，由于吃水较浅，受潮水影响较小，具有较好的安全性和快航性。而福船是一种尖底海船，首尾高昂，高大如楼，经常用于作战或行驶于南洋和远海。

在变幻莫测的大海上航行常常会遇到风暴或触礁事故，为使船舶在遭到破坏后免于沉没，我国唐代工匠设计了水密隔舱，将船舱分别密封，即使一两个船舱进水，也不致全船沉没。这是造船技术上的一次革命性进步，它大大促进了造船业和航海业的发展。18 世纪，英国的本瑟姆对我国的船舶结构进行了考察，并为英国皇家海军设计并改造 6 艘舰只，使这一技术迅速在欧洲推广。这种水密隔舱设计在现代造船工业中仍然普遍使用，成为船舶设计的重要原则。

为加大船舶动力，古代工匠一方面不断改进人力推进工具，从桨、楫发展到橹，使人力推进的效率大为提高，另一方面充分灵巧地利用风力，采取“调戗使斗风”（即把帆转到一定的角度）的方法，走“之”形航线，逆风也能行船，使借风行船达到了更高的水平。为确保航海木帆船的正确方向，我国最早发明了船尾舵，比西方早 4 个世纪。

远洋航行除了要有效利用风力和用船尾舵掌握航行方向外，还必须具备先进的导航技术。我国古代不仅在以指南针为代表的地文航海技术上遥遥领先于世界，而且在天文航海技术上也相当先进。指南针一经发明，很快就应用于航海。北宋时就有记载：“夜则观星，昼则观日，阴晦则观指南针。”人们把指南针改制成航海罗盘，并在罗盘上定24 向或48 向，把它放置在针房内，由领航人掌握航向。人们还发明了计程法来计算航速和航程，把一昼夜分为 10 更，一更约 30 公里航程，多用燃香来计算时间。此外，人们还采用了测深器和航海图。现存最早的航海图就是著名的《郑和航海图》。这些都是我国古代航海技术成就的有力见证。

在天文航海技术方面，我国古代很早就掌握了观看天体来辨明方向的方法，元明时期已能以观测星的高度来定地理纬度，这是我国古代航海天文学的先驱。这种方法叫“牵星术”。人们用牵星板观测北极星，左手拿木板一端的中心，手臂伸直，眼看天空，木板的上部边缘是北极星，下部边缘是水平线，这样就可以测出所在地的北极星距水平的高度，进而求得所在地的地理纬度。元代，意大利旅行家马可·波罗由陆路来我国游历了 20 多年后，搭乘我国航海家的船舶经我国南海，横跨印度洋，回到本国。他在游记中留下了关于北极星高度的记载。郑和七下西洋，“往返牵星为记”，对牵星术已十分熟悉，此外，他还设立了“阴阳官”，专门负责观测天象。

我国古代的造船和航海技术为人类征服海洋、促进西方近代文明作出了巨大的贡献。尽管在近代由于封建统治阶级实行闭关锁国的政策，甚至下达了“片板不准下海”的禁令，使我国航海事业逐渐落后于西方，但我国古代造船和航海技术上的辉煌成就是不可否认的。

古代中药学之集大成者——李时珍

我国的中药学具有悠久的历史，远古时就有“神农尝百草”的传说，2 000多年前的《山海经》中提到了120多种药。汉代时出现了一本专讲药物的书《神农本草经》，记载了365种药物，是我国现存最早的药物学专著。南北朝时陶弘景首创按药物的自然属性和治疗属性来分类的新方法，收录了730种药物，整理成《本草经集注》一书。唐代时由宫廷主持编修了我国古代也是世界上第一部药典《新修本草》，图文并茂地记载了844种药物。到了宋代，唐慎微编写了《证类本草》，记载药物1 500余种。古代中药学的发展到明代达到了高峰。著名的医药学家李时珍是我国古代中药学之集大成者，他的《本草纲目》对我国乃至世界的医药学和生物学作出了巨大的贡献。

李时珍，1518年生于湖北蕲州（今属蕲县），其祖父和父亲都是当地名医。他自幼就接受了医药知识的熏陶。童年时喜爱读父亲收藏的医药书，跟随父亲到山冈、田野间采摘花草，捕捉昆虫。23岁时随父亲行医。由于他如饥似渴地钻研医理，医术进步很快。李时珍在行医中从药物的特性入手，大胆施治，往往有所创新，治愈了许多疑难杂症，一时声名鹊起。在行医和研读古代药书的过程中，李时珍感到历代本草内容讹误、分类杂乱、药物漏列的现象较多，如把萎蕤与女萎、兰花与兰草、卷丹与百合、黄精与钩吻等性质不同的药物混为一谈，把南星、虎掌等同一药物分列两部，把菜类列草品，把果类列本部，等等。药书上的讹误和混乱危害严重。当地一药铺错把“虎掌”这种毒药当做“漏篮子”卖给病人，几乎送掉病人的性命。李时珍下决心对传统的本草学进行重修。1551年，楚王朱英燎因李时珍治好了他儿子的病，聘任他为“奉祠正”，后来又推荐他到北京太医院任医官。李时珍曾寄希望于朝廷重修本草，当他看到当时的嘉靖皇帝荒淫无道、政治腐败，在医学上迷信炼丹术士的邪说异行时，便决心依靠自己的力量完成重修本草的工作。一年后他辞官回乡，继续行医，同时着手编写《本草纲目》。

李时珍一边行医，一边研读古代医药书籍，“读书十年，不出户庭”。10多年过去了，他积累了上千万字的笔记资料。可是“纸上得来终觉浅”，他决定到各地去考察，增加见识。他带着徒弟庞宪跋涉万里，到各地考察。广泛寻访农夫、渔夫、樵夫、医士，足迹遍及湖北、安徽、江西、湖南、江苏等地，到处采药问方，搜罗药物标本和民间单方。

有一天，在一个驿站，他看到一群车夫正用小锅煮食一种叫“鼓子花”的植物，便上前请教。车夫告诉他用鼓子花煎汤喝，可治筋骨伤，增加力气，他赶忙记下来。在均州太和山，他和庞宪看到两旁山谷里长满参天古松，有几棵长得干巴，叶子凋黄，判断松树根下应有茯苓，结果真的挖出一个。他们随后向当地药农请教茯苓的栽培技术。师生俩沐风栉雨，风餐露宿，奔波于山谷中，发现了许多从未见过的药物，如九仙子、朱砂根、隔山消等。据说山上长着一种叫榔梅的仙果，吃了可以长生不老，李时珍置官府不许私采的禁令于不顾，采后经尝试和研究，肯定那不过是一种普通的梅子，可以生津止渴而已。

在离开太和山转道江南的途中，他听说南京药王庙举行三皇会，喜出望外，连忙雇舟赶到南京，一下船便直奔药王庙。只见药王庙里里外外挤满了买卖药材的人，铺面一个接着一个，门前排着一个个药篓，上面插着标签：山陕麦门冬、广南砂仁、泗州紫菀，山东百部、湖州前胡、河南枳壳、关东白薇……真是琳琅满目，应有尽有。李时珍边看边问边记。一个老药贩把新近流行的炼樟脑的方法也告诉了他。几个泉州的商人还送给他一些外国药材，如“乳香”、“血竭”、“白豆蔻”等。此后李时珍还游历了许多盛产药材的名山，如茅山、摄山、牛首山、大别山等。李时珍在实地考察的过程中，亲自饮过用曼陀罗花籽浸的酒，证明其就是麻醉药的主要成分。他还解剖过穿山甲，从其胃中剖出1升左右的蚂蚁，证明了其食蚁的特性。实地考察大大丰富了他的药物知识。

经过27年的艰苦努力，李时珍终于在1578年写成了《本草纲目》。全书52卷，190多万字，共收药1 892种，附绘药图1 109幅，附药方11 096副，规模空前。《本草纲目》依据药物的自然形态进行分类，按生物进化的阶梯，即从无机界（水火金石）到有机界（植物、动物），又从植物到动物，从低等动物到高等动物，从动物到人的顺序排列。这一方法比西方植物分类学创始人林奈的分类法要早150多年。17世纪后，《本草纲目》被译成多国文字在世界上广泛流传。英国生物进化论的创始人达尔文在《人类的由来》（*The Descent of Man*）一书中称其为“中国古代的百科全书”。

学贯中西第一人——徐光启

400 多年前,上海著名的古刹龙华寺有个私塾学馆。一天课余时间,一个淘气的小学生竟爬上 40 多米高的塔顶,捕捉在此安营扎寨的鸽子。塔下的人们不禁失声惊呼,可他却手持鸽子,气定神闲地向下招手。这个小孩就是后来成为科学家的徐光启。

徐光启 1562 年生于松江府上海县,正值我国明朝末年,朝廷腐败,社会动荡,内忧外患,天灾人祸接连不断,他的家境也日益窘迫。徐光启少年时就随父母一起从事农业生产劳动。他聪明好学,才智过人,1581 年考中秀才。在此后的 20 多年里,他屡次落第,先后以秀才和举人的资历在家乡和广东、广西等地以教书为业。期间他悉心研读了《齐民要术》、《农桑辑要》、《王祯农书》等农书。1600 年,徐光启在南京结识了意大利传教士利玛窦。两人一见如故,相互仰慕。他常常听利玛窦等人讲授天主教教义和西方科学,并在传教士的一再邀请下,加入了天主教,取名为保禄(Paul)。1604 年徐光启中进士,并入翰林院任庶吉士,从此步入仕途。

进入翰林院后,生活有了保障,他就同利玛窦一起翻译西方数学名著《几何原本》。这本书与我国古代传统的数学截然不同,其中的命题中的名词、术语对徐光启来说十分陌生,逻辑推理的形式也无例可寻,翻译时困难重重。可是徐光启没有退缩,他常常夜不能寐,挑灯凝思。紧张、单调而又清苦的翻译工作终于使他病倒了,他不得不卧床工作。经过 5 个月的努力,数易其稿,终于完成翻译工作,并于 1607 年刻印出版。《几何原本》中译本是我国科学史上传入的第一部系统的西方数学著作,翻译中所采用的一套中文名词术语,如点、线、面、平行线、直角、钝角、三角形、四边形、外切、相似等都十分贴切,至今仍被沿用。他所开创的翻译介绍西学的风气,在我国数学史、科技史上具有划时代的意义。他还把我国旧有的测量法和西法进行比较,推求同异,撰写了《测量异同》,而且还继承了我国古代算术中的伟大成就,用西方数学的基本定理来解释补充我国传统测量法的原理,撰写了《勾股义》,从而使我国古代数学更具有严密性、条理性和系统性,把我国的数学向前推进了一步。

徐光启一生对农学的实验和研究付出了极大的热情,费时最多,成就也最大。现在人们喜食红薯(山芋),称之为保健食品,若干年前它却是救荒的主食。吃薯不忘种薯人,追根溯源还得归功徐光启。

1607 年,徐光启的父亲在京去世,他扶柩回乡,遇江浙一带发生水灾,许多农田、房屋被淹,饥民遍野。这使他非常痛心,于是决心试验新的高产农作物。一次他听说福建有一种从外国引进的番薯,是高产的旱地作物,就几次托人从福建带回薯藤,栽在自己的园地里,结果枝繁叶茂,产量很高,而且“生熟可茹”。于是他著《甘薯疏》进行大力推广,并把种植技术带到北方。他还把北方的芜菁(十字花科,根可食,俗称“大头菜”)推广到南方,著《芜菁疏》予以宣传,同时驳斥了芜菁南移变菘(白菜),菘北移变芜菁的无稽之谈。他还着重试验种植了棉花、女贞树(即冬青树,属木樨科,可用来放养白蜡)、乌臼(大戟科)等经济作物。

1610 年,徐光启守孝期满,回到北京。他看到宦官专权,官场腐败,于是几次托病告假,进行农业科学实验。他在天津买了许多荒地,雇人垦殖。他看到这里从未有人种植水稻,因为这里大多是盐碱地,于是决定把重点放在试种水稻上。他先引水灌田,用以冲洗田里的盐碱成分,还特意从家乡请来了种植水稻的能手。第一年,用干大粪过多,苗壮茎粗,但颗粒无收。他认真分析了原因,在第二年改变施肥方法,果然稻花飘香。南稻北移终于成功了!此后徐光启还在北方试种了不少南方的花卉,如鸡冠、牡丹、芍药、凌霄花等。在他的努力下许多药用植物,如麦门冬、何首乌、山药、贝母、枸杞、当归等也远嫁到北方安家落户。他还看到蝗虫的危害。为对付蝗灾,他进行了为期 7 年的实地调查,查阅了自春秋以来百余次大蝗灾记录,实地考察并详细记述了蝗虫由卵变蛹、由蛹成蝗的生活史,提出了从灭卵入手的治蝗方法。

徐光启在实验的基础上撰写了《甘薯疏》、《芜菁疏》、《吉贝疏》、《种棉花法》、《北耕录》等一大批著作。同时他还查考、阅读了 229 种农学文献,在此基础上,编撰了大型农书——《农政全书》。全书共 60 卷,70 多万字,包括农田、田制、农事、水利、农器、树艺、蚕桑、蚕桑广、种植、牧养、制造、荒政等内容。这部书集历代农学之大成,建立了完备的农学体系,被后人誉为农业的百科全书。

徐光启力图融汇中西方科学,这一点集中体现在他对历法的修订上。1629 年,明崇祯皇帝委派徐光启主持修历工作。徐光启邀请了一些具有丰富天文历法知识的洋教士,如邓玉函、汤若望等协助修历,并与他们相互切磋,力求用西方天文数学知识弥补我国旧历的不足。他们翻译西书制作了日晷、星晷和望远镜等仪器观测天象,编制了天文计算用表。在修历过程中,无论在酷热难当的夏夜，还是在大雪纷飞的隆冬，徐光启都亲自参与天象观测。有一次他不小心从观象台上失足跌下，腰、膝等多处受伤，但却没有停止过工作。终于在1633年编成一部卷帙浩繁、贯通中西的《崇祯历书》。他在这部历书中突破了我国传统的历法，把欧洲天文学中的一些先进知识，如地球、地理经纬度、时差等吸收进来，使我国科学技术开始进入一个中西结合的新阶段，开启了向西方文明学习的先河。

徐光启为我国天文、数学、农学等作出了卓越贡献，并贯通了我国古代科学的成就和当时外来的西方科学知识，集科学技术工作的组织者、引进者、传播者和实践者于一身，被后人誉为“中国近代科学的先驱”。

壮行万里的徐霞客

“五岳归来不看山，黄山归来不看岳。”这句话，常常被人们用来赞美黄山犹胜五岳、独步天下的自然风景。

徐霞客出生于明代南直隶（今江苏）江阴的一个官僚地主家庭，他自幼好学深思，博览群书，尤其是对古今史籍、舆地志和山海图经等具有浓厚的兴趣。随着年龄的增长，他逐渐萌发了问奇于名山大川、探索大自然奥秘的强烈愿望，立志壮游万里。

徐霞客19岁那年父亲病逝，他想出游，可老母在堂，使他放心不下。谁知母亲却非常开明，得知后鼓励他说：“志在四方，男子事也。”她不愿意自己的儿子只是“藩中雉”或“辕中驹”，还特意为儿子缝制了一顶远游冠。这更加坚定了徐霞客不应科举，不入仕途，奔向自然，穷其奥秘的决心。

1608年，22岁的徐霞客出游太湖、洞庭山，开始了他有生以来的第一次游历，拉开了“行万里路”的序幕。在以后的30多年里，他的足迹遍布江苏、浙江、山东、河北、山西、陕西、河南、安徽、江西、福建、广东、湖南、湖北、广西、贵州、云南等16个省（区），占了大半个中国。他不避风霜雨雪，不畏艰难险阻，攀山涉水，四海为家，30年如一日，矢志不渝。

有一次，徐霞客出游嵩山，登上了太室山绝顶，向一樵夫探问下山别径，樵夫告诉他，南麓平坦，西沟甚险。他明知西沟险，偏向险中行，从一个陡坡上一直滑到平地，回首万丈悬崖，只觉“云气出没，安知身由此中来”。

1636年，年已半百的徐霞客出游西南，开始了他一生中最重要的也是最后一次旅行。在自江西到湖南途中，他察觉到地貌发生了显著的变化，观察了山崖的构成、岩石的质地和颜色，这就是为现代科学所证明的第三纪红色岩系。在路经广西桂林时，他看到江上奇峰如“青莲出水”，阳朔周围是“碧莲玉笋世界”，山石相衔如天然桥梁，他分别命名为“石峰”、“石梁”。他还发现了许多天然石灰溶洞。在桂林七星岩，他手擎火把，目测步量，将全山15个洞岩的分布规模、结构和特征一一作了详尽的描述。探究岩洞的结构，不能行走就脱衣伏地爬行，遇到地下湖，便坐在木盆里划过去。

徐霞客在湖南乘船时遇盗，船被烧掉，行李被洗劫一空，仆人因不耐其苦离他而去。与他结伴同行的名叫静闻的僧人也在遇盗时受重伤去世。有人劝徐霞客中止旅行,但他却毫不动摇,毅然继续跋山涉水,历尽艰辛到达云南。接着,他又按自己的既定目标在云贵高原进行游历考察,他发现金沙江才是长江的上游,而岷江只是长江的一条支流,从而纠正了"岷江导江"之说。直到1640年才返回故里。次年,他因积劳成疾,不幸逝世。

在30多年的游历考察中,徐霞客对旅途中的山川、河流、地质、地貌、水文、气候、动植物以及风土人情都作了翔实的记录,写下了20卷共40多万字的巨著《徐霞客游记》,这是世界上第一部广泛、系统地探索和记载岩溶地貌的科学文献。他在广西、贵州、云南等地对石灰岩地貌作了广泛详细的考察,共探查了100多个岩洞,并详尽记载了岩洞的分布以及它们的高度、深度等,对峰林、洼地、溶洞、地下暗流、石笋、石钟乳的特征和成因作出了符合科学的解释。他认为石灰质地坚硬,不易风化,但易被水溶解,因此在石灰岩分布地区,多奇峰怪石,多溶洞;而溶洞内因地下水长期侵蚀,加之含石膏(碳酸钙)的水自洞顶滴下,日久即会形成千奇百怪的石笋和石钟乳。这些是世界上最早、最详尽的有关石灰岩地貌的记录,比欧洲最早对石灰岩地貌的考察描述早100多年,比欧洲对石灰岩进行系统分类早200多年。在水文方面,他纠正了《禹贡》中的"岷江导江"(即岷江是长江上源)之说,正确指出金沙是长江的上源。在比较福建的宁洋溪和建溪时,徐霞客认为两溪高度相仿,但"程愈迫则流愈急"(离海近的水急)。在地质方面,他记述了云南腾冲打鹰山17世纪初的一次次火山爆发。在动植物方面,他发现了因高度和纬度的不同而产生气候差异导致的生态分布差异。

徐霞客对我国地理学作出了卓越的贡献。英国中国科技史专家李约瑟博士对他给予了恰如其分的评价:"他的游记读来并不像是17世纪的学者所写的东西,倒像是一位20世纪的野外勘测家的考察记录。"

专攻“雕虫小技”的大师——宋应星

在我国封建社会，从事农业和手工业的人地位低下，即便身负绝技也被统治者贬为“奇技淫巧”，视其技艺为“雕虫小技”，不能登“大雅之堂”。在我国历史上第一次对农业和手工业技术进行了深入的研究和全面的总结的是明末科学家宋应星，他写成了“与功名进取毫不相关”的名著《天工开物》，被后人誉为“中国古代技术的百科全书”。

宋应星，1587 年生于江西南昌奉新县的一个官僚地主家庭，28 岁时与其兄宋应昇同榜中举，名列前茅。此后他先后 5 次赴京会试，均名落孙山，耗去了大半生的美好年华。宋应星 45 岁时终于对“天下英雄入吾彀”的科举制度感到绝望，决定放弃科举入仕、光宗耀祖的念头，转而研究与生活息息相关的农业和手工业技术。为掌握第一手资料，宋应星打破了书斋学者严重脱离实际的陋习，经常深入田间、作坊向农业和手工业者学习，积累了丰富的知识。

他的家乡沟岭纵横，一些山区洼地水土温度较低，影响了农作物的生长。他看到许多农民用“骨灰蘸秧根”，用“石灰淹苗足”，以使水稻长势旺盛。这使他认识到骨灰之类有机磷肥适合酸性土的需要，可增强土地肥力，而石灰可中和土壤酸性，以达到改良土壤的目的。在岗坡地上，种桑养蚕比较普遍。他发现人们把一年孵化一次的雄蚕和一年孵化二次的雌蚕杂交，也有的把黄色雌蚕和白色雄蚕进行杂交，他感到不解，就向蚕农询问。蚕农告诉他，杂交后可以产生优良的蚕种，使蚕茧结得更大、更重。他从中悟出了物种变异的道理，并将其记录下来。这是世界上最早的关于家蚕杂种优势利用的记载。他还发现水稻通过人工变异可以变为旱稻。他看到一些田块水稻栽插后因 10 多天没有水，部分秧苗枯死，但也有少数秧苗不死，农民们待这些秧苗结穗成熟后第二年再下秧，逐步使之变为抗旱性的旱稻，即使在岗坡地上也可栽种。这是通过人工选育发生变异的，与蚕根据遗传基因不同而产生的变异有所不同。于是他得出了“种性随水土而分”的科学论断。

宋应星发现的这两种不同类型的物种变异，把我国古代科学家关于生态变异的认识推进了一步，为人工培育新品提供了可靠的依据，而此时欧洲仍然被物种不变论统治着。德国生物学家伏尔弗直到 1759 年才在《发生的理论》一书中对物种不变论这种形而上学的观念进行第一次冲击。19 世纪，英国著名的生物学家达尔文把宋应星记载的我国古代养蚕技术作为论证人工选择和人工变异的例证之一。

在陕西西安、河南洛阳和山西一带，宋应星看到人们用砒霜拌麦种来防止虫蛀或鼠害；在南京、绍兴等地，他看到人们用砒霜蘸秧根来防治虫害。这是农业技术的一大发明，他详细记载了这一发明。

他还多次深入手工作坊或矿山了解纺织、金属冶炼、采煤等生产技术。一天，他来到一个织布作坊，看到工人们在一台提花机旁忙碌着，一匹匹色彩鲜艳、图案优美的布被织出来。他经过认真仔细的观察，把这台提花机画了出来。这种提花机是当时世界上最先进的纺织机械。

在一个冶炼铸铁作坊，他了解到一项先进的金属加工工艺——生铁淋口技术。工人们在重约 1 斤的熟铁铸成的锹、锄刃上淋上约 3 钱的生铁水，然后再加以锻打和淬火。一个工人告诉他，生铁水淋少了不够坚硬，淋多了又太硬容易被折断。他经过研究认识到，熔化的生铁中所含的碳为熟铁所吸收，经过锻打和淬火后，即使刃口变成含碳量较熟铁更高的优质钢，更为实用。他还详细考察了熔模铸造和泥范铸造的工艺技术，并加以记述，特别是记述了群炉汇流和连续浇铸大件的方法。他在作坊中还看到人们为提高炉温而发明的活塞式风箱，并将其精心绘制下来。这是当时世界上最先进的鼓风设备，比欧洲早了 100 多年。

他还发现了金属锌的提炼方法：把炉甘石（碳酸锌）和焦炭放在泥罐中用泥封好，然后一层层用煤饼铺在罐底，下面再铺上柴草引火；一会儿泥罐中有气体逸出；再烧一会儿，把泥罐浸入水中，完全冷却后打破，便可取出“倭铅”（锌）。他把整个生产过程画成图记录下来，这是世界上关于提炼金属锌的最早、最详细的记载。此外他还下煤矿进行了考察，发现了用中空巨竹管排放瓦斯和用支架防止矿井坍塌的方法，并加以记载。

1634 年，宋应星根据自己的所见所闻，撰写了《天工开物》一书。全书共 18 卷，包括作物栽培、养蚕纺织、粮食加工、熬盐制糖、酿酒榨油、采矿冶铸、舟车制造、制瓷造纸、火药兵器、珠宝玉器等众多的生产领域，并绘制了 123 幅插图。这部具有极大科学价值的百科全书式的古代技术典籍，在我国乃至世界都产生了深远的影响。17 世纪以后，《天工开物》相继传到日本和欧洲各国，被译成法、德、日、英、俄等多国文字，受到世界各国的广泛重视。

二、近代部分

概　述

近代科学技术始于15世纪后半叶，截至19世纪末，前后400余年。近代科学技术是作为资本主义的伴生物最先在欧洲诞生并发展起来的，同时又对资本主义的迅速发展起了巨大的催化作用。新兴资产阶级为了扩大贸易和到海外寻找财富，必须发展远洋航海事业。文艺复兴运动对把近代科学技术从神学中解放出来起了鸣锣开道的作用。

近代科学技术是在与宗教神学的斗争中成长起来的。哥白尼的太阳中心说、哈维的血液循环理论和伽利略的科学成就等打击了教会的权威和传统的学术观念，标志着近代科学技术的诞生。

在近代自然科学的发展中，天文学充当了开路先锋。到了18世纪，伴随着观测手段的进步，天文学发展进入了一个新的阶段。

由于经济技术的推动和天文学的影响，经典力学发展较快，成熟较早，牛顿是经典力学的集大成者。

17世纪至19世纪，是近代数学的蓬勃发展时期。数学上的巨大进步，应归功于解析几何、微积分学和非欧几何学。

由于近代物理学所取得的成就，人们对自然界的认识提高到了一个新水平。如：人们对光现象和热现象进行了不懈的探讨和研究，奥斯特和法拉第在理论上证明了电和磁的统一性，麦克斯韦的理论揭示了电、磁、光的统一性，等等。

从17世纪中叶到19世纪末的两三百年是化学发展的重要时期。波义耳提出了科学的元素概念，从而把化学真正确定为科学。拉瓦锡关于燃烧的氧化学说、道尔顿的原子论、阿伏伽德罗的分子学说都对化学的发展起了巨大的促进作用。维勒用无机物首次合成有机物——尿素，跨越了有机物和无机物之间的鸿沟。门捷列夫提出的元素周期律奠定了现代无机化学的基础。

伴随着工业革命的到来以及采矿业和交通运输业的发展，地质学作为一门独立的学科逐渐发展起来。进入18世纪后，出现了关于岩石成因的水成论和火成论之争，以及关于地壳运动变化的灾变论和渐变论之争，并在争论中形成了赫顿和赖尔的地质学思想。

从18世纪中叶到19世纪，欧洲经历了一系列技术革命。蒸汽机是近代世界上出现的第一个“怪物”，它的广泛应用带来了第一次产业革命；电的广泛应用开创了人类的电气时代；内燃机的研制成功实现了又一次新的动力革命，推动了汽车工业、航空工业的产生和发展；电信技术产生的重大意义可以与蒸汽机相媲美。

19世纪是生命科学发展过程中的一个重要转折时期。细胞学说和进化论是这个时期的两大重大发现。巴斯德则在微生物学领域进行了一系列开创性研究，奠定了微生物学的理论基础。

近代科学技术呈现出三个方面的显著特点：一是着眼于自然界的特殊性的具体问题，努力探索各种运动形式的特殊规律。二是形成了以科学实验为主要手段的研究方法。三是出现了人类科技史上的第三次大繁荣，其中经历了两次大的技术革命和三次世界科技中心的转移。

冲破中世纪的黑暗

公元 1 世纪，古罗马公民普林尼写了一部共 37 册的《自然史》，这是一部涵盖了古希腊时期全部科学的百科全书。为了探索自然，他在维苏威火山爆发、庞培城正遭毁灭时，从海上登岸，深入险地观察这一惊天动地的自然变化，不幸被暴雨般的火山灰所掩埋。他和泰勒斯、毕达哥拉斯、亚里士多德、欧几里得等代表了古希腊罗马时代的科学成就，但他们以后欧洲科学逐渐衰败，直至进入科学的"休眠状态"，最后跌落在一个黑暗的深谷里，这便是自 5 世纪开始的仇视科学的黑暗时期——中世纪。

在中世纪，人们探究自然的愿望和力量受到严重压抑，教会神父成为最高权威，不仅哲学成为神学的婢女，自然科学也遭到残酷的扼杀。公元 390 年，亚历山大里亚的一个图书馆被德奥菲罗斯主教毁灭；公元 415 年，在西里耳教长的主谋下，亚历山大里亚最后一位数学家、天文学家塞翁的女儿希帕西亚，竟被基督教暴徒残忍地杀害。而当时仅存的科学也成为神学的点缀或为其服务。加洛林王朝时代，算术、天文学主要是教人们如何计算复活节的日期。最具代表性的是当时兼修士与科学家于一身的罗吉尔·培根历尽困苦，于 1267 年出版了三部书(《大著作》、《小著作》、《第三著作》)，于 1277 年被教皇尼古拉斯四世处以监禁之刑。

11 世纪末期，在教皇乌尔班二世鼓动下，历史上著名的十字军东征开始了。基督教会宣扬这场战争是对伊斯兰教国家进行的圣战，近 200 年的八次侵略性远征均以失败而告终。但战争客观上却把东方商品和阿拉伯文明引入欧洲，激发了欧洲人的好奇心。意大利人马可·波罗正是在这一时期来到中国，写下著名的《马可·波罗游记》，而且中国的"三大发明"(火药、罗盘针、印刷术)和东方航海技术也开始进入欧洲。在阿拉伯和犹太天文学的指导下，葡萄牙人、航海家亨利王子倡导航海探险，继他们发现非洲西海洋之后，1492 年哥伦布到达巴哈马群岛，1497 年达·伽马成功环绕地球航行一周。这些伟大的航行刺激了各国工商业的发展。新兴资产阶级在用火与剑给自己开辟道路的同时，也用笔和舌替自己的利益辩护，由此又开始将矛头直指神学的宗教改革。但丁的《神曲》、薄伽丘的《十日谈》、哥白尼的日心说等犹如电闪雷鸣，划破了中世纪黑暗的天空，催生了科学的春天。"万能的天才"达·芬奇、数学天才卡尔达诺、开创实验科学的伽利略等巨人们迎来了文艺复兴时代的曙光。

达·芬奇是这一时代的代表。他之所以能创作出《蒙娜丽莎》等世界瑰宝，与他研究光学、几何学、解剖学、生理学、建筑学是分不开的。他为了雕刻一尊大型的斯浮赛将军骑马青铜像，整整花费了16年的时间。此间，他对马进行解剖，自己制造熔铜炉子，研究热和蒸汽。他最后雕成的巨像实际上是艺术、科学和技术的统一体。可惜的是，这一巨大雕像在法军入侵意大利时被破坏了。

文艺复兴运动导致了近代科学的诞生。比利时人维萨留斯在绘制300多张解剖图的基础上写下的《人体构造》，这部书和波兰人哥白尼的《天体运行论》一起，奠定了近代医学和天文学的基础。而哥白尼更是使太阳中心说牢固地建立在实际观测和科学运算的基础上。他在1512年以后，进行了长达30年之久的天文观测，并分别于1516年、1525年和1540年对《天体运行论》手稿作了三次重大修改，当1543年5月24日该书出版后送到他手中时，他因脑溢血已昏迷不醒。但是，他的成果把科学带进了新纪元。

继哥白尼之后的第谷·布拉赫(Tycho Brahe)于1560年成功预测到该年8月21日将出现日食，这一发现轰动了哥本哈根；1572年，他又发现银河系第二颗新星——仙后座超新星。他的研究成果直接为其学生开普勒所继承。开普勒在格拉齐大学担任天文学教授期间，利用椭圆形成功计算了行星与太阳的距离和速度。从1609年至1619年他相继发现天体运动三定律，由此被世人称为“天空律师”。

与天文学同时兴起的还有医学、化学等，在文艺复兴后期，科学呈现出空前的繁荣。德国的柯尔杜斯因编写了药用植物书而被誉为“植物学之父”，瑞士的盖斯纳创立了欧洲动物学，法国的贝隆创作了鸟类博物志，伽利略发明了望远镜和温度计，牛顿以其力学理论建立了物理科学的基础理论。无怪乎恩格斯热情歌颂道：“这是一个需要巨人而且产生了众多多才多艺和学识渊博的巨人的时代……这是地球从来没有经历过的最伟大的一次革命。自然科学也就在这场革命中诞生和形成起来，它是彻底革命的。”

不朽的天文学家——哥白尼

日月星辰每天从东方升起，在西方落下，对于这种宇宙现象，古代的天文学家解释为：地球是静止不动的，太阳白天在地球上面运行，夜间在地球下面运行；而群星则白天在地球下面运行，夜间在地球上面运行。

公元 2 世纪，希腊天文学家托勒密写了《天文学大全》一书，系统地阐述了“地心说”：以静止不动的地球为宇宙中心，太阳、月亮都是绕地球运行的。由于托勒密的“地心说”与宗教神学对宇宙的解释异曲同工，因此备受教会的推崇，被当作不可改变的绝对真理。后来的 1 000 多年中，人们一直在这个错误的“天地”里生活着，直到哥白尼找到这个宇宙之谜的新答案。

1473 年，哥白尼诞生于波兰北部的一个叫托伦的小城。10 岁时，父亲因病去世，他被送给一个在教区当主教的舅父抚养。舅父学识渊博，指导哥白尼读了许多文学、天文学等方面的书。这对哥白尼产生了很大的影响，使他对天文学、数学产生了浓厚的兴趣。18 岁时，哥白尼进入克拉科夫大学，在当时一流的天文学家亚尔培·布鲁纠天司教授门下受教，后又改学医学和美术。1493 年，哥白尼应聘为罗马大学的天文学教授。在博览群书的过程中，哥白尼看到古希腊毕达哥拉斯“地球绕太阳运动”的假说，产生了极大的兴趣。1506 年，哥白尼结束了在意大利的留学生活，带着“日心说”这颗尚未萌发的种子回到波兰。

回国以后的哥白尼给任主教的舅父当医生，并帮助年迈多病的舅父处理教区的事务。舅父死后，哥白尼继续在教会任职。他在教堂的一座角塔上建立了简易的天文台，用自制的仪器对天体进行长期而系统的观测。40 岁时，哥白尼将自己的初步研究成果写成《论天体运动假说》一文，分别送给亲密的朋友们阅读。《论天体运动假说》扼要地提出了他对宇宙结构的基本看法。

到 1539 年，哥白尼数易其稿，写成了六卷本《天体运行论》，创立了新的宇宙结构体系——日心说。哥白尼在其巨著《天体运行论》中记载了日食、月食、火星冲日等 27 项观测实例，他用实际观测的数据得出论断：地球不是宇宙的中心，太阳才是宇宙的中心；地球和其他行星围绕太阳作匀速圆周运动；地球本身也有自转运动；地球的自转轴和它的公转轨道面有 60°33′的倾角；月球是地球的卫星，它围绕地球转动。

但是,哥白尼迟迟未将《天体运行论》一书出版,他知道自己提出的太阳中心说和教会的观点是水火不相容的,当时公布于世,会过早地使自己受到无端的迫害。1543 年,当这部扭转乾坤、改变一千年来人类宇宙观的巨著出版时,哥白尼已在病榻上奄奄一息,他用手轻轻抚摸着自己毕生心血凝结而成的巨著安详地合上了双眼。他的伟大著作开创了自然科学的新纪元,像一座丰碑把他的名字镌刻在科学史册上。

捍卫真理的殉道者——布鲁诺

1600年2月17日,意大利罗马的繁花广场上挤满了来自四面八方的人。广场的中央耸立着一个高高的十字架,一个面色苍白的人被缚在十字架上。他神情镇定,双眼凝望着遥远的天空。随着刽子手的一声大喊,十字架下的柴薪被点燃,转眼间熊熊的烈火吞没了这位不屈的铁汉。他就是意大利科学家乔尔丹诺·布鲁诺。

乔尔丹诺·布鲁诺出生在景色明媚的那不勒斯附近的一个贫苦家庭里,迫于生计,他10岁时进了修道院,15岁成为一名修士。在修道院,他广泛阅读了各种书籍,并从事文学和哲学研究。他依靠顽强的自学能力,获得了哲学博士的学位,成为当时著名的学者之一。

布鲁诺是哥白尼太阳中心说的坚决支持者。他对《圣经》上所说的上帝创造了天地,创造了太阳、月亮来照耀大地一说提出了批判。他写出了一篇题目为《诺亚方舟》的短文,尖锐地抨击了那些闭着眼睛重复着《圣经》教条的僧侣"学者"们,说他们"像神圣的驴子一样愚蠢"。他甚至对罗马教廷以及一向被认为是权威的亚里士多德也表示出怀疑和讥讽。

布鲁诺对教会尖锐、辛辣的讽刺,使他成为教会的眼中钉、肉中刺。为了摆脱教会的迫害,布鲁诺不得不远离自己的故乡,逃亡到异国他乡。

在逃亡国外的10多年间,布鲁诺的足迹几乎踏遍了整个欧洲,他到处宣扬哥白尼的学说,传播科学思想,逐渐形成了自己关于宇宙的理论。他保留了哥白尼日心说关于地球作为普通行星围绕太阳运动的思想,发展了日心论。他在1584年出版的《论无限性、宇宙和世界》一书中指出:宇宙是无限的,不可能有中心;恒星是一些和太阳一样炙热、巨大的天体。他还进一步说明了宇宙是物质的。

布鲁诺还在尊重客观事物的基础上,提出了许多天才的臆测。他非常大胆地提出,在别的行星上也有生物,甚至还有像人一样有智慧、会思索、按照理性生活的动物。

布鲁诺的科学思想被教廷指控为"异端邪说",教廷为他罗列了百余条"罪状"。罗马教皇采取卑鄙的手段,将布鲁诺诱骗回意大利并将其逮捕入狱。

布鲁诺在8年的囚禁中,屡遭酷刑,甚至连红衣主教也亲自来拷问这个著名的“异端”之士。但他没有屈服,他相信真理一定能战胜邪恶,他在临死前对宣读判词的教士说:你们宣读判词,比我听到判词还要畏惧。

布鲁诺用鲜血和生命捍卫了科学的真理和自己的信仰,人民永远怀念这位科学的殉道者。1889 年 6 月 9 日,在罗马的繁花广场上竖立起了布鲁诺的铜像,来自世界各地的 6 000 多人参加了揭幕典礼,表达对这位捍卫真理的勇士的敬仰之情。繁花广场也被称为“布鲁诺广场”。

天文学的“眼镜”

夏日的夜晚，银河迢迢，月光如水，繁星闪烁……面对如此情景，你也许会产生无数的遐想，那遥远的天上世界，是何等模样？那美丽的月亮上，有没有嫦娥和吴刚？是谁发明了洞察宇宙的眼睛和窗口，又是谁成为洞察宇宙的第一人？

这位洞察宇宙的人就是意大利伟大的科学家伽利略。伽利略于1564年2月15日生于意大利比萨，他的祖辈是佛罗伦萨的贵族，但到他父亲一代已经没落。他的父亲是一个天才音乐家且通晓数学。为了使伽利略日后能光宗耀祖，父亲原计划让伽利略做个呢绒商人，可伽利略对经商毫无兴趣，反而对音乐、绘画十分爱好。父亲不愿他做一个画家或音乐家，于是在伽利略17岁时，把他送到比萨大学学医。年青的伽利略博学纵览，善于独立思考。一天黄昏，伽利略正在做祷告，当他看到高悬在空中的大铜灯被风吹得一左一右有规律地摆动时，就把右手指按在左手腕的脉搏上测量起来，结果发现，不论灯摆动的幅度有多大，它来回摆动的时间都是一样的，而灯上所系链子的长短，却可以使摆动的时间增加或减少。伽利略运用他发现的摆的等时性原理制造了一个重锤吊摆，用来测量脉搏的快慢。后来，荷兰科学家惠更斯根据这一原理制造出挂摆的时钟。

当时的伽利略对于数学还是一个门外汉。一次偶然的机会，使他对数学产生了浓厚的兴趣。有一次他去拜访一位叫利奇的数学家，正遇上利奇在给孩子讲几何学，伽利略听了以后像着了迷一样，从此弃医钻研数学。1588年，他利用阿基米得的“杠杆”和“浮体比重”原理，写出了关于“水秤”论文，被当时的人们称为“当代的阿基米得”，破格担任了比萨大学的讲师。

伽利略不仅在数学、物理学方面颇有建树，而且在天文学方面也取得了很大成就。他是哥白尼学说的拥护者，并试图进一步发展哥白尼的天文学体系。

1609年，在荷兰莱茵河畔一个叫密得尔堡的地方，住着一位名叫约翰·李帕希的荷兰人。有一次，他在无意中把两个镜片叠在了一起，这两个镜片一片是近视的，一片是老花的，他凑上去一瞧，看到远处的房屋、人物都像来到眼前一样。他吓了一跳，连忙放下镜片，结果房屋、人物却都还在远处。于是他用一个铜管固定一块镜片，另一块镜片固定在另一个铜管上，这两个铜管可以套合在一起,任意调节距离。这就是世界上第一架望远镜。

伽利略听到这个消息后,马上想到了它的价值。他在一个空管子的一头装上一个凸镜片,在另一头上装上一个凹镜片,拿来看外面的景物,果然可以把远处的物体拉近。在这个基础上,他继续研究并不断加以改进,终于在半年以后制成了一架能放大 20 倍的望远镜。

望远镜为什么能望远呢?原来,物镜能将远处的物体构成一个实像,使它成像在透镜的焦平面上。观察者通过目镜观察这个影像时,视角增大了,于是物体就好像扩大了、移近了。镜片放大的倍数越大,物体靠近的距离也就越大。

在伽利略的望远镜问世后不久,德国天文学家开普勒又制成了一种新型望远镜。这种望远镜的凸透镜做目镜和物镜,被称为双凸镜望远镜,也称为开普勒望远镜。

望远镜的发明为天文学家观测神秘的宇宙世界增加了一双明亮的眼睛,望远镜成为天文学家最好的朋友。正因为有了它,赫歇耳兄妹才发现了太阳系的又一颗新的行星——天王星。

为天体立法的人

哥白尼创造的“日心说”，向被教会奉为神明的以地球为中心的宇宙观提出了严重的挑战，在天文学上引起了一场深刻的革命，为科学宇宙观奠定了基础。由于历史的局限性，哥白尼并没有发现天体运动的真正规律，认为宇宙间的一切天体都是球形的，并沿圆形轨道做速运动。德国科学家开普勒继承前人研究的重要成果，终于发现了行星运行的椭圆形轨道，完善了哥白尼的日心地动说体系。

开普勒1571年出生于德国南部的维尔城。他小时候体质很弱，但智力超人，学习十分刻苦。由于家境贫寒，开普勒在读书之余还要为父亲开的小店打杂。1588年，开普勒进入蒂宾根大学，在迈克尔教授的指导下研究天文学。虽然蒂宾根大学是培养新教徒的神学院，但开普勒对托勒密地心说毫无兴趣，反而成为哥白尼学说的坚定拥护者。1594年，开普勒成为格拉茨新教神学院的数学教师。由于弗迪南德反对新教教师，1598年，开普勒被迫离开家乡到匈牙利的布拉格。在这里，他结识了天文学家第谷·布拉赫。

第谷·布拉赫是丹麦贵族，被人们誉为“近代天文学之父”。他建立了欧洲第一个天文观象台，并设计、制造了许多精密的天文仪器。他和助手们进行了20余年的天文观测工作，积累了丰富的天文资料。他看到开普勒的《神秘的宇宙》一书后，立即邀请开普勒来自己身边工作。1600年，开普勒当上了第谷的助手。这是开普勒一生中最关键的时刻。

可好景不长，两个学者合作仅仅一年后，第谷就与世长辞了。临别前，第谷把他所有的观测资料全部交给了开普勒，希望他完成自己未竟的事业。

开普勒利用第谷多年积累的观测资料进行了仔细的分析研究，他发现哥白尼关于行星圆形轨道运动的论断有问题。凭借自己高超的数学才能，从1609年到1610年，开普勒发现了行星运动三定律。

第一定律是椭圆轨道定律，即所有的行星分别在大小不同的椭圆轨道上围绕太阳运动，太阳在这些椭圆的一个焦点上。

第二定律是等面积定律，即在相等的时间内，太阳和行星的连线所扫过的面积是相等的。

第三定律是调和定律，即行星公转周期平方均与它同太阳距离的立方成正比。

由于开普勒创立的行星运动三定律同样适用于卫星绕行星运动，包括人造地球卫星绕地球运动，所以，开普勒三定律被人们称为“天空中的法律”，开普勒也获得了“创制天空法律者”的光荣称号。

开普勒行星运动三定律丰富和发展了哥白尼的学说，为后来牛顿发现万有引力定律奠定了基础。正因为这样，黑格尔称开普勒是“天体力学的奠基人”。

了不起的星云假说

浩瀚的宇宙在人们难以想象的漫长岁月中发展和演变着,人类祖祖辈辈生活在这个奥妙、宏伟的宇宙中,然而这无边的宇宙又是怎样产生的呢?这个问题自古以来就不断被人们猜测和研究着。

在我国,很早就有天地从混沌中产生的传说。春秋战国时代,我国就有天地是由阴阳二气和金、木、水、火、土 5 种物质元素构成的这一朴素的唯物主义思想。世界上其他古老的民族也曾提出过天体可能由某种较简单的物质元素形成的说法。

15 世纪下半叶以后,随着资本主义的萌芽和文艺复兴运动的兴起,特别是天文学、力学等自然科学的发展,人们从神学的桎梏中解放出来,哥白尼太阳中心说的提出、开普勒行星运动规律的发现、牛顿力学体系的建立,使人们对宇宙的认识又有了进一步的发展。

然而,由于时代的局限性,当时的科学家难以从僵化的宇宙观中解放出来,反而认为宇宙是永恒不变的,行星、卫星等天体由上帝"第一次推动"起来后就毫无改变。在这个僵化的宇宙观面前,第一个站出来试图打开缺口的人是年轻的康德。

康德,1724 年 4 月 22 日生于德国普鲁士的哥尼斯堡。他的父亲是一个做马鞍的皮革工人,家里生活很清贫,靠亲戚和老师的资助,康德才得以勉强读完中学和大学。大学毕业后一时难以找到工作,康德只得做家庭教师谋生。在做家庭教师的 8 年间,他阅读了大量的科学书籍,进行了不少自然科学和哲学的研究,几乎熟悉当时各门学科的发展情况。康德根据当时已有的科学知识,在前人思想的启发下,大胆探索天体的起源问题。1755 年,31 岁的康德发表了《宇宙发展史概论》,首先提出太阳系起源的星云假说。

康德的星云假说认为:太阳系里的现有天体都是从宇宙空间的原始星云演化过来的。宇宙空间最初充满了细小的物质微粒。在万有引力的作用下,密度大的微粒把附近密度比较小的微粒吸引过来,聚集在一起,逐步形成巨大的团块,成为引力中心。同时,由于斥力的作用,使向中心体下落的微粒杂乱地从直线运动中偏转出去,形成倒向运动,再借助离心力的作用,就变成绕中心体的圆周运动。这样,在中心体周围就有无数微粒在不同轨道上围绕它旋转。这些微粒互相冲撞、聚集、排斥，有的落到中心体上，有的则被逐渐集中于某一平面上，它们在距中心体不同距离处聚集起来形成行星，而中心体就形成太阳。与此类似，在行星周围也有类似的活动，进而形成了行星的卫星系统。康德还把原始星云形成太阳系的假说推广到其他恒星系，指出宇宙中的天体不断地形成又不断地毁灭，宇宙事物都处于永恒的生死成毁中。康德坚信，只要有物质，就能创造出宇宙来。

康德的《宇宙发展史概论》发表后，由于受到习惯势力的反对而没有被科学界所接受。作为一个普通家庭教师，康德人微言轻，他的星云假说没有得到科学界的重视。

在康德星云假说被埋没近半个世纪后，1796 年，法国的数学家、天文学家拉普拉斯发表了《宇宙系统论》，又一次提出了同康德星云假说相类似的观点，并引起科技界的广泛重视。

拉普拉斯(1749—1827)从数学、力学的角度出发，进一步充实了星云假说的内容，并对此作了更详细的科学论证。拉普拉斯认为，原始星云从一开始就是自转的，而且是一团炽热的气体。原始星云冷缩以后，它的质量离中心的平均距离缩短了，按照力学原理，旋转速度加快，球状的星云就变成了扁球状。旋转的速度继续加快，周边的气体物质失去引力控制，被甩到空间去，成为一个物质环，以后凝聚成行星。行星也用类似的方式抛出物质，形成卫星，留下来的原始星云中心部分就是太阳。

星云假说在哲学和科学上都有着重要的意义。它在形而上学的自然观上打开了第一个缺口，是自然观上的一场革命，对 19 世纪自然科学和宇宙观的新发展起了开路先锋的作用。在星云假说的启发和带动下，关于宇宙起源的各种学说相继出现并得到发展。

太阳系里的“流浪汉”——哈雷彗星

1910年初,世界各大报纸上都刊载了有关地球将要和彗星碰撞的消息。世人为之震惊,有的掘好了深坑,准备藏在里面躲避天灾,有的储备了氧气,甚至发生了因恐惧而自杀的事件。

然而,5月19日那天和平常一样,没有发生什么特别的事情。虽然地球和彗星如期相遇,地球穿过彗星庞大的尾部,但地球丝毫没有留下被破坏的痕迹,人们虚惊一场。

76年后的1986年,彗星再次飞临太阳,接近地球。然而人们不再以恐慌的眼光看待它,而是以愉快的心情期待它的来访。天文学家利用这一天赐良机对彗星进行了综合观察,积累了丰富的资料。

彗星是一种形态多变的天体,它和九大行星、无数颗小行星一样,围绕着太阳运行。它的运行轨道大都又扁又长,也有极少数近圆。肉眼可以直接看到的彗星,一般包括彗核、彗发、彗尾三部分,但这些特征并不是同时出现的。在远离太阳时,彗星只是云雾状的小斑点,人们很难发现它。而当它逐渐接近太阳时,本身的尘埃和气体被蒸发而形成彗头,彗头的中心部分叫彗核。当彗星进一步接近太阳时,太阳风和太阳的辐射压力把彗发的气体和微尘推开,生成彗尾。由于它的外貌独特,好像一把倒挂着的扫帚在天空移动,我国民间又称之为“扫帚星”。

我国是世界上对彗星记录最早、最丰富的国家。《春秋》中就有“公元前613年秋七月,有星孛入于北斗”的记载。到清末为止,关于彗星的记录不少于500次,尤其对哈雷彗星的记载更为详尽。自秦始皇七年(公元前240年)至清宣统二年(1900年)的2 000余年间,哈雷彗星大约出现过31次,每次中国对其都有详细的记载。

在西方,第一个明确提出彗星是天体的学者是丹麦天文学家第谷·布拉赫。他通过观测断定彗星到地球的距离肯定比金星远,并猜想这颗彗星在金星外侧作圆形轨道运动。

17世纪末,牛顿发现了万有引力定律。他曾根据这一定律对彗星的运行轨道进行了推测。

对彗星研究最为详细的人是英国天文学家哈雷。哈雷是牛顿的学生和挚友，他从小就热爱天文学，上中学时就曾测出伦敦磁针的磁差。20 岁时，哈雷大学尚未毕业就决心去测定南天恒星的位置，他通过观测编成了第一个南天星表，被誉为“南天的第谷”。

1682 年，哈雷在观测中发现了一颗特别的彗星，于是对它的来历发生兴趣，并对它的运行轨道进行了认真的研究。哈雷为此特地去请教牛顿。在牛顿的启发下，他运用万有引力定律把所有能找到充分观测资料的彗星轨道根数一一推算出来。1750 年，哈雷发表了《彗星天文学》一书，阐述了从 1337 年至 1698 年观测的 24 颗彗星的运行轨道。他发现在这 24 颗彗星运动的轨道中，有三颗彗星的运行轨道相似。由此他提出一种大胆的设想：这三颗彗星实际上是同一颗彗星，它每隔 76 年左右出现一次，并沿着同一个扁长的精圆轨道绕日运行。

1759 年，比哈雷预计的日期稍晚几个月，这颗大彗星果然出现在地球的上空。后人为了纪念哈雷的不朽功勋，把这颗大彗星取名为“哈雷彗星”。

由于彗星的运行轨道十分奇特且极不稳定，有人形象地把彗星称为太阳系里的“流浪汉”。

业余天文学家的大发现

我们的祖先很早就通过肉眼观察发现了水星、金星、火星、木星和土星。我国古代把金、木、水、火、土称作“五行”，把它们与太阳、月亮合称为“七曜”。直到2 000年前，人类仍然把土星看做太阳系的边界。那么，在土星外是否还有天体存在呢？人们对此做了种种猜测，但由于观察工具的限制，一直没有新的发现。

1738年，在德国汉诺威城一个音乐世家里一个婴儿呱呱落地，这就是日后成为18世纪最有影响的天文学家之一的赫歇耳。

赫歇耳19岁时，由于法国占领了他的家乡，他与妹妹卡罗琳一同移居英国。在异国他乡，赫歇耳兄妹两人相依为命。白天，赫歇耳以音乐家的身份从事艺术活动，晚上，兄妹俩一同在院子里观察遥远的天空。久而久之，兄妹俩对天文观测兴趣日趋浓厚，成为业余天文学家。

当时望远镜已广泛应用于天文观测，赫歇耳开始只是借用普通的望远镜进行观察。由于倍数不高，遥远天空中的一切星体都是模模糊糊的，什么也看不清，当然什么也发现不了。于是兄妹两人决心动手制作一个高倍望远镜。

卡罗琳用厚纸板做了一个长筒，赫歇耳从伦敦一家工厂里买来了镜头，一个比较简单的望远镜制成了。虽然自制的望远镜能看到土星的光环，但依然模糊不清。

这时市场上已经出现了反射望远镜。赫歇耳写信了解了高倍数望远镜的情况，得知价钱实在太高，靠仅有的一点积蓄难以买回这一贵重的仪器。于是，他和妹妹买来了所需的材料，参考了有关资料，边学边摸索着进行制作。

反射望远镜的镜面是用金属做的，要把青铜的表面磨成高精度的镜面是一项十分艰巨的劳动，赫歇耳夜以继日地磨制镜面，度过了许多不眠之夜。为了给哥哥解困，卡罗琳找来了小说，给哥哥朗读。就这样，兄妹俩团结合作，一架两米多长的反射望远镜最终诞生了。赫歇耳兄妹用自制的反射望远镜对美丽的天空进行不间断的观测。

1781年3月13日夜晚，赫歇耳和妹妹卡罗琳与往常一样到自制望远镜前进行例行观测。突然，一颗蓝绿色的天体出现在他们的视线里，这个天体在不断地移动着，闪现着不寻常的光芒，而且离太阳的距离比土星远得多。

这是一颗什么星体呢？赫歇耳兄妹连续观测了10多个晚上，并把它与双子座的H星和御夫座——双子座之间的一颗小星作比较，发现它比这两颗星都要大。赫歇耳兄妹猜想这肯定是一颗还没有被发现的"彗星"。

3月23日，赫歇耳把自己的发现向英国皇家学会作了报告，并继续对这颗"彗星"进行观测。他发现这颗星的边缘清晰可见，但未见周围的雾状云及彗尾，而且运行的轨道差不多也是圆形的。赫歇耳断定：这颗移动的新星并非彗星，而是太阳系中一颗新的行星。

这颗新行星后来被人们命名为"伏拉纳斯"，翻译成中文叫"天王星"。伏拉纳斯是希腊神话中天神的名字，这一命名表达了人们对这颗神奇新星的敬畏之情。

赫歇耳在发现天王星后，用自制的望远镜对天空进行了4次普查，编制了3个星表，并通过观测断定：太阳系并不位于银河系的正中，而是在离开中心不远的位置。赫歇耳在观测中还意外地发现了双星和聚星的存在，并进一步解释，这些行星是由于引力的作用而联系在一起的，万有引力同样适用于远离太阳系的恒星系统。

两位小人物与“海王星”

天王星被发现后，人们在计算天王星的运行轨道时发现，理论计算值同观测资料发生了一系列差错，而且天王星运行的实际位置与运行表的偏离不断增大。为什么调皮的天王星老是“出轨”呢？

经过反复核算，证明天王星运行表的编制没有错误，于是天文学家推测，根据万有引力定律，在天王星轨道的外侧，还应有一颗尚未发现的行星，由于这颗未知行星的引力作用，才使天王星不断“出轨”。德国的白塞尔是持此观点最坚决的天文学家。

茫茫天空，到哪里去找这颗未知的行星呢？根据有关资料分析判断，这颗未知行星比天王星更遥远。如果盲目地、毫无目标地寻找，那比大海捞针还困难。于是有两位科学家尝试通过运用万有引力来计算行星。这两位“吃蟹”人一位是英国的亚当斯，另一位是法国的勒维烈。

亚当斯 1819 年 6 月 5 日生于一个祖辈佃农的家庭，父亲是一个勤俭的佃户。当寻找海王星的理论难题被提出来的时候，英国无人敢于着手这项工作，23 岁的剑桥大学学生亚当斯勇敢地承担起来。他从 1843 年开始，用了两年时间，根据万有引力定律和对天王星的大量观测资料，反过来推算这颗未知行星的质量和轨道。1845 年 9 月，他把计算出来的结果通过剑桥大学的天文学教授转达给英国皇家格林尼治天文台台长艾里，希望他用望远镜来证实这颗未知行星的位置。可是，这位保守的大人物对此结果表示怀疑，认为不值一试。因此亚当斯的宝贵资料被冷落在办公桌里。

与此同时，另一位“小人物”——法国巴黎一个化学实验室的实验员勒维烈也在进行艰苦的计算。勒维烈家境贫寒，父亲变卖了房子为他提供上大学的费用。虽然勒维烈对数学表现出浓厚的兴趣，但为了尽快自立，他毕业后在一个化学实验室找到了工作。他利用业余时间进行海王星位置的演算。1846 年，勒维烈将自己的研究成果报告给法国科学院。由于当时法国还没有详细的星图，他又把计算结果写信报告给德国柏林天文台台长加勒。加勒接到信后就把望远镜对准勒维预告的新行星的位置，果然他很快发现了这颗新星，并把这颗算出来的新星命名为“海王星”。

海王星被发现的消息传到伦敦后，格林尼治天文台台长艾里回想起亚当斯送来的计算结果，拿出来一看，果然与勒维烈计算的结果完全相同。就这样，英国发现海王星的时间被无端地推迟了一年，艾里为此后悔不已。

海王星发现后的第二年，维勒烈和亚当斯这两个“小人物”在伦敦会面并成为好朋友，后来他们分别担任了剑桥大学天文台台长和巴黎天文台台长，在不同的国度里继续从事天体力学的研究。有趣的是，海王星发现以后也出现了摄动反常现象，1930 年，冥王星被发现了。

地球原来是圆的

我们生息其上的这个星球，到底是圆形还是方形？有什么方法可以证实？在古代这个问题一直困扰着人们，直到16世纪初欧洲的航海家进行环球航行后，这个问题才得以证明。

15世纪，随着资本主义的发展，欧洲迫切需要到海外寻找推销商品的市场和寻求各种原料的产地，特别是威尼斯商人马可·波罗的游记中中国神话般富有的描述，更加激起欧洲各国的贵族、商人到东方淘金的热望。加上当时已能制造适合远航的船只和仪器，在这种“黄金渴望”的驱使下，一部分欧洲人开始了艰苦卓绝的航海冒险。

葡萄牙人捷足先登。1486年，迪亚士率领的舰队从里斯本出发，沿非洲西部向南航行，寻找通往东方的航路。经数月航行，终于到达非洲的最南端，绕过这里，就能到达印度洋。他们给非洲最南端的岬角取了一个好听的名字——好望角。

1497年，葡萄牙国王派达·伽马率领4艘船、百余名水手远航。他们沿着迪亚士开辟的航路前进，绕过好望角，沿东非海岸抵达印度。两年后，船队返回葡萄牙，带回的香料、丝绸、宝石的价值竟高达航行费用的60倍。

意大利人哥伦布不甘示弱。他从古希腊的著作中得知大地是球形的这一观念，相信从大西洋一直向西航行也可以到达东方。哥伦布身无分文，为了实现从大西洋向西航行到达印度的理想，他先后到欧洲各国游说，寻求财力支持，但屡遭冷遇，好不容易说服西班牙国王并得到资助。1492年8月3日，哥伦布从巴罗斯港出发，横渡大西洋，先后到达海地、古巴、牙买加等地。他错误地认为已到达了印度。由于船只破损，哥伦布不得不中止探险，回到西班牙。后来他又先后三次率船横渡大西洋，继续寻找东方的印度和中国的梦想，但均未成功。

在哥伦布横渡大西洋后不久，从1499年到1502年，意大利学者亚美利哥两次考察了这片新大陆后，发现这里根本不是欧洲人渴望已久的印度和中国，而是一片欧洲人未知的大陆。后来欧洲人就把哥伦布发现的这块新大陆以亚美利哥的名字命名，称为亚美利加州。亚美利哥还大胆提出了环球航行的设想：从欧洲向西南航行，绕过美洲大陆的南端，可以到达亚洲。

麦哲伦破天荒地实现了这个设想。1519 年 9 月,他率领一支西班牙舰队开始了环球航行。他沿着哥伦布的航线西行,首先到达美洲,然后几经周折,找到了位于南美洲大陆南端的“麦哲伦海峡”,经过 28 天的探航,终于进入太平洋。麦哲伦在太平洋上漂泊了 3 个月后到达菲律宾群岛,却不幸在与岛上居民的冲突中被杀。幸存的船员继续西行,不久就来到了香料群岛,又沿着印度航路横渡印度洋,绕过非洲好望角,终于在 1522 年 9 月回到西班牙。这次航海实践向人们证实:地球确实是圆的。

航海事业的发展极大地丰富了人们的天文、地理、动植物等方面的知识,成为科学技术发展的新动力,推动了力学、天文学的发展。航海活动促进了世界不同地区之间的经济联系和贸易发展,也激发了殖民主义者对财富的掠夺。

南北极探险

麦哲伦环球航行取得成功后，世界各国的航海家、探险家掀起了寻找“未知的南方大陆”的热潮。

1772 年 12 月，英国海军军官库克开始了环绕南极的伟大航程。他克服重重险阻，两次穿越南极圈，最终到达南纬 71°的地方，离南极大陆只有 240 公里，因帆船无法突破坚冰封锁而不得不返航。他断言，即使南极附近有陆地，也永远不会被人们所探测。

库克的预言一度打破了人们发现新大陆的梦想。但进入 19 世纪以后，人们又重新做起南极之梦。沙皇亚历山大一世出于对外扩张的需要，1819 年命令海军军官别林斯高晋率队进发南极，开始了人类历史上第二次环绕南极大陆的伟大航程。别林斯高晋用两个夏天的时间最终到达南极 69°的地方。接近南极大陆的边缘，并发现了南极地区的陆地和岛屿，推翻了南极无陆地的错误结论，前苏联把 1820 年 1 月 16 日定为发现南极大陆日。

随着蒸汽动力船的出现，特别是铁壳船的广泛使用，为进入冰封严寒的南极圈提供了先进的交通工具。英国探险家发现磁北极之后，德国著名的数学家高斯经过计算后明确预言，有一个磁南极与磁北极相对应，其位置在南纬 60°、东经 146°的地方。这给南极探险注入了新的活力。1837 年，法国人种科学家迪尔奉命前往南极，终于在 1840 年 1 月 20 日在东经 139°的地方看到了南极大陆，并沿其海岸线航行了三天。与此同时，美国海军军官威尔克斯、英国探险家罗斯也在不同地点看到了南极大陆的海岸线，罗斯还在探险中发现了巨大的冰架，并进行了大量的科学探测。在随后的几十年里，许多国家都纷纷向南极派出考察船，对南极进行考察。1895 年 1 月 23 日，当时还是一名普通考察队员的包尔赫格第一个踏上了南极这块陌生而神秘的土地。

虽然南极大陆被航海探险家所征服，但科学探险家们并没有因此陶醉不前，而是又向新的高峰冲刺。1911 年 11 月，挪威探险家阿蒙森率领探险队，利用狗拉雪橇，从南极洲的鲸湾出发，向南极点前进。他们登峭壁，穿幽谷，战风雪，终于在 12 月 14 日胜利到达南极点。半个月后，英国探险家斯科特也征服了南极点。

早在航海学家、探险家进发南极之前，就有一些探险家试图征服被称为

“世界神秘顶点的北极”，他们或乘船而去，或徒步而行。1607 年英国探险家哈得逊首次到达北纬 80°23′的地方。后来，俄国、挪威的探险队又把到达地推前到北纬 86°39′的地方，那里距北极还有 320 公里。

由于乘船去北极屡遭失败，探险家改变了行进方法。1909 年，美国探险家皮里在总结前三次失败教训的基础上开始了第四次北极探险，他徒步前进，历时一个多月，终于在当年的 4 月6 日成功地踏上了北极的领域。

随着南北极的相继被征服，许多科学家把注意力投向了两极地区，对那里进行物理、气象、生物、海洋等方面的考察，极地研究成为一个新的科研领域。

1980 年 1 月，应澳大利亚科学家的邀请，中国科学工作者董兆乾和张青松首次赴南极考察。当月12 日胜利登上南极大陆，并进行了为期75 天的科学考察活动，在南极探险和开发史上写下了光辉的一页。

地球的灾变与渐变之争

在地质科学发展史上，关于地球及其生物界是渐变还是灾变的问题一直论争不休。

一些人认为，灾变是一种自然现象，是由渐变长期积累而突然爆发造成的。持这种观点的代表人物是法国自然科学家居维叶。居维叶曾经担任法国科学院常任秘书，有“生物学独裁者”的称号，是一位有爵位的科学家。他认为，不同的地层结构是由于发生过多次洪水灾变，不同地层中的不同生物化石则是每一次灾变后上帝重新创造出来的。他甚至断言：《圣经》中的摩西洪水，就发生在五六千年之前。1825 年，居维叶发表了《论地球表面的变动》一文，对灾变论进行了系统地阐述。他指出，干燥陆地的出现并不是由于水面或多或少引起逐渐而广泛的下降，而是由于存在着多次地面突然上升和接连多次水的退却；水的反复进退不是缓慢的和渐进的，恰恰相反，大多数是激变的，先是淹没，然后退却，最后才出现如今的大陆轮廓。

居维叶的灾变说实际上是维尔纳的水成论的发展，同生物学上的物种不变论是一致的，是上帝造物说的翻版。由于灾变论迎合了神学家的口味，在宗教势力的大肆吹捧下，灾变论曾经风靡整个地质界。

与居维叶的灾变论针锋相对，英国地质学家赖尔提出了渐变论。

赖尔(Lyell)19 岁进入牛津大学学习地质学，20 岁起开始从事地质考察活动。赖尔早期也是水成论者，与居维叶、拉马克有很多交往。随着对地质现象广泛的观察和深入分析，赖尔逐步发现，许多地质现象不能用水成论的观点来解释，他开始对水成论产生质疑。1827 年，赖尔读了拉马克的《动物哲学》一书，思想上发生了重大变化，对水成论的崇拜彻底动摇了。他清醒地认识到，水成论以及新兴的灾变论都与上帝创世论一脉相承。他在综合吸收 19 世纪以前不同时期自然科学研究成果的基础上，形成了新的地质学理论，向灾变论提出了挑战。

赖尔认为，地壳的变化不是什么超自然的力量或巨大的突然灾变所造成的，而是由于自然的力量，如风、雨、温度、水流、潮汐、火山、地震等在漫长的过程中逐渐造成的。赖尔指出，灾变论者过于夸大了各种作用的力量及其猛烈程度，因而追溯原因时，就虚构出“超自然”神的存在。

在与灾变论的论战中，赖尔旁征博引，广泛而系统地论证了渐变论的主要观点，并概括成为一句名言："现在是了解过去的一把钥匙。"

1829年，赖尔完成了《地质学原理》第一卷的编写工作，该书系统地阐述了渐变论理论。伟大的生物进化论者达尔文读过这本书后，写信给赖尔说："多谢你赠给我的《地质学原理》这本书，我心中对它充满了敬佩，里面有很多我不知道的东西。"后来赖尔在达尔文创立进化论之后，修正了书中的一些错误，承认了物种的变异性，并撰写了《人类演化的地质论证》，论证了关于人类起源的重大课题。后人在评价赖尔的不朽功勋时，称他为"地质学之父"。

比萨斜塔与自由落体

传说1589年的某一天，在意大利比萨教堂的广场上，聚集着一大群教授、学生和市民，一个不同寻常的实验即将在比萨斜塔上进行。主持这个实验的是意大利科学家伽利略。

实验开始了。只见一个大学生迅速登上比萨斜塔的顶层，将两个重量分别为1磅和10磅的铅球放进一个特别的盒子里，随着主持人发出的信号，盒子突然打开，两个轻重不同的铅球同时离开盒子，从钟楼上落下来，转眼之间，只听到“啪”的一声，两个球同时落地。实验成功了。1 000多年来人们信奉的物体越重，下落的速度就越快的论断被彻底否定了。

在此以前，人们都相信这样的论点：物体越重，下落就越快；物体越轻，下落就越慢。古希腊大学问家亚里士多德也曾说过：不同重量的物体从高处下降的时候，速度也不一样，一个10磅重的物体，其下降速度要比1磅重的物体快10倍。

年轻的伽利略(Galileo Galilei)对科学有求真务实的精神，他善于独立思考，不盲从和迷信古代大学者的学说。他利用阿基米得关于“浮体比重”和“杠杆”的原理，于1586年和1588年分别写出关于“水秤”和“固体内的重心”的论文，从而名声大振，被称为“当代的阿基米得”，并被破格聘请为比萨大学的讲师。

伽利略在大学教学期间对亚里士多德的物体运动规律产生了怀疑。他做了一系列模拟实验：如果有两个轻重不等的物体A和B，A比B重，假设亚里士多德的理论成立，A和B下落时，则A比B快。若用一根绳子将A和B连接起来，由于A比B下落快，B相对较慢，它拖了A的后腿，使A的速度比单独下落时要慢一些，而B由于A的带动，下落的速度比单独下落要快一些，也就是说，(A+B)的下落速度介于A和B单位下落的速度之间。

按照这样的假设，(A+B)有两个速度，一个比A要快，一个比A要慢，而速度只有一种，这就证明亚里士多德的理论是错误的。为了进一步证明自己的结论，伽利略决定在比萨斜塔上进行自由落体试验。通过实验确立了自由落体定律。

伽利略还通过小球滚动实验，发现了匀加速运动的定律、抛物体运动规律，从而解决了炮弹飞行的问题。

伽利略不仅在物理学上取得了辉煌成就，而且还在天文学上屡建奇功，成为洞察宇宙的第一人。特别是他坚持真理、不畏强权的科学态度，更是后人学习的榜样，斯大林称他为“不管有什么障碍，都能不顾一切地破旧立新的科学勇士”。

近代科学巨匠——牛顿

牛顿于1642年圣诞节出生于英国林肯郡的农村。他的父亲是一个农民，在牛顿出生前就去世了。牛顿是个早产儿，生下来时只有3磅重。幼年时的牛顿，体质很弱，看上去并不聪明，除数学外，许多功课的成绩都不好。但牛顿特别喜欢手工，有良好的思考问题的习惯。他一有空闲就喜欢动手制作东西，他制作的风车、风筝、日晷等实用器械十分精巧，经常得到同学和邻居的称赞。但由于功课不好，对于其中的道理他讲不出来，于是经常受到一些同学的嘲笑。13岁那年，他把精心制造的一个风车拿到学校后，由于无法解释其中的原理，风车被撕得粉碎。自从那次受到羞辱后，牛顿便发愤读书。

14岁时，由于家庭日趋贫困，牛顿被迫辍学在家，帮助母亲耕种。但是他对农活总是入不了门，常常心不在焉。让他去放牛，他把牛放在一边，自己躺在地上看书，结果牛跑得无影无踪；让他去喂鸡，他就琢磨对鸡窝进行改造，结果忘了关门，小鸡跑到地里把庄稼吃得精光。他为了研究风的力量，独自一个人在暴风中，一会儿迎着风走，一会儿逆着风走，从相差的速度来计算风力。

1661年，19岁的牛顿进入剑桥大学三一学院学习。由于家境困难，牛顿一边读书，一边从事一些勤杂劳动，以减免学费。他惊人的学习毅力和出奇的理解能力引起了老师巴罗教授的重视。在巴罗教授的指导下，牛顿逐步掌握了笛卡儿的《几何学》、开普勒的光学和巴罗的《讲义》，逐步了解到当时科学发展的主攻方向。

1664年，牛顿取得了学士学位，同时被巴罗选为助手。1665年，伦敦鼠疫横行，剑桥大学被迫停课，牛顿返回故乡。

在故乡的两年多时间里，牛顿终日思考各种问题，光学、数学以及物理学的万有引力定律成了他的主要研究对象。一个深秋的傍晚，牛顿像往常一样坐在院子里的苹果树下思考天体运动问题，一阵微风吹来，一只成熟的苹果"啪"的一声落到地上，把牛顿从沉思中惊醒。苹果落地触发了牛顿的灵感，为什么苹果不向上飞，偏要往下落呢？牛顿又从地上想到了天上，为什么月亮只是绕着地球运行，而不会落到地球上来呢？

经过反复思考，牛顿发现了万有引力定律。牛顿认为，自然界的事物大到天体，小到蚂蚁，彼此之间都存在相互作用的吸引力；吸引力的大小跟两个物体质量的乘积成正比，跟它们的中心间距离的平方成反比。

苹果为什么落地呢？牛顿认为，地球与苹果之间存在万有引力，引力的方向是地心，因此苹果总是垂直落下。既然万有引力是相互的，为什么地球不落向苹果呢？因为地球太大，苹果的吸引力对它不起作用。

牛顿通过万有引力定律，推导出生活在地球上的人类要上天就必须克服引力的作用，并指出了发射人造地球卫星的可能性。他认为，人造地球卫星要从地面附近绕地球做匀速圆周运动必须具有的速度是7.9米/秒；如果要摆脱地球引力的束缚成为绕太阳运动的人造行星，或要飞到其他行星上去，则物体的速度必定等于或大于11.2千米/秒；而要想摆脱太阳引力的束缚，飞到太阳系以外的宇宙空间去，必须使物体速度等于或大于16.7千米/秒，从而在理论上指明了登天的途径。

1667年，牛顿回到剑桥大学三一学院。由于牛顿在数学方面显示了出色的才能，他的老师巴罗教授主动让出自己的讲座，使牛顿在26岁就成为数学教授。后来，在哈雷等科学家的鼓励和帮助下，牛顿编写出版了《自然哲学的数学原理》一书，创立了经典力学的体系。

牛顿还以极大的兴趣和热情对光学进行研究。1666年，牛顿在家居住期间得到了一个三棱镜。他用这面镜子进行了著名的色散实验。一束白光通过三棱镜后，分解成几种颜色的光谱带。牛顿用一块带狭缝的挡板把其他颜色的光都挡住，只让一种颜色的光从夹缝中再经过第二个三棱镜，结果出来的只是一种颜色的单色光。他因此得出光是由有色光组成的这一结论，从而揭开了物质的颜色之谜。

牛顿为了消除当时折射望远镜中普遍存在的色散现象，1668年，牛顿制成了第一架反射望远镜样机。经过进一步改进后，他把反射望远镜献给了英国皇家学会，因而被选为皇家学会会员。牛顿还通过大量的观察、实验和计算，进一步发展了微粒说，他用微粒说解释了反射、折射等许多光学现象。

牛顿在力学上屡建奇功，他在概括和总结前人研究成果的基础上，通过自己的观察和实验，提出了“运动三定律”。第一定律是惯性定律，即如果一个物体没有受到其他物体的作用，那么这个物体将保持静止或匀速直线运动。第二定律是物体的加速度和受到的作用力成正比，和物体的质量成反比。第三定律是作用力与反作用力定律，即两个物体之间的作用力和反作用力总是同时存在的，它们的大小相等，方向相反。

牛顿对科学的研究达到了忘我的境地，他对生活从不苛求，甚至终生未婚,工作经常通宵达旦。据说有一次牛顿一边读书一边煮鸡蛋,为了防止鸡蛋煮老,他特地准备了一只计时用的怀表,结果误将怀表放进锅里煮了。还有一次牛顿请一位朋友吃饭,菜摆到餐桌上,可是牛顿总是在房间里不出来,朋友饿极了,就自己动手把那些鸡吃掉,骨头留在盘子里,然后走了。过了好一阵子,牛顿从房间出来,看到盘子里的骨头,自言自语道:“原来我已经吃过了。”

牛顿在自然科学史上占有独特地位,在科学发明上屡建奇功,但却十分谦逊。他曾说:“我不知世人对我是怎样的看法,不过我自己只觉得好像在沙滩玩耍的一个小孩子,为不时拾到一颗光滑而美丽卵石或一只漂亮的贝壳而喜悦,而真理的大海在我面前,一点也没有被发现。”“如果说我看得远,那是因为我站在巨人的肩上。”

揭开雷电之谜

电闪雷鸣是常见的自然现象。古人认为这是“上帝之火”，是“天神发怒”。还有少数科学家认为雷电是天上的一种毒气云爆炸的结果。近代科学兴起以后，人们用极大的兴趣进行各种实验来研究有关电的现象。英国科学家吉尔伯特在研究磁学的同时，发现玻璃、火漆、硫黄、宝石等经过摩擦也可以带电。

公元17世纪，有人设计制造了一个转动的硫黄球，经过摩擦能带有比较多的电荷，这就是摩擦起电机。1745年前后，荷兰莱顿大学教授马森布罗克通过实验制造出一种瓶子，用于储存摩擦起电机产生的电荷，后来经过改进称作莱顿瓶。一次，一位法国学者在做莱顿瓶储存电荷实验时，无意之中碰了向瓶通电的导线，被莱顿瓶放电的火花击了一下，这就是电震。

莱顿瓶放电产生的火花和声音与雷电性质是否一样呢？许多科学家都通过不同的实验方式来研究这个问题，富兰克林就是其中最杰出的一位。

富兰克林于1706年1月17日出生在北美波士顿一个贫寒的手工业者家庭。由于生活困难，他仅在学校读了两年书。失学后，富兰克林在家帮助父亲浇制蜡烛，看守店铺。他总是利用一切可以利用的休息时间刻苦研读大量的自然科学技术书籍和文学作品，并不断练习写稿，发表了许多赢得读者好评的文章。17岁时，富兰克林离开波士顿，到费城的一个印刷所工作。他和几个青年创办了“共读社”，经常聚集在一起讨论有关哲学、政治和自然科学的问题。这个“共读社”后来发展为美国哲学会，成为美国科学思想的中心。

虽然富兰克林从小就热爱科学和工艺制作，但由于生活所迫，他一直没有时间从事科学研究，直到40岁时才致力于电学研究。

富兰克林一方面学习前人的研究成果，另一方面通过反复、缜密的实验来发现和掌握电的规律。他首先用玻璃管进行实验，发现电不是由摩擦创造出来的，而只是从一物体转移到另一物体，人摩擦玻璃所得到的电，正是人体所失掉的电。在任一绝缘体中，总电量是不会发生变化的。

富兰克林用莱顿瓶作了一系列实验，发现瓶内金属箔所带的正电荷同瓶外金属箔所带的负电荷恰好数量相等而性质相反。富兰克林还把莱顿瓶内外两面的电命名为阴电和阳电，并用正号“+”和负号“-”来表示，对静电学的研究作出了突出的贡献。

为了揭示天上闪电打雷的秘密，富兰克林冒着生命危险进行了一次吸取天电的实验。在1752年7月的一个雷雨交加的日子，富兰克林带着他的小儿子到郊外，放飞了一只事先准备好的奇异的风筝。他在风筝的顶端缠上一根金属丝，在拉绳的末梢接上一根丝绸带，中间用了一把钥匙连接。伴随着一道长长的闪电，风筝引绳上披散的纤维全部直立起来。富兰克林欣喜若狂，禁不住用手摸了一下钥匙，钥匙“哧”的一声放出了耀眼的火花。富兰克林通过这一实验证明：天空中的闪电和地面物体摩擦产生的电是同一物质，天电和地电的性质是一样的。雷电之谜终于被揭开了。

费城实验以后，富兰克林开始探讨通过一定方法阻止电荷大量聚集，避免雷击的产生。他根据雷电可以引导下来的原理，做成了世界上第一套避雷装置，取名为“避雷针”。

卡文迪许实验室

世界上最著名的实验室莫过于英国剑桥大学的卡文迪许实验室,许多知名的科学家如麦克斯韦等都曾在这里工作过,许多项重要的发明曾在这里诞生。这个实验室是为褒扬和纪念英国著名的物理学家、化学家卡文迪许而建造的。

亨利·卡文迪许 1731 年 10 月 10 日生于法国尼斯城的一个贵族家庭。家中几代人都做高官,而卡文迪许从小就立志要做一个科学家。

1879 年,18 岁的卡文迪许考入剑桥大学,后又到巴黎留学,主攻物理学和数学。他对英国有特殊的感情,不久又回到伦敦,在一个私人实验室从事科学研究工作。

早在卡文迪许出生前的一个世纪,大科学家牛顿就发现了万有引力定律。牛顿曾设计了若干个实验,希望能求出一个万有引力的常数,最终却失败了。牛顿以后,许多科学家在这一问题上乐此不疲,但都没有成功。

卡文迪许对这个难题产生了浓厚的兴趣,发愤要解开这个难题。他从剑桥大学的米歇尔教授的磁力实验中得到启发,设计了一套新的实验装置:用一根石英丝横吊着一根细杆,细杆的两端各安着一只小铅球,另外再用两只大铅球分别接近两只小球。他试图通过大球与小球产生的引力作用,使小球发生摆动,测出石英丝扭转的程度,从而求出引力常数。但由于铅球之间的引力太小,难以促成石英丝的变化,实验失败了。

卡文迪许没有气馁,他经过认真思考,找到了解决问题的新途径:在石英丝上安上一面小镜子。把一束光线照射到镜面上,镜面又把光线反射到一根刻度尺上。这样,只要石英丝有极微小的扭动,反射光就会在刻度尺上有明显的移动,从而极大地提高了实验的灵敏度。经过无数次的实验,1798 年,卡文迪许终于测得了两球间的引力,求出了万有引力常数。这个数值与今天的测得值几乎完全一样。依照万有引力常数,再根据万有引力公式,卡文迪许计算出地球的质量为 5.976×10^{24} 千克,相当于 60 万亿亿吨,成为第一个测算出地球重量的人。

卡文迪许是 18 世纪颇有建树的科学家,他在物理学、化学等诸多方面都作出了不朽的贡献。

在电学方面,他发现了电容率,揭示了静电荷是束缚在导电表面上的这一事实。他还试图通过自己制造的人工鱼,来模仿鱼的电学性质。

在化学研究上,卡文迪许通过实验证明,固体空气(即二氧化碳)要比气体空气重一倍半,它能溶解在同体积的水中,并创造了水银集取气体法。

卡文迪许研究了氢气和二氧化碳的性质,指出氢作为一种独特的物质存在,是一种与空气完全不同的气体,并用实验证明:氢能够燃烧,而二氧化碳是由腐烂和发酵产生的气体;空气中除了氧气外,还存在惰性气体。

卡文迪许研究了水的组成,证明了水是氢和氧的化合物。他发现水的分子式,在化学史上开辟了一个新纪元。

卡文迪许还研究了热现象,他发现温度不同的液体混合后的温度总是取决于原来液体的温度,同时与两种液体的性质相关,从而得出了比热定律。

卡文迪许对科学的研究达到了忘我的境地,他性情孤僻,不善社交,终生未娶,留下了不少一心扑在科学研究上的趣闻轶事。卡文迪许在科学上的不朽功勋永远铭刻在历史的丰碑上,卡文迪许实验室的建立就是对这位科学家的最好纪念。

能量不灭学说的建立

在18世纪工业革命的推动下，蒸汽机在工业和交通运输上得到广泛的运用，如何才能使蒸汽机消耗尽可能少的燃料而获得尽可能多的能量呢？这给物理学家提出了一个重要的课题。在广泛工业实验的基础上，19世纪中叶，许多科学家几乎同时而又各自独立地发现了能量守恒和转化定律。焦耳就是其中的一位。

焦耳，1818年生于英国的曼彻斯特，是一个酿酒厂厂主的儿子，从小他就跟的父亲学会了酿酒。小焦耳天资聪慧，对物理有特别的爱好。除了参加酒厂劳动外，焦耳把所有的时间都用在学习和做实验上。一个偶然的机会，焦耳认识了当时的化学家、曼彻斯特大学教授道尔顿，他抓住一切机会向道尔顿请教。对于每种物理现象，焦耳都以不揭开秘密决不罢休的态度进行钻研。所以，他在很年轻时，就已成为科学界的知名人物。

焦耳一生的大部分时间是在实验室度过的。1840年，焦耳经过多次通电导体产生热量的试验，发现电能可以转化为热能，并得出这样一个定理：通电导体所产生的热量跟电流强度的平方、导体电阻和通电时间成正比例。根据这一实验结果，焦耳写成《电流析热》一文，此时他才22岁。这篇文章成为设计电灯、电炉和各种电热器件的理论根据。

紧接着这一发现，焦耳又进行了多种实验，探讨各种运动形式之间的能量守恒和转换关系。1843年，焦耳通过各种实验总结出《论水电解时产生的热》一文。同年8月，他又写出《论电磁的热效应和热的机械值》的论文，并在考尔市举行的英国学术协会上作了报告。焦耳在论文中宣称：自然界的能是不能被毁灭的，消耗了机械能，总能得到相应的热能，热只是一种能量的形式。这一重要结论在科学界引起了强烈反响，打破了统治多年的“热质说”。

焦耳提出能量不灭学说后，继续改进实验方法，不断提高实验的精度。1847年，焦耳完成了在下降重物的作用下使转动着的桨和水发生摩擦而产生热的实验，证明凡是用一定量的功所产生出的热量，永远是固定不变的。焦耳还用鲸鱼油代替量热器中的水进行试验，测得水和鲸鱼油二者的热功当量不均值为428.9千克重米/千卡。此结果与现在公认的热功当量已经很接近。

焦耳没有满足已有的成就，而是继续进行更精确的实验测定。他采用变换使用水银等方法进行测定，直到 1878 年，终于测出热功当量值为$\frac{1}{423.9}$千卡/公斤米，比现在公认值只小 0.7%。从当时的情况看，其精确度是十分惊人的。

1850 年，克劳胥斯（1822—1888）在前人研究的基础上，总结提出热量不能从一个比较冷的物体自行传递到一个比较热的物体上去，这就是热力学第二定律。

在热力学第一定律和第二定律的基础上，形成了专门研究能量关系的学科——热力学。

电磁学的启蒙

人们很早就发现磁石能吸铁,摩擦后的玻璃等也能吸引纸屑和稻草,那么磁吸力和电吸力两者之间有何联系呢?许多科学家对此进行了多方面的推测和思考。

现实生活中发现的一些奇怪现象,更加引发了科学家们的兴趣。1681年夏天,一艘航行在大西洋上的商船遭到雷击,结果船上的三只罗盘有两只退磁,一只指针发生倒向。事隔不久,意大利一家五金商店被闪电击中,店中的一些钢刀被磁化。由于闪电的性质尚未被搞清,自然解释不了这些现象,电磁之谜成了许多科学家探索的目标。

莱顿瓶的发明、富兰克林从天上取电的实验、伏特电池的问世等,唤起了人们对电学研究的兴趣,也为科学家们进行电学研究提供了实验条件。

1820年春天的一天,丹麦科学家奥斯特在给学生作电学演示实验时,桌子上堆满了各种电学仪器,当他给一根导线通电时,偶然发现跟导线平行放置的磁针偏转了。这究竟是怎么回事呢?奥斯特被这奇怪的现象迷住了。他把导线的两端交换了一下,重新连接在电池上,使电流的方向相反,结果发现磁针与导线平行放置时磁针的偏转角为最大,而当磁针与导线垂直放置时几乎不发生偏转现象。

奥斯特在此实验基础上,又经过反复实验,证明了电流的磁效应,即一根通电的导体会绕着磁极旋转,反之,一根磁针会绕一根固定的通电导体旋转。

1820年7月,奥斯特发表了自己的研究成果,他在论文中指出,导体中的电流在导体周围产生一个环形磁场,而且不仅电流可以使罗盘磁针偏转,磁体也能使载流导线偏转。奥斯特的发现,结束了古代希腊科学家泰勒斯之后2 400年电与磁分立的状态,建立起电和磁之间的纽带,标志着电磁学的诞生。

奥斯特的发现成了近代电磁学的突破口,许多科学家都纷纷转向电磁研究。

法国物理学家安培被奥斯特的发现所激励,他详细研究了电流产生的磁效应问题,推导出一些数学公式。德国科学家欧姆发现了电流、电压、电阻之间的定量关系,提出了欧姆定律。为了纪念这些科学家的重大发现,后人把电压单位命名为伏特,把电流单位命名为安培,把电阻单位命名为欧姆。

年轻的英国化学家和物理学家法拉第也同样被奥斯特的重大发现所吸引,他进行了深入实验,最后奠定了电磁学的实验基础。

许多科学家评价说,在电学中,奥斯特是启蒙者,法拉第是垦荒者和开拓者,麦克斯韦是集大成者。奥斯特发现并打开了电磁学的大门,具有划时代的伟大意义。

电气化时代的起点

丹麦物理学家奥斯特成功地做了电和磁关系的实验——电流可以产生磁，那么，反过来磁能否产生电呢？

这个问题深深地吸引着当时年仅29岁的英国皇家学院实验室实验员法拉第。法拉第1791年9月22日生于伦敦一个铁匠家庭。由于家境贫寒，法拉第没有受过系统的学校教育，12岁上街卖报，13岁到一家图书装订书店当学徒。他一边辛勤地装订书籍，一边利用业余时间刻苦学习，渴望把所装订的书籍从头到尾读一遍。1812年，22岁的法拉第有机会聆听了伦敦皇家学会会长戴维的一次化学讲座。事后，他把听讲记录寄给戴维，并得到了戴维的赞赏。不久，法拉第便成为戴维在皇家学院实验室的一名助手。

实验室助手的工作成了法拉第一生中最重要的转折点。从此，法拉第告别小书店，开始在戴维的指导下踏上献身科学的道路。1813年10月，他跟随戴维先后到法国、意大利、德国和比利时访问和讲学，有机会见到了许多著名的科学家，聆听他们的讲座，了解他们的科学研究活动，这使他的眼界大为开阔，学到了丰富的科学知识。依靠勤奋自学，法拉第很快在科学事业上大显身手。

奥斯特的电流磁效应发现引起了法拉第的深思。1821年的秋天，法拉第在日记中写下了自己的奋斗目标：实现磁产生电。为了突破这一难关，法拉第想出了许多办法，口袋里常常塞满铜丝、铁片等物，一有空就坐下来摆弄，有时还请新婚不久的夫人来看自己的实验。可是无数次实验都失败了。尽管如此，法拉第却没有失望，他坚信自己的想法一定能够实现，并信心百倍地继续着实验。

1831年10月17日，这是值得纪念的一天，有人甚至把这一天称为电气时代的纪元日。这一天，法拉第做了这样一个实验：他用一根8.5寸长、0.95寸厚的长圆形磁石，以320尺的铜丝绕在一个空的长纸管里，铜丝的两端连接一个电流计。铜丝本身没有电流通过，他将磁石接近铜丝圈，电流计上的针不动，但当他把磁石全部插入铜丝圈的时候，忽然看见电流计的指针动了起来，他急忙将磁石抽出来，电流计上的针又动了一下。他惊喜极了，发疯般地往纸管里插，往外拔，再插，再拔……伴随着磁石的运动，电流计上的指针来回摆动！法拉第不禁连声叫喊:“电流！电流!”

成功了！法拉第经过10年的奋斗,此时年纪已经40岁,但是实验的成功,使他高兴得像个孩子似的在实验室里跳起来。接着,他一次又一次地重复实验,最终得出结论:磁石和铜丝圈之间必须要有相对的运动,也就是说,运动是电产生的条件。法拉第发明的在磁场内通过运动发生感应电流的方法,既阐明了电动机原理,又解释了发电机原理。

法拉第一鼓作气,继续努力。他根据电磁感应的原理,在1831年10月28日制成了世界上第一台发电机。他在一个铜轴上安装了一个扁平的铜盘,把它放在磁铁的两极间,铜盘就能够转动。用一根导线穿过铜轴接到电流计上,铜盘的边缘与另一根导线相接,这根导线也接到电流计上,然后摇动铜盘上的摇把,使铜盘不停地转动,电流计上的指针也处在不断运动的状态,从而产生不间断的电流。从此,电力源泉这个无穷无尽的宝藏被发掘出来,人类通向电气化的道路被打开了。

麦克斯韦的电磁理论

在科学史上，一些重大理论往往是经过许多人前仆后继的努力才建立起来的。19世纪，导致物理学爆发一场革命的电磁理论的创立就是这样。

从奥斯特、安培发现电流磁效应开始，经法拉第开创电气化时代纪元，经过了近半个世纪的历程，直到麦克斯韦才建立了一个比较完整的电磁理论体系。

麦克斯韦比法拉第小40岁，他于1831年11月13日出生于苏格兰古都爱丁堡的一个地主家庭里。麦克斯韦8岁时母亲去世，由父亲抚养长大。他的父亲虽然是一个律师，但是非常关心工业革命中的新技术，并且把自己对科学技术的爱好传给了儿子。麦克斯韦14岁时跟随父亲去参加爱丁堡皇家学会艺术协会的会议，听了一场关于椭圆形的报告，对此发生兴趣，并写了一篇名叫《论椭圆形曲线的机械画法》的数学论文。他的父亲把这篇论文送给爱丁堡大学教授福布斯看。福布斯发现关于这个题目只有笛卡儿、牛顿写过论文，而麦克斯韦的方法比笛卡儿、牛顿还要简便，因而福布斯把这篇论文推荐给《爱丁堡皇家学会学报》发表。一个最高学术机构的学报刊登一个14岁少年的论文，这是十分罕见的。1846年4月，麦克斯韦的论文在皇家学会上被宣读，但宣读论文的并非麦克斯韦本人，因为他当时实在太年轻了。

1847年秋天，16岁的麦克斯韦考进了苏格兰的最高学府爱丁堡大学。3年后又转到人才辈出的剑桥大学三一学院学习。在剑桥大学，一个偶然的机会，麦克斯韦遇上了著名的数学家霍普金斯，霍普金斯慧眼识才，把他选为自己的研究生。霍普金斯对麦克斯韦予以高度评价，称“在我教过的全部学生中，毫无疑问，他是最突出的一个”。

麦克斯韦24岁时就成为大学教授，先后担任了皇家学院的物理学和天文学教授、剑桥大学实验物理系主任、卡文迪许实验室第一任主任。

麦克斯韦在大学当研究生时，就被法拉第的著作吸引，写出了第一篇关于电磁学的论文——《论法拉第的力线》。麦克斯韦在法拉第实验研究的基础上，深入探讨了电和磁怎样发挥作用的问题。他发展了法拉第关于场的概念，认为场并不只是一个作用范围，而应该赋予其物质的内容。他认为整个空间不是空洞无物的，而是充满了一种极其稀薄的“以太”的弹性物质。电磁场的作用的传播如同石子投入水中会引起水波传播，“以太”就像是水。

麦克斯韦还运用自己高超的数学才能，建立了两组定量描述电磁场作用规律的方程——麦克斯韦方程组，一组方程表示电磁场的连续性，另一组方程表示一个场的变化将激起另一个场上的变化。

麦克斯韦认为电磁场的变化以波的形式在空间传播，预言了电磁波的存在。他从这一方程组出发，推算出电磁波的传播速度已经和当时测定的光速相同。

1873 年，麦克斯韦出版了《电学和磁学论》一书，全面总结了 19 世纪中叶以前对电磁学现象的研究成果，建立了完整的电磁学理论体系。电磁学理论的建立孕育着物理学的革命，人们称麦克斯韦是“牛顿以后世界上最伟大的数学家、物理学家”。

光的波粒二象性

光,多么熟悉的东西!我们每天接触光,处处利用光。然而既普通又十分重要的光究竟是什么呢?直到中世纪,人们还只能根据光的传播现象对这个问题作种种猜测。随着近代科学技术的发展,人们才能够真正从科学的意义上研究这个问题。

在过去的几个世纪中,关于光是什么的争端一直绵延不断,时起时伏。把各种各样的争辩归纳起来,主要有两种不同的看法:一种是以牛顿为代表的微粒说,这一学说认为光是由发光体射出的微小粒子流;另一种是以惠更斯为代表的波动说,这一学说认为光是从发光体射出来的波。这两种说法分别解释了当时已知的光学现象及其规律。

从微粒说的观点出发,很容易解释光的直线传播的性质。平时我们看到从窗口射进房间里来的太阳光,就是笔直的一条光柱。把光看做一群微粒流,便很容易说明光是直线行走的道理。

微粒说解释了光的反射也是常见的光学现象。一束光射到光滑的表面上,就有部分光线被反射回来。光束中的微粒碰到光滑的表面,便形成了反射的光束。

牛顿利用微粒说解释了光的折射现象。按照万有引力定律,当光从密度小的物质(如空气)进入密度大的物质(如水)时,由于两种媒质的密度不同,它们对光微粒的引力大小也不同,密度大的媒质对光的吸引力大。因此,当光束由空气进入水中时,就会折向密度较大的水的一侧。

1678年,荷兰物理学家惠更斯提出了一种与微粒说相对立的波动说。他认为,光和石头投入池塘里所激发起来的水波相似,它是从发光体发出来的一系列波,叫做光波。从这一点来看,波动说和微粒说的对立在于:微粒说认为,伴随着光信号的传播有某种物质——光微粒的输送;而波动说认为,光信号的传播只不过是光引起的效应的传播,并不伴随着物质的输送。

在平静的池塘里丢下两块石子,它们激起的水波能相互不受干扰地交叉通过。因此,从波动说的观点出发,就能够解释光交叉通过而彼此不发生干扰的问题。如果光是微粒流,那么,它们在相交的地方为什么不发生互相碰撞?相交之后的各束光为什么会保持原来的方向呢?这是微粒说没法解释的。

惠更斯的波动说取得了一些成功，但也存在不少缺陷。如果光是一种波动，波怎么会是直线传播的呢？人们在开着的门背后听到门外的声音，这说明声波能绕过门传入耳朵。如果光是一种波动的话，它也应该能绕过障碍物进行传播。可是，人们还没有观察到光的绕射现象。

光的微粒说和波动说争端不休，它们各自都有一些道理，谁也说服不了谁。由于微粒说能更多解释光现象，加上大名鼎鼎的牛顿也倾向于微粒说，因此，在18世纪中，微粒说占了上风。到了19世纪，光学的情况发生了重大变化，一系列的科学实验似乎都证实了光具有波动的性质。

1801年，英国物理学家托·杨做了一个著名的实验，奠定了光的波动说的实验基础。托·杨让一束狭窄的光束穿过两个十分靠近的小孔后，再投射到一块白布屏幕上。如果光是由微粒组成的话，可以想象，穿过小孔的两束光在屏幕上互相重叠的部分由于微粒积聚得多，就应该更亮一些。可是，他惊奇地发现，在那里出现了明暗相隔的花纹。在出现暗条纹的那些地方，光微粒跑到哪里去了呢？这种现象微粒说是无法解释的。然而，波动说却能圆满地解释，并且也预料到波的干涉现象。凡是波动，都有干涉的性质。比如，两块石头激起的一圈圈往外传播的水波，在彼此相遇的区域便出现了干涉的花样：一些地方的水波振荡得更加剧烈，而另一些地方却更加平静了。

1816年，法国物理学家菲涅尔还做了一个著名的单缝实验。他让一束光通过一条很窄的缝，然后投射到观察屏幕上。除了中央的那条亮条纹外，在它的两侧还有明暗相间的条纹，亮纹的亮度随其位置逐个向外而逐渐减弱。这个现象用微粒说是无法解释的。而只有承认光是一种波，按照波的衍射规律来处理，才能得到合理的解释。菲涅尔正确地用惠更斯原理解释光的衍射，使光的波动说获得极大的成功。

托·杨、菲涅尔等人发展了惠更斯倡导的波动说，使其能较圆满地解释当时已经发现的光现象。这样，在两种学说的争论中，波动说又占了上风。从此，波动光学确立起来。

光究竟是波动还是粒子呢？现代物理学家认为，光既有波动性又有粒子性，这叫光的波粒二象性。光在传播过程中主要表现出波动性，而在与物质发生相互作用时则较多地显示出粒子性。光的波粒二象性的提出使人们对光的本性有了更深刻的认识。

热动说的胜利

自然界的冷热变化很早就引起了人们的注意。人类对火的利用可以追溯到久远的古代,古人在生产和生活中早已接触到许多热现象。因此,不论是在我国还是在西方,很多古代思想家都对热是什么这一问题作出过直觉的猜测。但由于生产和认识水平的限制,在很长时期内人们对热的本质只有一些粗浅的认识,而且一开始就产生了两种不同的看法。

把热看做某种独立的元素,这似乎是非常自然的。我国商周时期产生的"五行"说认为,世界万物都是由水、火、木、金、土 5 种基本元素组成的。热素说在古希腊原子论者那里也有明确的表达。

热的运动说与热的元素说有同样古老的历史。我国东汉初期的唯物主义思想家王充认为,火不是一种独立的实体物质,而只是物质变化的某种表现而已。古希腊思想家们同样提出了热的运动说。

要正确地解答"热是什么"这个问题,靠古代人们那种直觉的、朴素的猜测是无济于事的。从 15 世纪以后,当资本主义工业生产在西欧逐步兴起时,"热是什么"这个问题重新引起了人们的普遍重视。最先对这个问题进行探索的是英国哲学家弗兰西斯·培根。他在归纳大量经验事实的基础上认为:"热是一种膨胀的、被约束的在其斗争中作用于物体内部较小的粒子之上的运动。"他的观点影响了当时许多自然科学家。波义耳观察了锻打小刀和锤击铁钉时生热的现象,认为这是由于工件或铁钉运动受到阻碍而在其内部产生了强烈而杂乱的运动,并由此得出热是"物体各部分发生的强烈而杂乱的运动"的结论。

16 至 17 世纪,与近代热动说思想几乎同时,热素说思想重新抬头。伽利略认为火就是具有一定体积、一定形状和一定速度的一群原子的特殊结合。法国哲学家比埃尔·伽桑狄认为原子乃是原始的、简单的、不可分割和不可消灭的世界的要素。例如:火焰、烟味、灰烬等本来就以不同形式的原子存在于木头之中,所以当木头燃烧时,这些东西就显现出来。同样,冷和热也都是由特殊的"冷"原子和"热"原子所引起的,能渗透到一切物体之中。到了 18 世纪末,热素说发展到鼎盛时期,成为当时统治热学研究的学说。

然而,热素说在理论上和实践上都有不可克服的矛盾。对热素说形成致命性威胁的是摩擦生热这一现象。第一个用实验结果驳斥热素说的是英国科学家伦福德,他在 1798 年发表了题为《关于摩擦生热的研究》的论文,论述了用钻头加工炮筒时摩擦生热时的现象。为考察热量的来源,他做了一个实验,利用大炮底座铸成一个重 112 磅到 113 磅的圆形铸件,中间钻一个圆孔。把一根钻头的钻齿磨掉,插入铸件的圆孔里,通过传动装置用一匹马带动钝钻头不断旋转,使之与铸件摩擦生热。结果在半个小时内铸件的温度就从 60°F 升高到 130°F,虽然削出来的金属碎屑数量减少,但热量仍然不断产生。根据热素说,这么少的金属碎屑是不能放出这么多的热量的。由此,他得出结论:热是运动。

在另一项实验中,伦福德把铸件放入装有 18.77 磅水的水箱中,让马带动钝钻头旋转,在 1 小时内水的温度升高到 107°F,在 1.5 小时内升高到 142°F,在 2.5 小时内,水箱中的水竟沸腾起来。这些实验直接否定了热素说理论,为热动说提供了有力的证据。

1799 年,英国人戴维发表了一篇题为《关于热、光和呼吸的若干研究》的论文,叙述了他所进行的一个巧妙而富有独创性的实验:两块冰互相摩擦而完全融化,冰的融解热显然是摩擦所供给的。他认为,摩擦和碰撞引起了物体内部微粒的特殊运动或振动,而这种运动或振动就是热的来源。

即使在伦福德和戴维的出色工作之后,热动说也没有得到科学界的承认。直到 19 世纪 40 年代末,当能量守恒与转化定律基本建立之后,科学界才承认热动说,并完全弄清楚了热的本质:热是热量传递的一种形式。

欧洲几何与东方代数的“联姻”

大家知道，几何学在古希腊就有了较高的发展，除欧几里得《几何原本》外，阿波罗尼、阿基米得等人都对圆锥曲线作了一些研究。然而古希腊的数学家只重视几何学的研究，忽视代数的方法，使圆锥曲线的研究只局限于几何学的范围内。中国、印度等东方国家代数方法虽有高度发展，但却忽视几何学的研究。所以在17世纪以前，几何与代数一直是各自独立发展的。

随着东西文化交流的发展，东方高度发展的代数学传入欧洲。伟大的文艺复兴运动使欧洲数学在古希腊几何学和东方代数学的基础上有了巨大的发展，在数学方法上为解析几何的产生准备了条件。特别是随着近代科学技术的发展，人们越来越多地考察运动着的物体，如确定轮船在大海中航行的位置。开普勒关于行星沿椭圆形轨道绕太阳运动的发现、伽利略关于炮弹以及抛出的石子沿抛物线轨道运动的发现，使人们对圆锥曲线的研究成为迫切的需要，而这种研究只有用代数方程把曲线表现出来才有可能，于是解析几何学瓜熟蒂落，应运而生。

被誉为业余数学家之王的法国数学家费马在研究曲线轨迹时，把代数应用到几何中，开创了在一个坐标系统中以一系列数值来表示一条曲线的方法。如用 $Y=2X+3$ 的代数式表示一条直线。但是费马的坐标不是直角坐标，而且没有纵轴。费马的解析几何存在严重的缺陷。

与此同时，法国另一位数学家笛卡儿也在进行着几何和代数的“联姻”。笛卡儿出生在法国北部都兰城的一个地方议员家庭，少年时代在欧洲著名的拉弗累舍公学读书，打下了牢固的数学基础。他17岁进大学读书，20岁大学毕业。那时学校向学生灌输的是经院哲学思想，主张理性服从信仰，哲学从属于神学。笛卡儿不信这一套，他认为经院哲学“没有一件事不是可疑的”，并感到在这样的学校“努力求学并没有得到别的好处，只不过是越来越发觉自己的无知”，于是下决心“到整个世界这本大书里”去寻求真正的知识。他先后在法国、荷兰、德国等地游历多年。在旅行期间，笛卡儿与各阶层的人接触，向他们请教，同时刻苦钻研数学和其他自然科学，积累了不少新知识。

1625年，笛卡儿回到法国，在巴黎从事科学研究。可是，当时法国的封建专制统治和教会的势力还很强大，为了更好地开展研究工作，1628年秋，他决定到资产阶级革命已经成功的荷兰定居。在那里他先后写成了《论世界》,出版了《形而上学的沉思》、《哲学原理》,建立了笛卡儿哲学体系。

笛卡儿力图把几何学、代数学、物理学等学科统一协调起来,他分析了欧几里得几何学和代数学各自的缺陷后,认为"应去寻求另外一种包含这两门科学的好处而没有它们的缺点的方法",创立了解析几何学。他首先确立了坐标系统,用坐标来描述空间,空间的点和坐标值相对应;然后用代数方程来描述几何图形,指出具有两个变数的二次方程一般可表示为椭圆、双曲线或者抛物线。

解析几何的创立具有十分重要的意义,引起了数学史上深刻的革命,同时也给物理学描述运动变化提供了很好的工具,为近代物理学的发展奠定了基础。因此,恩格斯对笛卡儿的解析几何给予了高度评价:"数学中的转折点是笛卡儿的变数。有了变数,运动进入数学,有了变数,辩证法进入了数学,有了变数,微分和积分就立刻成为必要,而它们也就立刻产生了。"

以微积分为标志的数学大革命

17世纪以来,随着资本主义生产方式的发展和生产力的提高,尤其是航海与机械工业的发展,对数学提出了越来越高的要求。比如,远洋航行中要确定船只在大海中的位置,就要运用计算复杂面积的方法;炮弹飞行,从离开炮膛到落地,它的运动速度不断发生变化,而要知道某时某刻抛物体运动的速度,靠以往的数学工具很难解决。这一切都迫切要求数学突破常量数学的框框,以便能更精确地描述运动特别是变速运动的整个过程。

17世纪上半叶,笛卡儿创立了解析几何学,找到了描述运动特别是变速运动全过程的新途径。在英国科学家牛顿和德国数学家莱布尼茨等数学家的努力下,被誉为“数学大革命”的微积分诞生了。

牛顿青年时代就密切关注着这些难解的问题。他在老师巴罗的指导下,在笛卡儿解析几何的基础上,努力寻求新的解决方法。他把变速运动着的物体在任意时刻的速度看成在微小时间内速度的平均值,即微小的路程和时间的比值。当这个微小时间缩到无限小时,这就是微分概念。他把一个变速运动的物体在一定时间范围内走过的路程,看做由许多微小时间间隔里所走过的距离的和,这就是积分概念。这样求积分相当于求时间和路程关系的曲线在某点的切线斜率,相当于求时间和速度关系的曲线下的面积。牛顿从这些基本概念出发建立了微积分。

就在牛顿进军微积分领域的同时,在德国莱比锡,莱布尼茨也同样在攻克着这一难题。莱布尼茨20岁走出大学校门,作为一名外交官开始了其政治生涯,但他却对数学和其他科学进行着孜孜不倦的研究。他敢想敢干,不屈不挠,认准了方向就一往无前地探索。他深入研究了解析几何和代数学,并从几何学中割线和切线以及面积等问题出发,独立地得到了微积分的一些基本概念和算法。当莱布尼茨得知伟大的科学家牛顿也在研究这个难题时,便多次写信给牛顿,通报自己的研究情况及对某些问题的理解。他还创造出独特的微积分的表达符号,并一直为后来的数学工作者所承认。

微积分的问世具有十分重要的意义。从上古到近代,无论是算术、代数和几何都是常量数学,唯有微积分才是变量数学。微积分的诞生既是数学的大革命,又是近代科学的先锋。

不愿就任英皇家学会会长的化学家——波义耳

关于物质之谜,古代科学家与哲学家都把它作为一个根本性的重大研究课题来研究。早在公元前 4 世纪,古希腊的德谟克利特就对物质构成提出了朴素的原子学说,他认为万物皆由大小不同、质量不同且运动不息的原子组成。中国战国时期的《庄子》一书也指出了物质是无限可分的。

经过漫长的 1 000 多年以后,法国哲学家卡桑迪又重新提出古代的原子学说。英国人波义耳接受了卡桑迪的思想,并在自己的实践中发现了种种物质物态变化现象,成为近代化学的奠基人。

1627 年 1 月 25 日,波义耳出生在英国的一个贵族家庭。8 岁的时候,他进入英国的贵族子弟学校——伊顿公学学习。在学校里,波义耳勤奋学习,埋头苦读,很快在伊顿公学的学生中脱颖而出。

波义耳 29 岁开始从事科学研究。在科学实践中,他非常重视科学实验的作用,坚信"知识来自实验","实验是最好的老师"。他的许多重要发现都是从实验中得来的。

1662 年,波义耳做了气体膨胀和压缩实验,发现一定量的气体在一定的温度下,其体积与压力成反比,这就是波义耳定律。这个定律对化学中关于气体性质和气体反应的研究具有重要指导意义。他做过燃烧实验,通过硫黄和硝石在不同条件下的燃烧,发现空气对燃烧是不可缺少的,硝石中有一种成分与空气相仿,也有助燃能力。他还做过燃烧金属的实验,通过称量发现,金属燃烧后不是变轻而是变重了,他认为这是火粒子穿过器壁进入金属的结果。

波义耳是定性分析的奠基者。他论述多种检验物质成分的办法,除火法检验外,特别强调利用物质的水溶液进行鉴定实验。他偶然发现一些植物色素可以鉴别溶液的酸性和碱性,由此引进了有机试剂的检验方法。

有一次,他正在实验室里做化学实验,不小心将一滴盐酸撒到一朵紫罗兰的花瓣上,不一会儿,这片花瓣的颜色竟然由紫变红。这一偶然现象引起了波义耳的注意。他用各种酸性物质做了试验,结果发现,它们都能使紫罗兰变成红色。这就意味着:要判别一种溶液是否是酸性的,只要用紫罗兰的花瓣放进溶液试一下就清楚了。这一发现使波义耳激动不已。

那么,碱性物质是不是也可以使紫罗兰改变颜色呢?波义耳又做了新的实验，结果发现碱性物质也能使紫罗兰改变颜色，只不过是由紫变蓝而已。

波义耳一鼓作气，又用多种花朵以及一些草类、苔藓、树皮和植物的根泡出各种浸液，并用泡出的浸液进行逐一试验，结果发现其中许多种在不同的酸碱性溶液中会有明显的颜色变化。就这样，鉴别酸与碱的指示剂被发现了。

波义耳对化学理论的贡献集中反映在他1661年出版的《怀疑派化学家》一书中。此书仿照伽利略的风格，用对话形式写成。他善于总结新的实验事实，敢于摈弃传统的观念，勇于提出新的理论见解。

在波义耳之前，还没有真正的化学科学。16世纪以后，随着社会经济的发展，人们在生产和生活的各个领域，特别是在金属冶炼和药物制造两大行业积累了相当丰富的化学知识，但是关于物质组成和变化的正确概念还没有形成。那时大多数化学家盲目信奉亚里士多德的水、气、火、土“四元素说”和医药化学家的硫、汞、盐“三元素说”。亚里士多德的基本思想是性质决定物质，这也是炼金术的理论依据。炼金术士根据“四元素说”，认为只要改变物质中的这四种元素比例，就能使普通金属变成金、银等贵金属。但17世纪以后无数化学实验事实证明，不可能把铜变成金、把铝变成银。化学家们对炼金术的思想越来越表示怀疑，一种新的关于元素的思想逐渐萌芽。

波义耳在书中首先提出了对亚里士多德的“四元素说”的怀疑，同时提出了科学的元素概念：元素是确定的、实在的、单一的纯净物质，用一般的化学方法是不能把元素分解成更简单的物质的。其次，波义耳为化学确定了独立的研究目标。他认为化学寻求的不是制造贵金属和有用药物的实用技巧，而是应该从那些技艺中找出一般原理。这是化学史上第一次明确地把化学与炼金术以及其他实用工艺加以区别的见解。再次，波义耳把科学实验提到化学研究的最重要的地位。他提出“化学是实验的科学”。波义耳本人曾设计并亲自做了成百上千个实验，试验了许多元素和化合物的性质。这就为化学科学的健康发展铺平了道路。波义耳在化学理论上提出了自己的新见解，为把化学发展成为真正的科学奠定了基础。他的工作是化学发展史上的一个转折点，使化学被确立为科学。

由于波义耳在科学上的巨大成就，1680年，53岁的波义耳被推选为英国皇家学会会长。这是一个很受人们尊敬的职务，但他却谢绝就职。他醉心于化学科学的研究之中，直到生命结束。

不是燃素是氧气

燃烧出现火焰本是寻常的现象,但在古代却被赋予了种种神秘色彩,认为它是不可思议、难以捉摸的奇观。16至17世纪,人们对关于燃烧的神秘解释产生怀疑,许多化学家纷纷探寻燃烧的奥秘。可关于燃烧现象的本质仍然众说不一。

17世纪下半叶至18世纪中叶,在欧洲占有统治地位的是燃素说。系统地提出燃素说的是德国化学家施塔尔。燃素说认为,燃烧的原因在于可燃物存在着燃素。火是一大堆燃素的聚集体,世界上一切可燃物都或多或少存在着燃素,含燃素多的物质(如木炭、硫等)燃烧就猛烈,放出的燃素就多;反之,黄金、石头等由于不含燃素,所以不能燃烧,人的呼吸也是由于人体慢慢放出燃素的缘故。燃素说总结了一定的客观事实,但其所反映的只是一些表面现象,没有真正掌握燃烧过程的本质,因此,从根本上讲是错误的。在实践中,人们虽然进行了多方探索,但都找不到燃素。燃素究竟为何物,谁也说不清,有许多化学反应又不能用燃素自圆其说。因此,燃素说盛行几十年后便危机四伏。彻底推翻燃素说并建立科学的燃烧学说的是法国化学家拉瓦锡。

拉瓦锡,1743年8月26日生于巴黎,他的父亲是一位富有的法学家。拉瓦锡顺利地接受了高等教育,并获得了法律学士学位。他兴趣广泛,钻研过科学的各个领域,并最终选择了自然科学。

拉瓦锡最早感兴趣的是植物学,由于要采集植物标本,所以经常上山。他在这期间,对于气象学发生了兴趣,同时也学会了使用气压计。这使他一生都执著于详细记录气象变化。

拉瓦锡的父亲和亲友感觉到他对自然科学有浓厚的兴趣,因此没有勉强他从事法律工作。拉瓦锡从21岁起就专门跟着一位叫葛太德的地质学家从事地质学研究。由于地质老师的建议,他去学化学,很快积累了许多化学知识,并从此在化学领域辛勤地耕耘。

拉瓦锡在研究燃烧现象时,特别注意物质量的研究,善于利用天平来做化学分析。此外,他特别注意理论思维在科研中的重要作用,因而在科研中取得了较大成就。

1774年,拉瓦锡利用锡和铅做了著名的金属煅烧试验。他把精确称量过的锡和铅分别放在曲颈瓶中，封闭后，准确称量金属和瓶子的总重量，然后通过加热使铅和锡变为灰烬。他发现加热前后总重量没有变化，但是金属经煅烧后重量却增加了。这说明所增之重既非来自火中，亦非来自瓶外的任何物质，只可能是金属结合了瓶中部分空气的结果。同时他发现把瓶子打开时空气冲了进去，瓶子和金属煅灰的总量因此增加了，所增加的重量和金属经煅烧后增加的重量恰好相等。要证实这一结论，最有说服力的办法就是设法从金属煅灰中直接分解出这种气体来。然而，他的实验没能取得成功。

这一年10月，在拉瓦锡遇到困难的时刻，英国有个叫普里斯特列的化学家来巴黎参观，并和拉瓦锡以及其他法国化学家一起座谈。普里斯特列告诉他们，自己最近做了一个试验，如果把红色的汞沉淀加热，可以得到一种气体。这种气体很难溶于水，比起普通空气来，它能使蜡烛燃烧得更光亮。由于普里斯特列是个燃素论的崇拜者，因此，他认为自己得到了一种“脱燃素空气”。

拉瓦锡听了普里斯特列的讲话之后深受启发。1774年11月，他用普里斯特列的方法把红色汞化合物加热，他本来以为可以得到“固定气”（即CO_2），结果得到的气体通过石灰水以后不发生沉淀，而蜡烛在气体里点得更光明。于是他得出结论：这不是普通空气，它比普通空气更纯。拉瓦锡终于得到了渴望已久的一种气体，这就是后来人们所称的“氧气”。

接着，拉瓦锡进行了一个具有划时代意义的实验，他在一个曲颈甑里装上水银，把曲颈甑的长颈通到钟罩的水银液面上。钟罩里是紧闭的空气，事先测量空气的体积。拉瓦锡点燃炉火，不久曲颈甑的水银面上出现了红色的鳞斑状固体，随着时间的延续，红色固体逐渐增多，这种现象一直持续了12天，红色固体才不再增加。同时，钟罩里的水银液面缓缓上升，被密封起来的空气体积逐渐减少。待红色固体不再增多，空气体积不再减小时，拉瓦锡立即停止实验，测定空气的体积为原先体积的4/5，体积减小了1/5，红色固体比原来的水银重了。此时，如将点燃的烛火伸入玻璃罩内，烛火立即熄灭。接着，他把红色固体收集起来，把它放在小曲颈甑里加热，分解后得到水银，放出1/5的气体，这和原先钟罩里减少的空气相等。

1772年至1775年，他先后对金属的氧化还原反应进行了大量的试验。1777年，他向巴黎科学院提交了一篇题为《燃烧概论》的报告，提出了科学的氧化燃烧学说：（1）物体燃烧时放出光和热。（2）物体只有在氧存在时才能燃烧。（3）空气是由两种成分组成的。物质在空气中燃烧时，吸收了其中的氧而加重，所增加之重恰为其所吸收的氧气之重。（4）一般的可燃物质（非金属)燃烧后通常变为酸,氧是酸的本原,一切酸中都含有氧元素。

这一学说的建立揭开了人们长久未能解释的燃烧的秘密。

1778 年至 1780 年间,拉瓦锡完成了《化学纲要》一书,书中对当时所知的各种化学现象都提出了自己的解释。他更进一步明确了元素的定义,认为元素是“化学分析所达到的终点”。此书是近代化学形成时期一部最重要的理论著作,它对整个化学的发展有着重大的影响。

为化学指明光明大道

原子一词,最早出现在古希腊哲学著作中。公元前5至4世纪的古希腊哲学家德谟克利特和留基伯创立的“原子说”认为,万物皆由大量不可分割的微小物质粒子组成,这种粒子称为原子。牛顿在17世纪后期明确指出,一切物质都是由微小的颗粒组成的。可是这些论点都没有科学的实验来证明,既不能被科学界普遍接受,也无法推行运用。作为颠扑不破的科学理论的原子学说,是在19世纪初由英国科学家道尔顿进行实验,并通过严格的逻辑推导而建立起来的。

1766年9月6日,道尔顿出生于英国昆布兰的一个贫苦农民家庭。他仅在农村小学里读了几年书,父亲便无钱继续供他读书了。从12岁开始,道尔顿就一边种田,一边在私塾帮工,以帮助家庭。他勤奋过人,一边干活,一边坚持自学了拉丁文、希腊文、法文、数学和相当于后来的理化及生物学的自然哲学。27岁时,他被推荐到曼彻斯特一所高等学校去当数学、化学及自然哲学教师。

道尔顿的科学研究生涯是从气象观测开始的。从1787年起,他坚持天天观测天气,写气象日记,数十年如一日,留下2万多次的观测记录。即使晚年患了全身麻痹症也从未间断过。他从研究大气的成分、性质开始,步步深入,不断探索,进而又开始了对物理学、化学的研究,从而逐步建立起科学的原子论。

道尔顿首先考察了气体的物理性质,在多次观察实验的基础上提出了气体的热膨胀定律、分压定律等,得出了不同气体是由不同性质和形状的微粒所组成的结论。他信奉牛顿的学说,了解古代原子论,并细致地研究了当时所建立起来的当量定律和定组分定律,发现只要引入原子的概念并确定各种元素所独有的原子量,就能圆满地解释这些定律。他通过深入比较各种化合物的组成,发现当两种元素可以生成两种以上的化合物时,其中一种元素在这些化合物中的含量是一个简单整数比,亦即倍比定律。倍比定律的发现成为确立原子论的重要基石。

道尔顿总结前人的研究成果,以丰富的想象力和严谨的科学分析引出了他的原子学说。1808年,他的著作《化学哲学新学说》出版,该书对原子学说进行了系统地阐述，指出：一切元素都由不可再分的微粒组成，这种微粒称为原子，原子在一切化学变化中都保持其不可再分性；同一元素的所有原子在质量和性质上都相同，不同元素的原子在质量和性质上都不相同；不同元素的原子按简单整数比结合而成化合物。

道尔顿不但提出了原子论，并且还身体力行地测定原子量。他以氢为基准，通过实验测定各元素的原子量。他编制出了包括 14 种元素的第一张原子量表。尽管这张表中测定的原子量数值较为粗糙，存在不少谬误，但仍不失为一项创举，它给化学发展指明了道路。正是这张原子量表给俄国著名化学家门捷列夫发现元素周期表提供了重要启示。

道尔顿原子学说的建立是近代化学发展中的一次重要的理论综合。它统一解释了各种各样的化合物和化学反应的结构，把当量定律、定比定律、倍比定律联系起来，抓住了原子量作为区分化学元素的最根本特征，为整个化学学科的研究奠定了基础，是科学史上一项划时代的成就。

“分子论”为“原子论”解围

由于科学水平和思维方式的局限，道尔顿的原子论存在一定缺陷：第一，他把原子看做不可再分的宇宙之砖；第二，他忽视了原子与分子的质的区别。

法国化学家盖·吕萨克研究了各种气体物质反应时的体积关系，他发现，气体物质化合时，体积上有简单的整数比关系。例如，氢与氧化合成水时，体积比为2∶1；一氧化碳和氧气化合时，体积比为2∶1；氮气与氢气化合时，体积比为1∶3；等等。经过一番综合推理后，他得出了合乎逻辑的结论，即不同气体在同样的体积中所含的原子数彼此应该有简单的整数比。于是他进一步提出一个假说：在同温同压下，相同体积的不同气体——无论是单质还是化合物——中含有相同数目的原子（当时盖·吕萨克还不能区分原子和分子，他同样地把化合物的分子称为复杂原子）。

盖·吕萨克把自己的假说看成对道尔顿原子论的一个有力支持。然而道尔顿本人却反对盖·吕萨克的假说，认为如果按照盖·吕萨克的假说，在相同体积中不同气体的原子数目相同，那么既然1体积氯与1体积氢化合后生成2体积的氯化氢，则每一氯化氢“原子”（实为分子）中就应只含半个氯原子和半个氢原子。这与道尔顿关于原子不可分的观念是完全对立的。原子不可分，而盖·吕萨克的发现又是事实。这使道尔顿的原子论进退维谷。有人甚至由此怀疑道尔顿的原子论的正确性，连道尔顿自己也无可奈何地说：“对气体，原子论不能完全适用。”最终，意大利科学家阿佛伽德罗解决了这一难题。

1776年8月9日，阿佛伽德罗出生于意大利都灵的一个著名律师家庭。他在1792年16岁时取得了法学学士学位，1796年20岁时取得了法学博士学位，并且做了好几年的律师工作。24岁起，他的兴趣转到了数学和物理学等方面，并在1820年被聘为都灵大学数学和物理教授。

阿佛伽德罗的主要贡献在于1811年解决了道尔顿和盖·吕萨克遇到的有关原子量与气体特性之间关系的难题。他仔细研究了道尔顿的原子论和盖·吕萨克的发现，认为他们都没有错，但是，道尔顿的原子论忽略了一个重要事实——分子的存在。他以盖·吕萨克的实验为基础，进行了合理的推论，并引入了分子的概念。最终他发表了题为《原子相对质量的测定方法及原子进入化合物时数目比例的确定》的论文，提出了自己的假说。他认为，所谓原子是参加化学反应的最小质点。单质的分子是由相同元素的原子组成的，化合物的分子则由不同元素的原子组成。他根据气体物质反应时具有简单整数比的实验事实，提出一切气体在相同体积中含有相等数目的分子。他同时认为，只要假设每种单质气态分子都含有两个或成双的原子，则盖·吕萨克的气体反应简单整数比定律和道尔顿的原子学说就能统一起来并得到圆满的解释。

然而，科学的发展往往是曲折的。按理阿佛伽德罗给道尔顿的原子论帮了大忙，使之摆脱困境，应该受到推崇。不料，阿佛伽德罗的分子学说并未被当时的化学界和物理学界所承认和重视，连道尔顿本人对此也持否定的态度，致使这个伟大的学说被冷落了大约半个世纪。究其原因：一方面，由于当时科学的发展还不足以对分子作出系统而明确的论证；另一方面，由于在当时的化学界，柏采里乌斯关于分子构成的电化二元论占着统治地位，而他的二元论与阿佛伽德罗的分子学说在某些地方是不相容的。

1860 年 12 月，欧洲 100 多位化学家在德国的卡尔斯鲁厄开会，讨论原子量等问题。会上，意大利化学家坎尼扎罗散发了他论证分子学说的小册子，题为《化学哲学教学程概要》。文中对阿佛伽德罗的分子学说作了详尽的说明，至此才使阿佛伽德罗的分子学说为世人所公认。

如今，化学界把同温同压下同体积气体有相同数量的分子称为“阿佛伽德罗定律”。阿佛伽德罗的分子学说为化学和物理学的发展作出了重要贡献。

从无机物到有机物的里程碑

17 世纪，生物界和化学界中都流行着一种活力论，认为有机物只能在动植物体内产生，因为它具有某种神秘的活力，而无机物本身没有活力，是不能由它们合成有机物的，这种看法几乎持续了 200 年。

1800 年 7 月 31 日，维勒出生于德国莱茵河畔法兰克福城附近的埃希海姆村。他从上中学开始就迷上了化学，对收集矿物标本和做化学实验这两件事特别感兴趣，以致影响了其他功课的学习，遭到父亲的责备。

维勒找到了父亲的好朋友、知识渊博的布赫医生。布赫把家中所藏的化学书拿给他看，并对他说，如果你希望成为科学家的话，就应该具备许多知识。在布赫医生的启发下，维勒努力学习各门功课，更喜爱化学。

维勒子承父业，1823 年，他以优异成绩获得海德堡大学医学博士学位。著名化学家格曼林发现他在化学实验方面具有卓越的才能，便劝他放弃医学而专攻化学。当年，维勒从动物尿和人尿中分离出尿素，并研究了它的性质。

随后一年中维勒到瑞典化学大师柏采留斯的实验室做研究工作，对他的终生事业影响很大。次年，维勒回到德国后，用无机物氰化汞加热得到氰，再将氰、水、苛性钾一起放到器皿中加热，得到草酸钾，酸化后得到了有机物草酸。

1828 年，维勒先后用两种方法合成了公认的有机化合物——尿素。第一种方法是利用氰化铵溶液处理氰酸银并进行加热；第二种方法是用氨水处理氰酸铅，都获得了性质相同的一种白色结晶物质。

维勒将合成的白色结晶物质与从尿中提炼出来的尿素相比较，结果发现是同一物质。尿素的人工合成表明无机物与有机物之间没有不可逾越的鸿沟，被认为是有机化学发展的里程碑之一。

维勒将研究成果写成论文《论尿素的人工合成》，这一成果惊动了世界，许多化学家纷纷开始架设无机物与有机物的“天桥”。1845 年德国化学家制成有机物醋酸，随后人们又合成了一系列有机酸，进而还合成了油脂类和糖类物质。

化学纸牌

19 世纪以来,被发现的元素逐渐增多,到 19 世纪 50 年代,被发现的元素已达 60 余种。在众多元素中,能否找到一种关系,把它们贯穿起来呢?化学家们在思索、寻找着……

当时大多数化学家都坚信各种元素之间是无规律可循的。教授们讲无机化学课,都按照自己认为最方便的顺序:很多人都从氧讲起,因为氧元素在自然界分布最广;有人则先讲氢,因为它是最轻的元素,有时各个元素的原子量就是相对氢而言的——某元素的原子重量与氢原子相比的倍数,就等于它的原子量;也有人把铁放在最前面,因为它是用途最广的金属。既然面前是一片杂树丛生、漫无秩序的密林,那么随便从哪里开始钻进去,横竖里面没有路。

1834 年 2 月 8 日,门捷列夫出生于俄国西伯利亚的托博尔斯克。他是家中的第 14 个孩子。父亲原是一个中学的校长,在门捷列夫出生那一年,由于双目失明失去了工作,并在 13 年后去世,这个大家庭的生活重担从此落在了母亲的身上。他的母亲是一位异常能干的妇女,不管生活多么困难,她依然维持着孩子们的学校教育。为了使门捷列夫能读上大学,她克服了重重困难,把家搬到了莫斯科。门捷列夫考进了彼得堡师范学院,并于 1855 年毕业,此后他担任过中学的化学教师。1856 年,他获得了硕士学位,第二年被彼得堡大学聘请为普通化学副教授。1865 年,他获得了博士学位,并从副教授升为教授。这时他只有 31 岁。

从这一年起,门捷列夫改教无机化学课,但他不愿意无系统地向学生讲授无机化学。在门捷列夫看来,自然界并不是杂乱无章的,人们看到的自然界之所以杂乱无章,是由于人们对自然界认识得不够深入。

事实上,在门捷列夫之前或差不多同时,有一些科学家进行过或进行着这方面的工作,并且或多或少取得了成绩。首先,德国化学家德贝莱纳提出了三元素规则;继而,德国化学家培顿科弗又发现了元素原子量 8 倍数规则;后来,迈尔、库图瓦、纽兰兹等人提出各种方法,企图找到元素的原子量与元素性质之间的关系。虽然他们的工作一次比一次精细,一次比一次进步,但是始终没有击中要害。

门捷列夫为自己确立了揭示化学元素间总的规律性联系的任务。他在研究元素分类、原子量大小后独创了一种化学纸牌。这种纸牌，形式上很像扑克牌，不过纸牌上不是印着红桃、方片之类，而是印着每一种元素的符号、原子量、化合价和比重等。他像玩纸牌一样，把它们一张一张地铺排开，以便从中寻找规律性的东西。

为此，门捷列夫废寝忘食。有一次，他一连三天三夜没有睡觉，坐在办公桌前研究，试图把自己深思熟虑的结构综合制成周期表，但并没有成功。由于太疲劳了，他就去休息，很快就睡熟了。他梦见一张表，那是一张他日思夜想的元素周期表，各种元素在表中各就各位。他突然醒来，逐一思考它们的排法，发现只有一处地方是需要重新考虑。

门捷列夫激动得双手颤抖起来。他兴奋地在室内踱来踱去，自言自语地说："唔，原来元素的性质与它们的原子量是周期性的关系。"他抓起笔，在纸条上写了一行字："根据元素的原子量及其化学近似性试排的元素表。"门捷列夫在化学元素符号的反复排列中，发现了化学元素周期律。

1869 年 3 月 18 日，俄罗斯化学学会举行例会，门捷列夫因积劳成疾不能出席，他请一位学生代为宣读了题为《元素属性和原子量的关系》的论文，论文中提出了元素周期律的基本要点，并附有世界上第一张元素周期表。

为了使元素周期表更加精确和完善，门捷列夫继续努力，于 1871 年初发表了一篇更有分量的论文《化学元素的周期规律性》。他说："这篇论文是我对元素周期性的观点和见解的最好总结，也是以后多次论述这一理论的蓝本。"

化学元素周期表发表后，奇迹一个又一个地出现。门捷列夫在表里留下 4 个空格，他预言是 4 种元素，并分别给出了原子量，果然都被一一发现了。门捷列夫发明的元素周期表揭开了无机化学系统化的序幕，为整个现代化学系统发展奠定了基础。

安全炸药的发明人——诺贝尔

在瑞典王国首都斯德哥尔摩的音乐厅内，每年 12 月10 日下午 4 时 30 分，都要举行一次隆重的世界性的颁奖盛会，来自世界各国的著名科学家、文学家等名流济济一堂，各国新闻传播媒介竞相报道。这一天就是诺贝尔逝世纪念日暨诺贝尔奖颁发日。

荣获奖金的科学家和社会活动家在诺贝尔基金会成员的陪同下，登上主席台荣誉席，这时，庆贺的人们纷纷向他们行注目礼，全场掌声四起。典礼开始时，先由诺贝尔基金会主席或奖金评选会成员简要介绍获奖人的成就，然后由获奖者用本国语言发表获奖演说，接着由瑞典国王和王后颁发获奖证书及奖章。当晚举行盛大宴会，次日获奖人领取奖金支票，盛典结束。颁奖仪式热烈而庄重。诺贝尔的名字，随着这一年一度的盛典不断被全世界的人们所传颂，激励着人们为科学事业而献身。

1833 年 10 月21 日，诺贝尔生于瑞典斯德哥尔摩一个热衷于化学研究的家庭。在他出生后不久，他的家被一场大火烧得一贫如洗。诺贝尔只好跟着父母外出寻找出路。他曾到过俄国，从小就看到工人们在荒山秃岭里用铁镐吃力地砸石头。诺贝尔心想，为了开通一条铁路、一条公路，要花费多么艰苦的劳动啊！要是能找到一种东西，一下子就能炸毁岩石该多好哇！

诺贝尔的父亲伊曼纽尔·诺贝尔虽然从未读过化学，但却潜心于化学实验。他在彼得堡建立了一个五金作坊，除制造各种机械外，还设计出一种可供防御的水陆两用炸药包，也就是地雷和水雷，因此获得了俄国政府提供的 3 000 卢布资助。

诺贝尔的两个哥哥罗伯特·诺贝尔和路德维希·诺贝尔也都是卓越的工程师。诺贝尔在父亲和两个哥哥的影响下，很小就对化学产生了浓厚的兴趣，常常同哥哥们一起做化学实验，甚至还动手参与制造炸药和水雷。

1847 年 2 月17 日，意大利年轻的化学家苏雷罗第一次制成了硝化甘油。这是一种甘油三硝酸酯，比重大于水而不溶于水，有毒性，极易引起爆炸。但苏雷罗对其化学结构还不清楚，而且每次试验都是用加热或者震动的办法来引爆，人们对它的爆炸无法控制。

1859 年，诺贝尔父子从两个俄国化学家那里得知有关硝化甘油的情况，并得到少量样品,那两位俄国化学家鼓励诺贝尔父子将硝化甘油制成实用的大威力炸药。

为了找到切实可行的引爆方法,诺贝尔父子开始进行试验。有一次,诺贝尔认为已经找到了引爆硝化甘油的办法,满怀信心地进行试验。他将一只装满火药的小玻璃管与导火索连接在一起,浸入装有硝化甘油的容器内,小心翼翼地点燃,急切地期待着那轰然的巨响。但是,玻璃管内的火药虽然爆炸了,却未能引爆硝化甘油。诺贝尔非常失望,但他并没有灰心。在细致检查试验装置以后,他发现引爆不成功是因为玻璃管口没有封紧,火药不能炸碎玻璃管,产生不出足以使硝化甘油爆炸的冲击力和温度。

在将近两年的时间里,诺贝尔极力寻求一种新的强力引爆物。他发现雷酸汞这种褐色晶状粉末对震动感受非常灵敏,受到撞击或摩擦即可引起爆炸。1867 年秋,他开始用雷酸汞做引爆剂。失败了几百次之后,他又试验了几百次。意想不到的是,成功竟与灾祸同时来到!伴随着"轰"的一声巨响,诺贝尔的实验室在一次试验中被送上了天,他自己也被炸得鲜血淋漓。他以高昂的代价,得到了有价值的经验,终于试验成功用雷酸汞作为硝化甘油的引爆剂。这就是现在人所共知的雷管。最初的雷管用的是铅管,后来改用铜管。诺贝尔发明了雷管,使得硝化甘油和以后的其他烈性炸药能够被有效地作为爆炸物,并使得研究各种炸药的特性变为现实。

诺贝尔研究硝化甘油引爆的目的是将硝化甘油付诸于应用。所以,他在引爆剂的研究过程中,同时关心着硝化甘油的生产,并亲自进行改进生产工艺的试验。

1864 年 9 月3 日,在试验过程中,发生了严重爆炸事故,实验室化为一片瓦砾,5 人惨死,其中包括诺贝尔的弟弟。诺贝尔因当时不在实验室而幸免。

这一爆炸事故使斯德哥尔摩的市民胆战心惊,引起了公众舆论的强烈反应。在公众舆论的压力下,市政当局下令禁止在市区制造和储存硝化甘油。房东也不肯把房子租给诺贝尔父子做实验室。老诺贝尔受到丧子之痛和事业挫折的双重打击而缠绵于病榻。这对他们全家人的毅力和理智都是一次严峻的考验。

当时瑞典正处于繁忙的铁路建设中,许多隧道的开凿工程正等待使用这种新炸药。诺贝尔只好将制造炸药的设备搬到斯德哥尔摩市区以外的迈拉伦湖上的一艘驳船上去进行批量生产。从 1864 年秋到 1865 年春供工业用的硝化甘油都是在这艘船上制造出来的。

硝化甘油固然爆炸力强,但有两大弱点:缺乏安全保障和运输困难。人们很快吃到苦头,惨祸相继发生。在巨大的打击面前,诺贝尔对发明创造并没有丧失信心和勇气,他仍集中心思改进自己的发明。

1867 年,一个偶然的机会,诺贝尔看见搬运工人从货车上卸下硝化甘油罐,从有裂缝的甘油罐中流出的液体和罐子外面的泥土混合形成固体,硝化甘油居然没有发生爆炸。这是个奇迹!诺贝尔急忙取回吸饱硝化甘油的泥土样品进行试验,发现这种泥土在引爆后能猛烈爆炸,而不引爆时则很安全。诺贝尔惊喜之极,着手进行了大规模试验。他把堆积了大量渗有硝化甘油的泥土用导火索引爆。没有料到,一声巨响,浓烟滚滚,实验室被送上了天,人们失声惊喊:“诺贝尔被炸死了!”谁知,不一会儿,满脸污血的诺贝尔从瓦砾中挣扎着爬了起来,狂呼道:“成功了!我的试验成功了!”

诺贝尔终于发明了安全固体烈性炸药——三硝基甘油和硅藻土的混合物。诺贝尔将它命名为“达纳炸药”。这种炸药很快获得瑞典政府授予的专利权。法、德等国也相继购买了这一专利。

诺贝尔发明的达纳炸药一经问世,便迅速在世界各地得到广泛应用。1867 年,达纳炸药在世界的销售量是 11 吨,1874 年则猛增到 3 120 吨。许多重要的隧道、运河、采矿、铁路等工程都相继采用达纳炸药进行爆破。从实用意义来看,近代发明中少有可与达纳炸药相比的。达纳炸药的发明提高了人类同大自然斗争的能力。

1875 年,经过不断努力,诺贝尔发明了威力更强的无烟炸药。

为了发明炸药,诺贝尔投入了全部生命。他一直没有结婚,终身与实验室为伴,被人们称为“欧洲最富有的流浪汉”。

诺贝尔研制炸药的初终是为了用于生产建设,为人类造福,可是后来却被用于制造杀人武器,这使他十分痛苦。为此他临终立下遗嘱,要求设立诺贝尔奖,每年用基金的利息奖励世界上对和平、文学、物理、化学和医学 5 个方面有贡献的人,这就是著名的“诺贝尔奖”。

氟元素的征服者——莫瓦桑

在化学元素发现史上，持续时间最长的莫过于对元素氟的制服了，参加的化学家人数之多、危险之大都首屈一指。氟，这个“不驯服”的元素从被发现到最后被制服，经历了四分之三个世纪的漫长过程，不少化学家为之牺牲了健康，甚至付出了生命。

在自然界里，氟绝大部分是以萤石、氟磷灰石等矿石的形式存在的，其中萤石是氟的主要来源。由于氟元素的腐蚀性很强，而且一遇到潮湿的空气便会立即引起化学反应，因此，虽然一些化学家早已确认它的存在，却一直没能直接制服它。

氟的化合物很早就被人类所认识。早在16世纪，人们就开始利用氟化物。1529年，德国矿物学家阿格里拉发现氟化钙（萤石）并将其用作冶金的助焙剂。1670年，德国玻璃工瓦哈德发现，利用萤石与硫酸的反应所产生的气体能腐蚀玻璃，从而创造了一种不用金刚石或其他磨料来刻蚀玻璃，却能在玻璃上刻蚀出人物、动物、花卉等图案的方法。

1780年，瑞典化学家舍勒制得氢氟酸，他自己也因吸入氟化氢中毒而病了多年。1813年，英国著名化学家戴维曾经尝试利用电解氟化物的方法制取单质氟。一开始，他用金和铂做容器，但它们都被腐蚀了。后来，他改用萤石制成的容器进行电解，虽然解决了腐蚀的问题，但却未能得到氟，后因其身患严重疾病而停止了实验。1836年，爱尔兰化学家诺克斯兄弟企图用氯与氟化汞反应以制取氟，结果未能成功，却因中毒而长期受病痛的折磨。此后，比利时化学家劳埃企图再一次用化学方法获得元素氟，竟因氟化氢中毒而献出了生命。氟的“死亡元素”之称不胫而走，提取氟成为当时化学界的禁区，人们大有谈氟色变之感。最终解决这个问题的是法国化学家莫瓦桑。

1852年9月28日，莫瓦桑出生于法国巴黎的一个贫民家庭。由于家境贫寒，他中学未毕业就到巴黎一家药房当学徒，并在实际工作中获得了许多化学知识。有一次，药房接待了一位服砒霜自杀的顾客，坐堂医生无计可施，莫瓦桑利用自学所获知识，取出酒石酸锑钾为其解毒，挽救了这位顾客的生命。莫瓦桑因此受到人们的青睐，法国自然博物馆馆长弗雷来教授主动邀请莫瓦桑到他的实验室工作，莫瓦桑从此走上了化学研究之路。

莫瓦桑认真总结了前人的经验教训,决定改用电解法继续进行提取氟元素的试验。他设计了一个巧妙的方法:在铂制的曲颈甑中蒸馏氟氢酸钾 KHF_2 以制取无水氟化氢。他用铂制的 U 形管做电解容器,用铂铱合金做电极,用氯仿做冷却剂,将无水氟化氢冷却到 -23℃进行电解。这时,在阴极上产生了许多氢气,但是在阳极并未产生氟。经过检查,他发现装电极的塞子被腐蚀了。莫瓦桑推测,电解时一定曾经产生了氟,但是它立即与塞子发生反应,以致未被收集到。于是他改用萤石做成的塞子,并终于在 1886 年 6 月 20 日电解氟化氢时,在阳极部分产生了一种淡黄色有刺激性气味的气体,这就是他多年来梦寐以求的元素——氟。莫瓦桑在人类历史上第一次成功地获取了性能极为活泼的元素——氟。

莫瓦桑制得单质氟后,曾到法国科学院作公开表演。他用自制的装置一举制得 5 公斤氟。因为在制备氟方面作出的突出贡献,他获得了法国科学院颁发的奖金。同时,因为其在研究氟的制备和氟的化合物上的重大成就,他还获得了 1906 年诺贝尔化学奖。

由于氟元素的离析,从此诞生了一门新的学科——氟化学。氟有机化合物的合成为以后冰箱进入千家万户奠定了基础。同时,还出现了形形色色高稳定性能的氟化合物,如氟德龙等就被广泛应用到汽车、飞机制造领域,发挥了很大作用。

莫瓦桑在科学上还有不少重大贡献,如 1892 年他发明了高温电气弧光炉,1894 年他制成人造钻石等。1900 年开始,他担任法国巴黎科学院教授,培养和造就了一大批科学人才。

由于长期从事制氟工作,莫瓦桑屡次中毒,这位杰出的化学家只活了 55 岁便与世长辞。他在去世前不得不承认:“氟夺走了我十年生命。”莫瓦桑为化学事业献身的精神永远受到人们的尊敬和怀念。

哈维与血液循环理论

血液在人体里是怎样流动的？自古以来，科学家们对此进行着不懈的探索，并付出了血的代价。

古希腊学者希波克拉底认为，脉搏是由血管运动引起的，而且血管连通心脏。

古罗马著名医生盖伦认为，血液流动是以肝脏为中心的，血管中的血液就像潮水涨落一样起伏运动，逐步被身体所吸收。由于盖伦被神化为医学界的最高权威，1 000 多年来，他的血液理论被奉为神圣不可侵犯的经典。

直到 16 世纪中叶，才有人开始对盖伦的理论表示怀疑。比利时人维萨里在解剖动物的心脏时发现，心脏的中隔很厚，血液根本不能渗透过去。与此同时，西班牙人塞尔维特研究证明，右心室的血液流经肺部，通过曲折的道路到达左心室。这些研究成果推翻了盖伦的心脏隔有筛孔的论点。维萨里和塞尔维特的发现遭到教会的攻击。维萨里被迫逃亡，中断了研究工作。塞尔维特在日内瓦被当作“异教徒”活活烤了两个钟头，他的著作也几乎被全部焚毁，仅有两三个抄本得以幸免。

塞尔维特去世后第 25 年，即 1578 年，英国肯特郡法克敦市的市长家里添了一个男孩，这便是日后完成了塞尔维特事业、发现了人体血液循环理论的伟大科学家哈维。

哈维家境富裕，小时候的生活道路非常顺利。他 16 岁考入剑桥大学，曾获文学学士学位。后弃文学医，考上当时的医学研究中心——意大利帕多瓦大学攻读医学，24 岁就获得了医学博士学位。1618 年，哈维回到英国开业行医，不久成为英王詹姆斯一世的御医。詹姆斯退位后，哈维继续当英王查理一世的御医。这位爱好科学的国王经常把皇家藏书借给哈维看，甚至还与哈维一同做动物解剖实验，为哈维的科学研究提供了极为有利的条件。

哈维的研究立足于实践，他先后解剖了蛇、鸡等 80 多种动物，在详细研究各种动物血液循环后，又把精力集中到人体。他请来一个较瘦的人，用一条细带扎紧这个人的动脉，结果发现结扎的上方靠近心脏的那段动脉膨胀起来，而且每一次心脏跳动就有一次脉搏；相反，结扎的下方，即远离心脏那一段动脉就瘪下去，没有血液，也没有脉搏。哈维又用结扎的方法观察静脉，结果情况恰好相反。通过结扎实验，哈维发现心脏是一个天然的“泵”，当它收缩时，把血液压出进入动脉；当它舒张时，里面又充满血液。血液总是从左心室流出，经过主动脉流遍全身，再经过静脉流入右心房，经过肺循环流回左心房。如此周而复始，反复不已，构成了人体的血液循环。

哈维还对人体的血液循环作了定量的测量研究分析，发现每一心室容血量约为 2 英两(约 57 克)，心跳每分钟 72 次，一小时内心脏排血量约为 $2\times72\times60=8\ 640$ 英两，约合 540 磅，约是一个成年人体重的 3 ~ 4 倍。

1682 年，哈维出版了《心血运动论》，正式宣布了自己的结论，结果遭到了教会和保守势力的反对。有人评价这本著作是“荒诞的”、“无用的”，污蔑哈维是“疯子”。哈维用自己的实验当场驳倒了一大批神学家。

1657 年，哈维病逝。在他死后第 4 年，意大利马尔基教授用显微镜观察到毛细血管的存在。正是这些肉眼看不见的微小血管，把动脉和静脉连接成一个“可循环的管道”，这一发现进一步证实了哈维的血液循环理论。

哈维的血液循环理论像一盏明灯照亮了近代医学。

为生物界立典的人——林奈

自然界具有惊人的多样性，古希腊的狄奥弗拉斯特大约知道500种植物，古罗马的第奥斯可里底斯能举出600余种。17世纪初，瑞士植物学家鲍兴描述的植物已有6 000余种。面对如此庞杂的自然界，迫切需要建立一个统一的分类系统和命名法。许多科学家对植物的分类进行了有益的尝试，创造了诸多分类方法，其中的集其大成者是瑞典植物学家林奈。

林奈1707年出生于瑞典斯马兰德的一个穷牧师家庭，父亲是一个靠经营花园为生的花匠。父亲想要林奈当一个牧师，可是林奈却更热爱植物。

中学读书时，林奈非常喜欢采集动植物标本。老师罗特曼对他这一爱好十分欣赏，鼓励他学医，并让他住在自己家中，对他进行辅导，教他用花作区分植物的标志。

中学毕业后，林奈进入隆德大学学习。由于生活艰难，他寄居在著名科学家和医生斯托俾尔斯家里。当这位科学家发现林奈有和自己一样酷爱大自然的志趣时，便把自己丰富的藏书毫无保留地提供给林奈阅读。后来，林奈又进入乌布萨拉大学攻读医学。一次偶然的机会，他遇上了植物学家、摄氏温度计的发明者摄尔思，并被这位科学家选中。从此他在摄尔思的指导下更深入地研究各种植物，尤其是花卉的构造和繁殖原理。

25岁那年，林奈在学校的资助下独自到瑞典北部的拉普兰地区考察。他用了5个月行程2 800多公里，历经艰险，采集了100多种新植物，回到学校后写成了《拉普兰植物志》。

1735年，林奈离开瑞典到荷兰去进修医学。在荷兰莱顿城，他把自己写的《自然系统》一文的手稿请格罗乌博士指教。格罗乌看后极为欣赏，自愿出钱帮助出版这篇论文。在荷兰期间，林奈受布尔曼博士聘请经营植物园，所提供的条件对他的研究和写作极为有利。在短短几年间，林奈又写出了《植物学》、《植物种类》等重要著作，建立了一个比较成熟的植物分类学体系。

在《自然系统》中，林奈把自然界存在的动物、植物、矿物三大类分为纲、目、属、种。以种为分类的最小单位，根据花的数量、形状和位置再分成属。根据各属子实体的主要特征划分为纲，并把容易概括的属列为纲以下的目。虽然林奈对动物界没有提出任何共同适用的原则，但他把鲸归入四足类并采用哺乳类的名称,他还把人和四足动物同样列入哺乳动物纲,并把人和猿猴一起列入了灵长目。此外,林奈还完善了鲍兴最先提出的双名命名法,属名用大写,种名用小写,并统一采用拉丁文,以改变使用各国语言引起的混乱。

林奈用人为分类法和“双名制”的命名法使杂乱无章的动植物知识形成了完整的体系,使生物界变得有规律可循,从而奠定了生物分类学的基础。林奈的分类法对达尔文的进化论产生了重要的影响。科学界的一些人甚至把林奈和牛顿相提并论,认为:由于牛顿的工作,天体有了秩序;由于林奈的工作,生物界有了秩序。

细胞的发现

1665 年,人们第一次观察到细胞。当时,英国物理学家胡克用自制的简单复式显微镜观察软木薄片,发现软木是由许许多多非常微小的蜂窝状的空洞所构成的,他把这种空洞状的结构称为“细胞”。其实,胡克看到的是软木组织中一些死细胞留下的空腔。但是他的发现使生物学家的研究层次进入一个崭新的水平,认识也达到了一个质的飞跃。

1675 年,荷兰人列文虎克制造出可放大 270 倍的显微镜,并第一次看到了骨细胞和肌肉细胞。意大利人马尔比基、英国植物学家格鲁也有同样的发现,他们把用显微镜观察的方法推广到植物学领域的研究中,已认识到木头是由一个个细胞所组成的。

1805 年,德国自然哲学家奥肯认为,一切生物都是由一种被称为黏液囊泡的基本单位构成的。他所说的黏液囊泡像草履虫,但它并不随着机体的死亡而消失,而是继续活着,并成为另一种有机体的材料。奥肯不是根据科学的观察而是用哲学思辨的方法从自然界的统一性出发提出这一观点。

1831 年,英国植物学家布朗在显微镜下第一次发现细胞中间有一个小球,约占细胞体积的十分之一,布朗给它起名为“细胞核”。虽然布朗发现植物细胞具有一个核的事实,但是他没有认识到细胞核在细胞形成过程中所具有的重要意义。1835 年,捷克人普金叶用显微镜观察一个母鸡的卵,他发现了卵的细胞核。以后不久,他和其他生物学家相继发现了细胞中存在着有生命的质块,这一质块把细胞核裹在其中。这些发现渐渐形成了细胞的最简单的结构图式:细胞是一个很小的、有核的生命质块。

所有这一切工作,都为人们关于细胞结构认识的理论概括创造了条件,为施莱登和施旺的细胞学说的诞生奠定了基础。

1804 年 4 月 5 日,施莱登生于德国汉堡的一个医生家庭。中学毕业后,他进入海德堡大学攻读法律学,并获得博士学位。毕业后他回到家乡任法庭律师之职,多年的律师生活使他感到厌倦、不顺心而长期精神忧郁,自杀未遂而改行学医,此时才接触到生物学。

1831 年,施莱登去哥廷根大学和柏林大学学植物学和医学,其师巴特林根据他的情况鼓励他研究植物学。一次适逢布朗在柏林逗留,布朗建议他从事植物组织方面的研究。在布朗的影响下，施莱登开始从事植物细胞的形成及其作用的研究课题，这也是他对细胞学说最初进行的研究。1838 年，他发表了代表作《植物发生论》。这篇论文发表后，受到学术界的高度重视。论文中提出的关于细胞结构等方面的论述和理论概括，成为细胞学说的基础。

施莱登提出了植物细胞学说。在他的学说中，他把一株植物看成一个整体、一个细胞集团、一个由许许多多细胞组成的系统。他认为，一切植物，无论其结构的复杂程度如何，它们的基本生命单位都是细胞，各种不同的细胞组成了生命有机体。

1838 年 10 月，在一次聚会中，施莱登将自己所思考的植物细胞形成观点告诉了同在弥勒实验室工作的好朋友施旺，引起施旺强烈的兴趣。从此，人类对于细胞的认识由植物界扩大到动物界。

1810 年 12 月 7 日，施旺出生于德国莱茵河畔的诺伊斯。父亲是一个金匠。施旺中学毕业后，父母希望他学习神学，以便以后能当一名牧师。但他执意学医，并于 1834 年如愿获得博士学位。经老师弥勒推荐，施旺得以到柏林比较解剖学博物馆从事动物组织的研究工作，主要研究蛙类幼体脊索的胚组织和胚的软骨组织。在脊索标本中，施旺已观察到有核的结构，但他并未予重视，直到那次与施莱登聚会才得到启示。

1839 年，施旺发表了代表作《关于动物和植物结构与生长一致性的显微镜研究》，提出了他的细胞理论的基本观点。书的一开始写道："异常繁多、丰富多彩的各种形态，只有通过简单的基本形成物的不同组合才能产生出来，这些基本形成物虽然有各种不同的差异，但是本质是一样的，就是说，它们都是细胞。"他还指出，细胞是生命的基本单位，一切有机体都是从单一细胞开始就具有生命，并随着其他细胞形成而发育的。

1838 年至 1839 年，施莱登和施旺分别发表了关于植物细胞和动物细胞基本认识的论著，认为细胞是构成植物组织和动物组织的基本结构单位，从而使得两人共同建立了细胞理论。德国生物专家微耳和在此基础上建立了细胞病理学，为现代医学奠定了基础。

细胞学说的建立在生物学史上有划时代的意义。它不仅用细胞来证明生物界的统一性，而且揭示了植物和动物有共同的起源，遵循着共同的发展规律。动植物体结构的统一性，不再是哲学的论断而是自然科学的事实。细胞学说是 19 世纪打破旧的形而上学自然观的三大发现之一，是一切生物发展的基本形式。

用进废退

19 世纪初，在法国巴黎的一座简陋破旧的房子里，一位双目失明的老人安详地坐在椅子上，向一位妇女轻声地讲述着什么。这位老人就是法国杰出的博物学家、科学进化论的创始人拉马克。他正在向身边唯一的亲人——他的女儿口述着他那超越时代的生物学思想。拉马克在生命的最后时刻，希望为科学的进步贡献出自己的全部力量。

1744 年 8 月 1 日，拉马克出生于法国索姆省的一个破落贵族家庭。青少年时期的拉马克兴趣多变，他曾经在耶稣教会学院受过教育；他参加过军队，成为中尉；他还幻想成为天文学家、金融家、音乐家。然而，这些梦想对于他都是昙花一现，直到他最终选择了医学。

在医学院学习期间，拉马克认识了当时法国著名的植物学家朱西厄和哲学家卢梭。朱西厄很欣赏这位年轻人的才华，请他担任自己儿子的导师，带他外出游历。朱西厄还经常与拉马克一起到野外观察植物，讨论博物学问题。在朱西厄的影响下，拉马克坚定了研究植物学的志向。同样，卢梭对拉马克也以挚友相待，他们经常在一起讨论自然界的一切。在卢梭的哲学思想影响下，拉马克对物种固定不变的观念提出了质疑，这在他以后形成的自然哲学观上充分反映了出来。

1778 年，拉马克出版了三卷本巨著《法兰西植物志》。书中简单而准确地描述了植物的性状，并在植物鉴定方面提出独特的见解，受到学术界的重视，并使他一举成名。

1794 年，自然历史博物馆要开设生物学讲座，其中最困难的讲座是“蠕虫与昆虫”。当时，拉马克已 50 多岁，但他毅然改变专业，转向研究被人们忽视的低等无脊椎动物。经过一年的准备后他开设了这个讲座，并持续了 24 年。这时，他对植物学的研究已退居第二位。

1801 年，拉马克完成了《无脊椎动物的分类系统》一书，这是一部总结研究无脊椎动物研究成果的巨著。拉马克在书的前言中第一次阐述了他的生物进化思想，系统地记述了环境对有机体的变异产生的影响。这一观点成为他以后形成完整的进化学说的重要原则。

1809 年，拉马克出版了代表作《动物与哲学》（两卷本），他把脊椎动物分为4个纲,即鱼类、爬虫类、鸟类和哺乳动物类;他把这个阶梯看做动物从简单的单细胞机体过渡到人类的进化次序,并提出了进化学说。

拉马克在这本书里阐述了生物进化的观点。他认为:所有的生物都不是上帝创造的,而是进化而来的,进化所需要的时间是极长的;复杂的生物是由简单的生物进化来的,生物具有向上发展的本能趋向;生物为了适应环境继续生存,物种一定要发生变异。

拉马克肯定了环境对物种变化的影响。他提出了两个著名的法则:“用进废退”和“获得性遗传”。

“用进废退”法则认为,每种动物在它的发展过程中,对任何一种器官使用得越频繁、越长久,这一器官就越发达,不会退化。拉马克认为长颈鹿祖先的颈并没有那么长,后来因为低层的树叶不够吃,只能吃高处的叶子,这就必须努力伸长脖子,适应环境的需要。它的后代处于同样的环境压力下,同样努力地伸长脖子,这样,使得长颈鹿的颈逐渐变长。这一改变经过若干代的积累才遗传给后代,终于形成了现代的长颈鹿。再如生存在地下洞穴中的鼹鼠,由于长期处在黑暗中,其眼睛的功能大大退化了。

“获得性遗传”法则认为,长时间受环境条件的影响,可使生物发生变异,从而获得新的性状,经过世代的积累加深了这种新的性状。如果雌雄两性都获得这种共同的变异,那么这种变异是可以传给后代的,如脖子长的长颈鹿,它的后代脖子一般也长。

可是,拉马克的进化论反响很小,其原因主要在于这一理论体系缺乏足够的实验根据。首先,拉马克纯粹采用演绎的方法而提出一些“法则”、“原理”和“原则”,并由此进一步得出结论,臆测多于事实。其次,拉马克在讨论生物进化的动力时,单纯地认为是环境的影响,并认为动物要改变自己来适应改变了的环境,生物体有所谓自身的要求、欲望、意志和“内在的目的”,并由此作为解释生物适应环境现象的基础。再次,拉马克不理解自然选择对于生物进化的作用。拉马克学说存在着以上种种不足,是由于当时的科学背景未为进化论的诞生提供足够的条件,但是,拉马克学说是科学史上首次出现的比较系统、完整的进化理论。它的问世预示着生物学新时代的到来。

琴纳征服了天花

天花这种传染病在历史上给人们留下了极可怕的印象。

天花蔓延十分迅速，死亡率极高。侥幸活下来的，也留下浑身的麻坑，特别是留在脸庞上，很不好看，有时还会导致瞎眼、聋耳或其他残疾。每当天花流行的时候，不仅老百姓惊惶不安，就是那些身居高位的皇室、贵族也神经紧张，坐立不安。据有关资料记载，仅18世纪的欧洲死于天花的就有6 000万人！

很久以前，人们就在苦苦寻找制服天花的办法。我国古代医书《痘疹定论》中记载了一个故事：宋朝真宗年间，天花在各地流行，丞相王旦担心小儿子王素染上天花，便到处寻医找药。当听说峨嵋山上有一位道士，能用"仙方"预防小孩感染天花时，他喜出望外，忙派人去请道士。道士看过小王素后，从葫芦中取出一小包药末，用小竹管轻轻吹进王素的鼻孔里，然后对王旦说："过10天小孩会有点发烧，再过2天以后，身上会发出一些红色的斑点，但烧退以后很快就会好的，以后就再不会染上天花了。"后来，王素果然平安无事，一直到老，也未染上过天花。

这位道士用的药末是天花病人身上的干痂研成的粉末，里面就有天花病毒。小孩接触后传染上的天花非常轻微，不会发生危险，同时，却获得了对天花病毒的免疫力，从而避免了在天花大流行的时候遭受传染。但后来这种方法在实际运用中效果很差，有人成功了，也有人引起麻烦，甚至丢掉了性命。

16世纪下半叶，我国宁国府太平县采用了人痘接种法，很快推广到全国。具体方法有痘衣法、痘浆法、旱苗法、水苗法。到康熙、乾隆时，先后传入俄国、土耳其、日本、英国，这对琴纳发明牛痘接种法产生了直接影响。

18世纪，印度宗教界有一种迷信活动，他们将人们聚集在神殿前，把一个志愿者用两个大钩子钩住脊背，挂在两根大木杆做成的一个像今天的起重机一样的架子上，志愿者时而被高高举起，时而被放下。人们演奏着音乐，志愿者表演着幸福的微笑。活动结束，志愿者被放了下来，人们向他献花，祝贺他避免了一场灾难。可是，这样的仪式之后天花照样在蔓延……

1749年5月17日，琴纳诞生在英国柏克辛镇的一个牧师家庭。他从小就目睹天花残害人类的悲惨情景，希望长大后成为一名乡村医生，立志要为人们寻找一种防治天花的办法。13 岁从学校毕业后,他不愿继承父业,跟随左德堡的医生卢德洛学医。

有一天,村里一个挤牛奶的妇女前来看病。她说:“医生,这几天我感到不舒服,浑身无力!”卢德洛医生经过一番检查,确认她感染了天花,说道:“你应该好好休息,要注意啊,你得了天花!”那个妇女却十分有把握地说:“不,我已出过牛痘,不会再患天花了。”医生卢德洛和琴纳都不相信。

几天后琴纳碰巧在小镇上遇到了这个妇女,她身体健壮,精神振奋,没有病容。琴纳大吃一惊,心想难道因为感染过牛的天花,就能躲过天花这场灾害吗?琴纳在脑子里连连划了好几个问号。

琴纳被要求统计几年来村里死于天花及变成麻子的人数。琴纳在统计中发现,几乎家家都有被天花夺去生命的人。可是,在村里众多的挤牛奶姑娘中,竟没有一人死于天花或者变成麻子。

于是,琴纳将自己的全部精力倾注到奶牛场的现场调查上。他年复一年地仔细调查奶牛出天花的情况,认真观察挤奶妇女从奶牛身上感染天花的过程,以及怎样轻松地度过天花这一难关——人在为正出水痘的牛挤奶时,手上沾上了牛的痘浆,就会得牛痘,于是手指间会出水泡,伴随发生低烧,同时感到不适及局部淋巴腺肿,但不久即可痊愈,没有致命的危险。

琴纳想,既然这样,那么,让大家都感染一次从牛身上传染的天花,不就可以都不得天花了吗?

经过 24 年的系统观察与实验,琴纳终于发现了种牛痘预防天花的好办法。1796 年 5 月21 日是个令人难忘的日子,这一天,琴纳在家乡首次给人接种牛痘。

世界上第一个接种牛痘的人是 8 岁的男孩菲普士。当天上午 9 点钟,他安静地坐在椅子上,四周站满了人,人们都关心琴纳的试验能否成功。琴纳紧张地在男孩的左臂上做了清洁,再用小刀在上边轻轻一划,然后从一个刚感染了牛痘的女孩的痘浆中取出一点浆液,把它接种到菲普士臂上被划破的地方。

琴纳每天都到菲普士家中看望,一天、两天、三天……孩子没有任何反应,五天后,菲普士开始发低烧,食欲不振,接种的地方开始化脓,出现了类似天花患者的症状,一周后,他逐渐恢复正常。又过了一周,则完全像以往一样健康活泼。接种牛痘的试验成功了。

琴纳的试验只意味着接种成功,并不等于可以预防天花的发生。6 个星期后,琴纳给菲普士接种了天花病人的痘浆,他竟连轻微的反应都没有。这说明菲普士已有了对天花病毒的免疫力。免疫的概念就是从预防天花开始的,这对人类是一个巨大的贡献。

由于普遍种牛痘的缘故,天花逐渐被征服并最终被赶出了历史的舞台。在我国,最后一例天花病人的发现是在1960年,世界上最后一例天花病人的发现是在1977年。1979年10月26日,世界卫生组织在肯尼亚首都内罗毕正式宣布:天花已经在人间灭绝了!这一天被定为世界“天花绝迹日”而载入史册。

物竞天择，适者生存

1859 年 11 月 24 日，伦敦街头春意盎然。清晨，雾霭中几家书店门口人声鼎沸，熙熙攘攘，人们争先恐后地排队购买刚出版的达尔文的巨著《物种起源》。这本书初版只印了 1 250 册，发行的当天就被抢购一空。这部伟大的著作对于中世纪以来的黑暗社会来讲，犹如轰鸣光闪的雷电。达尔文第一次提出了物种进化的观点，推翻了"上帝创造论"。书中声称："我完全相信，物种不是不变的！""一切生物都不是上帝的创造物，而是少数生物的直系后代。"

1809 年 2 月 12 日，达尔文诞生在英国希鲁兹伯里小镇一个富有的世代医生家庭。他从小时候起就具有强烈的搜集欲，喜欢搜集和研究各种贝壳、矿石、鸟蛋及虫子等，这种自小养成的独立考察及鉴别生物的习惯，为他以后立志于博物学研究打下了良好的基础。

后来，父亲把达尔文送到剑桥大学的基督教学院去学习神学，可他接受了老师汉罗斯的劝导，于 1813 年冬天登上"贝格尔"号军舰去作环球考察，探索大自然的秘密。

在历时 5 年的环球航行中，他经历了种种考验和苦难，忍受了晕船和心脏悸痛的折磨，以顽强的毅力，不遗余力地坚持工作。他每到一处都进行认真、细致的考察研究，入丛林，爬高山，过草地，采集各种动植物和化石，并分门别类，制成标本。这次考察，使达尔文获得了极其丰富的生物学方面的第一手资料。在航行中，达尔文坚持写日记，把他所到之处见到的一切力求准确、逼真地描述出来，密密麻麻地写了数十本日记。他夜以继日地研究，从"没有偷闲过半个小时"。达尔文在晚年回忆这一段难忘的经历时说："贝格尔舰上的旅行是我一生当中的最最重要事件，它决定了我的整个事业。"

达尔文在航行期间所带的书籍中，有英国著名生物学家赖尔的《地质学原理》。这本书对他产生了极大影响，成为他进行考察工作的指南。同时，他的思想发生了激烈的转折，他对《圣经》产生了怀疑，对上帝创世的教义发生了动摇，却接受了赖尔的那些叛逆观点。他在一封家信中写道："赖尔先生在他那本可钦佩的书中发表了他的观点，现在我已变成了这些观点的热心信徒。"

回到英国后，达尔文用 10 多年时间整理和研究所收集到的种种科学资料，专心思考，充实札记，扩充提纲，终于写成了《物种起源》这部巨著。

达尔文精辟地总结了生物进化的基本规律:“物竞天择,适者生存。”意思是说,活着的一切生物都有使自己生存下去的本领,它们各自利用自己的长处适应客观环境,能这样做的,就会存活下来,否则就会被淘汰。例如,达尔文发现这样的事实:远离南美大陆600多公里的马得拉岛上的昆虫,有的翅膀退化,有的翅膀发达。当大风狂吹时,翅膀发达的比较能抵抗风力,能在岛上存活下来;翅膀退化的,挡风比较小,避免吹刮的机会比较多,也能保存下来;而那些翅膀变化不大的,既不能顶风飞翔又不能避风躲藏的,就被大风刮到海中淹死。

生物之所以能生存和发展,是因为一切生物都具有“遗传”和“变异”的本领。这是生物之所以能生存和发展的原因。“遗传”既能保留上一代的特征,同时又能把不断受环境影响所产生的变化传给下一代;“变异”是由于环境的不断变化,生物为了生存,必须使自己的机体向有利于生存的方向变异。例如:类人猿和人类有共同的祖先——古猿,后来,因气候变化,森林变得稀少,有些古猿因不适应环境变化而灭绝了。但有些古猿找到新森林,仍然过着攀枝生活,进化为现代猿类;古猿中的另一支,到林间草地上生活,在新的生活方式的影响下,直立行走,通过自然选择,才逐步改变其特征,发展成为现代人类。

达尔文的进化论对整个人类思想史产生了深远而广泛的影响。恩格斯曾赞誉进化论为19世纪自然科学的三大发现之一,并将达尔文的贡献与马克思的功绩相提并论。他说:“正像达尔文发现有机界的发展规律一样,马克思发现了人类历史的发展规律。”

细菌学之父——科赫

19 世纪中叶,一种严重危害畜牧业的怪病在欧洲大地上肆虐横行。患上这种病的动物不吃食物,耷拉着脑袋,缩着身子,很快会死去,而且血液变成可怕的黑色。这种怪病传染得很快,牲畜只要跟患病的动物接触,就会染疾而亡。甚至牲畜的主人也会染上这可怕的怪病而难逃噩运。

许多科研人员都投入到此项研究工作之中,急切地想找到病源以及治疗方法,德国科学家科赫就是其中颇有建树者之一。

科赫 1843 年出生在德国汉诺威的一个城镇里。他自幼热爱学习,在中小学读书时成绩一直名列前茅。中学毕业后,科赫想学习文学,但校长根据他的天资,建议科赫学习医学、数学或其他自然科学。1862 年,科赫考入哥廷根大学,先学习数学,后转学医学。1866 年,科赫大学毕业,并取得了医学博士学位。1870 年,普法战争爆发,科赫志愿当上了随军医师,治疗过多例伤寒病人,在治疗传染病方面积累了许多经验。

早在科赫之前,已经有一些学者开始研究这种怪病,并把它称为炭疽病,但科学家们无法解释这种病传染的原因。科赫在当乡村医生的最初几年中,多次在死去动物的血液里观察到杆状和线状的物体,但也无法判断这种杆状物是否是炭疽病的病源。

为了证明杆状物不是血液的分解产物,科赫在一只小白鼠的尾巴根上切开一个小口,用玻璃棒沾上患炭疽病动物的血液,滴在切口上。第二天,小白鼠就死了。他解剖了死鼠,发现死鼠的血也是黑色的,而且脾脏肿大。用显微镜观察死鼠的血,又一次在血里看到了和患炭疽病死去动物一样的杆状物,它们分别呈杆状、线团状和珠状。科赫又做了一次培养试验。在显微镜里,他看到杆状物开始时较稀疏(细胞链断开),进而繁殖,链状延伸,数量不断增加,形成数不清的线团状和珠链状,实在令人毛骨悚然。

接着,科赫又进行了炭疽杆菌怎样从患病的动物身上传染给健康动物的试验。他用悬滴法培养患病的牛血,在不同的温度、湿度和通风条件下,观察炭疽杆菌的生产周期、芽孢的形成和萌发,并最终得出结论:芽孢形成需要适当的温度和湿度。科赫成为第一个观察到细菌内生芽孢的人。科赫还通过实验发现,炭疽杆菌芽孢能经受住冷、热和干燥的气候,能在田间长期生存,芽孢是炭疽病在自然界中传播的方式。科赫对自己的研究成果进行了归纳和总结,写出了《炭疽病病原:论炭疽杆菌的发育史》一文,并在《植物学杂志》上发表。该论文的发表为现代细菌学和传染病学奠定了实验基础。

科赫并没有满足于取得的成果,他不断探索传染病的一个个新课题。1880 年,他分离出伤寒杆菌;1881 年,发明了蒸气杀菌法,并在印度和埃及发现了霍乱弧菌;1882 年,又分离出结核菌;1883 年,发明了一种预防炭疽病的接种法。

科赫被誉为“细菌学之父”、“传染病的克星”。为了表彰他对医学特别是对细菌学发展的功绩,1905 年,科赫被授予诺贝尔生理学和医学奖。

揭秘微生物世界

19 世纪之前,人类对于许多灾难都谈虎色变,无能为力:芬芳的啤酒莫名其妙地酸得难以下咽;蚕身上出现棕黑色的斑点,接着便死个精光;难以数计的产妇只同她们的婴儿见了一面,就因产褥热离开了人世;被疯狗咬过一口的成人或孩子,无一幸免地等候着死神的降临……

1822 年 12 月27 日,巴斯德生于法国汝拉省多尔镇的一个普通工人家庭。他的父亲原是一个没有受过教育的士兵,退伍后住在阿波瓦城,以制革为业。巴斯德年幼时经常随父亲到制革厂玩耍。他的母亲虽然没受过学校教育,但她是一位勤劳而富有思想的女性。巴斯德的家境虽然贫寒,但其父母痛感自己小时候无力上学的苦处,决心要让儿子接受教育,希望他成为有用的人。1843 年,巴斯德以优异成绩考入巴黎高等师范学校。1847 年,他取得博士学位后被留在著名化学家巴拉尔的实验室里工作。从 1848 年开始,巴斯德先后担任第戎中学物理教师、斯特拉斯堡大学化学教授和里尔大学理学院院长兼教授。

1856 年夏季,一些葡萄酒厂的厂主找到了正在里尔大学任教的巴斯德,请求他帮助他们解决酒变酸的问题。从此作为化学家的巴斯德开始涉足生物学领域,并开创了微生物学的研究。巴斯德在实验室里通过显微镜观察发现,在正常发酵的过程中,有一些很小的圆形酵母细胞在活动,但是当发酵起变化的时候,就有杆状微生物在活动。他亲眼看到了酵母中的微生物在发芽、繁殖,证明了啤酒变酸是微生物所引起的。因此,只要把微生物完全消灭掉,就可以使酒长期保存而不变质。不久,他就发明了高温杀菌方法,这种方法就是至今还在使用的“巴斯德灭菌法”。

巴斯德发现了酵母中的微生物后,立刻引起了科学界的重视。关于酵母中的微生物如何产生的问题,人们议论纷纷。巴斯德认为,首先要搞清楚的是空气中有无生物的胚种。他带着装有许多有机体的玻璃瓶到高山上进行实验,走到半山腰时,打开 20 瓶,其中有 5 瓶发生腐败;但是走到山顶上时打开的 20 瓶中只有 1 瓶发生了变化,因为山顶的空气洁净。由此可见,空气中的尘埃是使有机体受污染和发生腐败现象的根源。这次实验有力地证明了他的观点:微生物也像植物一样,没有“种子”是不会自然产生的。

1865年,法国南部发生了蚕病,使养蚕业发生了危机,每年损失达1亿法郎。巴斯德应蚕农的请求,只身前往法国南部的蚕业灾区阿莱。他收集了病蚕和被病蚕吃过的蚕叶进行仔细观察。“这就是病原!”他惊叫起来。原来,在显微镜下,病蚕和桑叶上都发现了椭圆形的棕黑色的小点,看上去像被撒过一层胡椒,因而称它为“胡椒病”。为了探究医治和预防的方法,他先集中精力寻找病原。经过反复观察,终于发现蚕病是在蚕蛾身上。凡是用病蛾所产的卵做种孵出来的蚕,都一定患有胡椒病。同时他又发现了蚕的另一种病——肠管病。这是由蚕体内的一种弧状细菌造成的。为了预防蚕病发生,他发明了一种选种法,从而挽救了法国养蚕业。在蚕病研究中,巴斯德为人类第一次找到了致病的微生物,并给它起了个名字,叫“病菌”。

在巴斯德以前,医学还很不发达,人们还没有认识到外科手术需要消毒,妇女死于产褥热的情况也非常普遍。有一次,一个法国医学会会员做一个有关产褥热问题的报告,巴斯德打断了他的发言,指出是医生和护士把微生物从一个受感染的病人带给了另一个未受感染的病人,从而造成很多母亲的死亡。巴斯德走到讲台上,拿起一支粉笔迅速地在黑板上勾画出一个链条式有机体的轮廓。“看,这就是它的样子。”会场顿时沸腾起来。一些年老的医生不以为然,但一些较年轻的医生却听得进他的意见,并逐渐地采用了巴斯德的消毒灭菌法。

巴斯德对人类作出的巨大贡献,还包括发明了免疫疫苗的制造方法。1880年,法国发生了严重的鸡霍乱。这种鸡瘟传染很快,往往几天时间内一个村庄的鸡便所剩无几。巴斯德通过一系列的研究和实验,成功地研制出鸡霍乱免疫菌苗,在短短几年里,法国的鸡普遍被注射了这种菌苗,从而制止了鸡瘟的蔓延。1881年,免疫菌苗应用于治疗牲畜的炭疽病,这种流行病在牛、羊中蔓延特别迅速,造成成千上万牲畜的死亡。由巴斯德推出的一套抗病、防病的新方法有效地制止了传染病的发生和发展。

1862年以后,巴斯德转向了对狂犬病的研究。他先从疯狗口中取出唾液注射到其他小动物身上,但没有得到预期的效果。后来,经过仔细的观察和分析,巴斯德认为细菌可能在动物的神经系统中传播,于是就将疯狗的脑壳打开,将毒液直接注射到其他动物脑中,结果过了不久被注射的动物就发疯而死。狂犬病的病菌找到了!很快,巴斯德又成功地制成了狂犬病疫苗。

既然狂犬病疫苗在狗的身上能够免疫,那么它是否对人也有效呢?有一天,一个名叫约瑟夫·梅斯特的9岁的孩子被疯狗咬伤,12小时后,他的母亲领他到巴斯德处求救。在医生们的支持下,巴斯德第一次把他制成的疫苗注射到人的身上。最后一次注射后的夜里,巴斯德通宵不眠,可小梅斯特却睡得很安宁。31 天过去了,孩子的病没有复发的征兆并很快完全康复。巴斯德终于征服了狂犬病。

狂犬病疫苗的试验成功轰动了欧洲各地。1886 年 3 月初,19 个头戴大皮帽的俄国人来到巴黎。15 天前他们被疯狗咬伤,伤势很严重,其中有 5 人不得不用担架抬着。巴斯德当机立断,剂量加倍注射,最后除了 3 人死去,其余人都得救了。

巨大的成功使人欣喜若狂,有人倡议创立巴斯德研究所,得到了积极响应。人们纷纷捐款,筹集建立研究所所需的资金。最后,包括国际上的捐款在内,总数达到了 2 586 680 法郎,巴斯德研究所终于建立起来了。

巴斯德把"造福于人类"作为自己的座右铭,在微生物学领域进行了一系列开创性的研究,有史以来第一次完整地揭示了细菌的奥秘,从而奠定了微生物学的理论基础,为人类幸福作出了巨大的贡献。

推动世界工业革命的"怪物"

提起蒸汽机,人们普遍认为它的发明人是瓦特。传说瓦特小时候看到妈妈烧水,蒸汽掀起壶盖使他发现了蒸汽的力量,产生利用蒸汽推动机器运转的念头,从而发明了蒸汽机。这一说法是否真实已经无法查考。

蒸汽机的发明经过了若干代人的共同努力。早在公元前2世纪,在埃及人希罗在《汽学》一书里曾提出这样一种科学游戏方法:在锅上装一个有轴的球,锅下烧水,产生的蒸汽通过轴送进球内,球上有几个小孔,蒸汽从小孔喷出,球会自己快速转动。文艺复兴时期,达·芬奇留下了用蒸汽开动大炮的图样。1601年,意大利人波塔提出利用蒸汽冷凝抽水的可能性。1615年,法国的高斯用实验证实用蒸汽抽水的可能性。1680年,荷兰科学家惠更斯设计出活塞和汽缸,想用火药在汽缸里的爆炸来推动活塞运动。1690年,法国人巴本在德国科学家莱布尼茨的启发下,提出用蒸汽推动活塞,主张把气缸当做加热水蒸气的锅炉使用,采用间歇加热和冷却的办法,推动活塞做功。但是,这种机器只是试验性的,并没有付诸应用。1698年,英国的塞维利创制了蒸汽泵,可以供矿山排水使用。1705年,英国工程师纽可门制成了第一台用蒸汽推动活塞工作的抽水机,实现了从应用蒸汽冷凝造成的真空抽水到应用蒸汽压力使活塞作机械运动的过渡。1712年起,纽可门蒸汽机被广泛用于煤矿抽水,但由于燃料消耗太多,在煤矿行业以外纽可门蒸汽机难以推广利用。

1736年,瓦特生于苏格兰西部的格里诺克。由于家境贫苦和体弱多病,少年时代的瓦特没有上过正规学校。19岁时,他远离故乡,到一家仪表修造厂当学徒。22岁时,他到英国格拉斯哥大学当了机器仪表修理工人。这时,瓦特对以蒸汽作动力的机械产生了浓厚的兴趣,开始搜集有关资料,还为此学会了意大利文和德文。在大学里,他结识了许多教师和学生,如著名的化学家、"潜热"的发现者布莱克和罗比森等,经常和他们讨论改进蒸汽机的问题,使他获得了许多知识。

1763年的一天,学校请瓦特修理一台纽可门蒸汽机。他由此熟悉了蒸汽机的构造和原理,并且发现了纽可门蒸汽机的致命弱点——浪费燃料。"纽可门的蒸汽机本身尚有很大潜力没有发挥,如能解决蒸汽的浪费,使蒸汽都能有效工作,那么效率就会大大提高。"瓦特开始对此进行研究。为了研究蒸汽的性质,他苦苦思索和实验了好几个寒暑。

1765 年 5 月的一个星期日,瓦特来到格拉斯哥公园散步。他在公园的椅子上坐下来远眺天空,一片片白云在晴空中飘动、飘动……"嘿,白云多像蒸汽!"瓦特的思路又回到蒸汽机上来。

"蒸汽本身是有弹力的,当蒸汽膨胀后,一定会往真空的地方移动,就像白云飘动一样。如果另外设计一个装置,把蒸汽压到这里进行冷却,汽缸岂不就永远保持正常温度了吗?"

思路像打开的闸门,智慧如汹涌的江水一泻万里……

"把汽缸完全密封,使蒸汽一点不外漏,全部力量都用在推动活塞上,那就不仅可以大大提高效率,而且也不需要耗费大量的煤炭了。"

瓦特匆匆忙忙地赶回实验室,马上按照自己的构思进行设计。这就是瓦特发明的蒸汽"冷凝器"的原理。

1769 年,瓦特在机械工人的帮助下,经过几年的艰苦努力,反复试验,终于制成了装有冷凝器的新型蒸汽机。新的蒸汽机比纽可门的蒸汽机节省四分之三的燃料。瓦特再接再厉,1782 年又在改进蒸汽机上取得了重大突破,制成蒸汽交替进入活塞两侧、既能前伸又能后退的新型蒸汽机。1784 年,瓦特又借助联杆完成机械的平移动作。至此,能旋转运动的高效蒸汽机才算研制成功。

蒸汽机的诞生推动了世界工业革命,使能源和材料发生根本性变化,使人类摆脱了木材时代而进入煤和铁的时代,使机器成为社会生产的"主角"。由于瓦特在此方面的卓越贡献,人们把蒸汽机和瓦特紧紧连在一起,瓦特的名字传遍世界,被誉为"蒸汽大王"。

蒸汽机后的又一次动力飞跃

内燃机的发明经历了上百年的曲折发展道路。最早提出内燃机设想的是荷兰物理学家惠更斯,在1673年至1680年间,他在研究应用大气压产生有用的动力问题时,首先提出了真空活塞或火药内燃机的方案。利用火药燃烧的高温燃气在气缸内冷却后形成的真空,使大气压力推动活塞做功,但是,由于真空的力量非常有限,而且火药的燃烧难以控制,因而屡次试验都以失败告终。在此之后长达一个世纪的时间里,人们陶醉在蒸汽技术的浪潮中,对内燃机的发明很少问津。

蒸汽机在广泛应用中暴露出许多缺点:一是由于锅炉和汽缸分离(即采用在气缸外部的燃烧方式),因而效率很低;二是蒸汽机结构笨重,锅炉和冷凝器体积庞大,不适应迅速发展的交通运输对动力的要求;三是操作不方便,运行不够安全,当锅炉储能过大时易爆炸伤人。因而,发明家们试图发明一种发动机,它不需要依赖煤和炉子、锅炉、冷凝器以及所有的阀门和管子,也不会有由这些东西引起的热散失,但是他们的想法都未能实现。

1794年,英国人斯垂特设想出一种燃用松节油的内燃机,第一次提出了燃料与空气混合的原理。1799年,法国工程师蓝蓬提出了用煤气作燃料、用电火花点火的内燃机的设想。这些创见是十分可贵的。1820年,英国人塞歇尔研制出以氢煤气为燃料的内燃机,在实验室初次运转获得成功。1833年,英国人莱特登记了爆发式发动机专利,结束了利用真空原理做功的历史。1855年,英国机械工程师南斯波登发明了自身涨缩的活塞环,使塞封性能大大提高。1857年,意大利教师巴尔桑奇和玛特依西试验了“自由活塞”发动机,实现了爆发做功,但由于活塞和输出轴未能作用于曲柄连杆机构而失败了。

1860年,比利时出生的发明家勒努瓦向全世界展示了第一台运转的内燃机。这是一种使用气体燃料的发动机,它的设计几乎跟瓦特的蒸汽机完全一样,由双作用式蒸汽机改装而成,装有滑阀以便导入空气——燃料混合气和排出废气。但是,气体燃料发动机的热效率极低,消耗大量的昂贵燃料,在转速为每分钟100转时,传送功率才达一马力多一点。它运转起来极不平稳,虽然勒努瓦力图用弹簧和其他装置来吸收震动,但是每次爆震时仍然产生猛烈的震动。

1862年,法国工程师德·罗查斯出版了一本关于改进机车设计的小册子,他在小册中提出将蒸汽机和燃气轮机结合起来的想法。他说,发动机里的气体可以在高压下自动点火,这个目的可以由发动机分四步工作来达到:“第一步是在活塞的一个完整冲程中进气;第二步是在第二冲程中压缩气体;第三步是在死点点火和在第三冲程中膨胀;第四步是在第四和回位冲程时把汽缸内的废气排除。”由此看来,他已掌握了四冲程发动机的原理,但是他本人并没有按这样的想法试制出一台发动机。

1853年,年仅21岁的德国人奥托开始研究一种新型的、高效率的发动机。奥托发现,只要用简单的引火方法,就能将石油或酒精蒸汽引爆。他一次又一次制作各种气缸,进行引爆实验,用来推动活塞,结果都失败了。奥托从失败中总结经验教训,不断调整燃气和空气的混合比,发现如有更多混合气体进入汽缸,点火后便激烈引爆,使转速加快。他想,要是让一个行程进气,第二个行程压缩,第三个行程点火发动,最后一个行程用来把燃烧废气排出气缸,那该多好!这是四个行程的内燃机蓝图。

然而,实现这个蓝图并不是一帆风顺的。由于混合气体浓度高、爆发力大,冲出力也强,轴承和接头无法承受;如果混合气体稀薄,活塞就无法运转。1862年对奥托来讲是充满失败的一年,轴承不断报废。困难重重之中,奥托决定赴英国伦敦参观产业博览会,吸收新知识,以便继续实验。

在回国途中,他想到瓦特蒸汽机运用的大气压原理,如果进入气缸中的混合气非常稀薄,爆发力就很弱,随着活塞的储进和混合气的冷却,气缸内压力降低,形成负压,在大气压作用下,活塞又将被推下来。这样,不就实现运转了吗?

奥托风尘仆仆、马不停蹄地径直赶回实验室。根据设想,他很快就把发动机制造出来。不幸,普鲁士专利局竟拒绝了他的申请,理由是他制造的发动机可靠性不够。这对奥托来说真是当头一棒。此时,奥托到了山穷水尽的地步,为了试验,他把母亲最后一点积蓄也用光了。在穷困交加之际,一位名叫朗根的朋友向奥托捐助了一笔可观的资金,使他的研究工作得以进行下去。

奥托和朗根又共同工作了3年,同时得到德国著名机械学教授鲁芬的理论指导。1867年,世界上第一台内燃机——“一号机”终于在克服重重困难后诞生了。在“一号机”的活塞上,装了一根长长的方形断面的活塞杆,一面带齿条与主轴上的齿轮相啮合,齿轮内有一个棘轮,像自行车的飞轮一样。混合气体一进入气缸,工作行程就开始,接着点火,爆发力将活塞推至上端,缸内气压急速下降，在上方的大气压作用下，活塞徐徐下降，主轴空转。发动机每分钟可转80～100转。这个发明比勒努瓦内燃机的效率高，且少耗三分之二燃料。

1876年，奥托又发明电磁点火装置，加长进气道，改造了气缸盖，使内燃机更加完善。同时，内燃机在推广运用的实践中性能不断提高：1880年单机容量已达15～20马力，1893年达200马力；热效率1886年达15.5%，1894年达20%以上。由于奥托内燃机显示出越来越大的优越性，在短短8年中，德国奥托和兰琴公司就生产了35 000多台内燃机，并销往世界各地。

内燃机的研制成功，实现了又一次新的动力革命。随着石油的大量开采和供应，内燃机的用途越来越广泛。内燃机以其马力大、重量轻、体积小、效率高的特点特别适应于交通工具。1885年，德国工程师本茨和戴姆勒二人以汽油机为动力分别独立地制成了最早的汽车。1887年，人们把内燃机装配到轮船上，使船只的航行速度提高。内燃机的问世还为航空事业的发展提供了动力机。

轮船之父——富尔顿

船是人类重要的交通运输工具之一,它的发展走过了漫长的路程。最初的船就是木筏,即把几根树木捆扎在一起,原始人用它装载猎获的野兽,沿着溪河顺流漂下。稍后,人们又把大的树干中间挖空,做成独木舟,人可以坐在其中用桨划着前进。再后来,就有了真正的船,人用桨、橹或帆使船前进。

蒸汽机的发明,揭开了船舶发展史重要的一页。18 世纪中后期,瓦特在对蒸汽机进行了接二连三的重大改进后,使这一机械成为在大工业中普遍应用的动力机。于是,美国、英国等资本主义较发达的国家,先后有数十人动上了蒸汽机的脑筋,想把它装到船上去,用蒸汽机作动力使船前进。

1787 年,美国发明家菲奇率先参照木桨划水的原理,制造了一艘多桨式汽船。后来,他又进行改进,于 1790 年制成了一艘时速可达 12 公里的大型桨式客运汽船。可这艘汽船并不令人满意,它开动时带着老牛般沉重的吐气声,速度也不稳定,所以不久就停开了。蒸汽船的发明没能成功。

1765 年,富尔顿(Fulton)生于美国一个农场工人的家庭。他的父亲原是苏格兰的一名穷裁缝,因难以度日,便流浪到美国宾夕法尼亚州开斯特县垦荒。童年的富尔顿过着穷困的生活。10 岁那年的一天,富尔顿和几个朋友划船去钓鱼,突然,狂风骤起,船无法控制,费了很大劲才把船划回家。当天,富尔顿立志要造出一艘不怕风浪的船。

富尔顿逐渐长大,并成了一位肖像画家,在社会上颇有名气,但是他的最大兴趣并不在绘画上,而是热衷于搞发明创造。在一次社交中,他偶然遇到大名鼎鼎的瓦特,交谈之下,瓦特发现面前这位年轻人才华横溢,虽然瓦特比富尔顿大 30 岁,但两人很快成为忘年之交。当富尔顿表示要用瓦特发明的蒸汽机来武装船只时,瓦特立即给予支持。从此,富尔顿迷上了蒸汽机,并开始设计制造轮船。

1803 年,富尔顿开始在巴黎进行轮船模型试验,他以百折不挠的精神,前后共试验了多次。每次试验,他都做了详细记录,然后将其进行比较。他历尽艰辛,在试验中取得了一些必要和可靠的数据。

1803 年 8 月 9 日,富尔顿在塞纳河上初次试验他的汽船。这艘轮船长 70 英尺,宽 8 英尺,外轮直径 12 英尺,并安装有铜汽锅炉和一台 8 马力的蒸汽机。

尽管这只船结构简单,样子奇特,行驶起来和步行的速度差不多,但它毕竟是一个新生的事物,是人们想象中的交通运输工具。成功的试航赢得了巴黎市民的喝彩。

不幸的是,这艘船在当天晚上被狂风摧毁。由于船只上所有的蒸汽机太重,风浪又大,船被拦腰折断,沉没水底。富尔顿连续奋战了20多个小时,才从水下捞出机器。狂风虽然摧毁了轮船,但摧毁不了富尔顿必胜的信心。他从失败中总结教训,调整船体结构,重新披挂上阵。

1807年8月17日,在美国的哈得逊河上停着一艘木制的怪船,船长45米,宽4米,船上立着一个大烟囱,船体的两侧各有一个大水车式的旋转机械,张着白帆却没有橹。这就是富尔顿在美国纽约建成的另一艘汽船"克莱蒙特号"。这一天,是"克莱蒙特号"的试船日。哈得逊河两岸挤满了观众,人声沸腾……

富尔顿一声令下,机房里机声一阵大作,烟囱冒出了滚滚黑烟,两侧的水车拍击着河水,蒸汽船在富尔顿的亲自驾驶下,缓缓开动了。这时,船上的40名乘客和岸上的人群都欢呼起来,在船尾亲自操纵机器的富尔顿更是热泪盈眶,激动万分。

此后,在不到8年的时间里,富尔顿先后制造了17艘货轮、1艘渡轮、1艘鱼雷艇和1艘快速船。与此同时,他还成为制造潜水艇的先行者。

轮船的出现拉近了大洋两岸的距离,使各国经济文化交流日益扩大。富尔顿因此被称为"轮船之父"。

明察秋毫的显微镜

显微镜的发明,打开了人类通向微观世界的大门。这扇紧闭了几千年的大门是怎样被打开的呢?

16 世纪末,荷兰有一位名叫詹森的眼镜制造工匠,他终日忙于磨制镜片。1590 年的一天,他外出办事,调皮的儿子偷偷地爬进他的工作间。工作台上摆满了眼镜片,儿子十分好奇,他无意中发现:把两块眼镜片装进一个筒子的两端,对着桌子上的书看,书上的字和标点符号竟然变得大得惊人。詹森回来后,得知儿子的发现,重新为他制作了一个镜筒。

詹森的显微镜是用透镜组成的。把两片凸透镜和两片凹透镜各组成一对,凸透镜作为物镜(靠近物体一方的透镜),凹透镜作为目镜(靠近眼睛一方的透镜)。这是一台很大的显微镜,镜筒的直径有 5 厘米多,镜筒的长度有 40 多厘米。这台显微镜十分简陋和粗糙,而且很难辨认实物的明显界限,影像朦胧不清。

1666 年,英国的胡克制造出一台显微镜。这台显微镜使用了两片凸透镜,原理和詹森的显微镜相同。为了清楚地观看要了解的物体,胡克想出了在物镜下面另外安装凸透镜用以聚光的方法。他还进一步使用了近于球形的凸透镜来提高倍率,但是这样一来,通过透镜的物体影像上产生了色纹(即色差)。后来,他通过实验发现,使用两片贴在一起的透镜就能够消除色纹。胡克用这台显微镜发现了软木的细胞,并且清楚地观察到了蜜蜂的小针、鸟的小羽毛等。

1673 年,荷兰有一位名叫列文虎克的老工人,他是市政大楼的守门人,在工作之余,爱好磨制光学透镜,无论多么小的镜片,他都有耐心磨好。列文虎克将磨好的镜头装配成各种各样的显微镜细心观察身边一切微小的东西,如苍蝇头、毛发等。有时,他由于过度疲劳,常常两眼充满血丝,感到头晕眼花,但是,微生物界里的奇景却把他紧紧地吸引住了。他毫不懈怠,拼命地进行研究,终于做出了自己的显微镜。

列文虎克装配的显微镜,有的能放大 150 倍,有的能放大 270 倍。在他的显微镜下,一条苍蝇腿有一棵树那么粗,并能观察到蝌蚪体内的血液循环情况及牙齿上食物残渣中的生物。

有一天,列文虎克用显微镜观察污水。显微镜下出现了一个奇异的世界:微小的生物奇形怪状,十分活跃。这就是后来被人类征服的大敌——细菌。

经过100多年的不断革新,性能良好的显微镜不断出现。对显微镜改革功绩卓著的是德国的蔡司和他的合作者阿贝。研究新的显微镜必须有新的玻璃。于是,1882年,他们研制出特殊的光学玻璃。不久,成立了卡尔·蔡司公司,制造显微镜、望远镜和照相机等,一度成为世界上最大的光学仪器公司。由于消除种种像差的研究以及光学玻璃性能的提高,因而能制造出比以前的倍率高1 000~2 000倍的显微镜。

光学玻璃透镜在显微镜里的作用是有限的,它的最高放大倍数是3 600倍。因为许多比细菌小得多的物质,如“病毒”、分子、原子等实在太小了,都达不到1/5 000毫米。1932年,德国的卢斯卡和包利斯发明了能观察到病毒的电子显微镜。这是用电子的移动代替光的显微镜,能比普通的显微镜放大几十倍进行观察。由于发明了这种电子显微镜,因而构造不清楚的癌细胞和其他病原体也能被清楚地看到。

今天,显微镜的品种越来越多,如高温显微镜、颜色显微镜、激光显微镜等,显微镜成为真正明察秋毫的工具。

发明电报机的画家——莫尔斯

随着近代资本主义生产力的迅速发展,贸易交往急剧增加,金融情报、军事情报需要迅速传递。古代马拉松长跑式的传递方法已经过时,运用近代火车、轮船传递消息一般要几天,甚至几个月,这同样远远跟不上形势的需要。人们渴望找到更加迅速的传递信息的办法。当电登上科学舞台时,便立刻引起了人们的关注。人们自然想到:能不能利用电来快速传递信息呢?

1794 年,法国人克拉德·恰培兄弟发明了最早的电信机,并曾在卢森堡和巴黎使用。1809 年,比埃隆解剖学家索美令改进了西班牙人撒瓦发明的电信机,但未得到实际运用。实用电信机是利用电磁作用原理制成的,由安培提出方案。1832 年,俄国化学家西林做了实验。1833 年,德国科学家高斯和韦伯也研究过用电来报告消息——电报,并且在他们的实验室之间架设起了电报线。他们商定了一种密电码,用磁针的偏转来传递信息。

真正为远距离通讯开了第一炮的人并不是一位科学家,而是一位地地道道的画家。他对电学知识和机械知识一窍不通,而且他开始研究电报时已进入不惑之年,一件偶然的事改变了他的后半生。

1832 年 10 月的一天,美国画家莫尔斯搭乘一艘从法国的勒阿弗尔出发、横渡大西洋驶往美国的"萨丽"号邮客轮。在船上,他遇到了一位名叫杰克逊的物理学家。在漫长的航程中,杰克逊做了许多电学实验,有一个实验深深吸引了莫尔斯。只见杰克逊手里摆弄着一块马蹄形的铁块,上面绕着一圈圈绝缘铜线。杰克逊使铜线通上电,那些撒在马蹄铁附近的铁片立即被吸了过去,电流终止,铁片就掉了下来。尽管莫尔斯当时对电学知识一窍不通,但杰克逊的这个电磁感应实验却点燃了他心中的发明之火。他想:"电线通电后产生了磁力,如果利用电流的断续使磁石的针做出不同的动作,把动作编成符号,岂不是一种很好的通讯方法吗?电的速度又特别快,二者结合起来,一定会成为理想的通讯工具。"

回到美国后,莫尔斯开始走上了科学发明的崎岖道路。他白天在大学里教绘画,晚上利用业余时间一面刻苦学习有关知识,一面充满信心地进行试验。他的画室变成了实验室,画架、画稿没有了,电线、电池、刀、斧、锯、钳、锤、锉等却应有尽有。为了节约时间,莫尔斯甚至不出去吃饭,集中全部业余时间进行实验研究,饿了啃一块面包,渴了喝一杯咖啡,累了就在实验室睡一会儿。

1835年底,莫尔斯终于用旧材料制成第一台电报机。发报机的结构是:先把凹凸不平的字母版排列起来,拼成文章,然后让字母版慢慢地触动开关,得以持续地发出信号。收报机的结构则是:不连续的电流通过电磁铁,牵动摆尖左右摆动的前端,它与铅笔连接,在移动的纸带上画出波状的线条,经译码便还原成电文。莫尔斯的第一台电报机只能在2~3米的距离内有效。收发两方距离大,电阻就相应增加从而导致设备失灵。这显然要进一步加以改进。

莫尔斯请一位年轻的发明家贝尔同他一起攻克难题。经过努力,他对电报机做了改进:将字母式自动发报机改为手按的键,收报机上出现的信号由波形线改变为点和划,点和划的符号一般叫"莫尔斯符号"。

1837年9月4日,莫尔斯终于造出了一台新的电报机,并且能够在500米范围内有效地工作。这台电报机的发报装置很简单,就是一只电键,按下它便有电流通过,按的时间短促便是"·"信号,按的时间长便是"——"信号。用这种点、线进行适当的组合,就可以代表全部的英文字母。收报机的结构主要是一只电磁铁,当有电流通过时,便产生磁性,由电磁铁控制的笔就在纸条上记录下"·"和"——"。译电员将这些符号译成相应的字母,这样,文字就能够通过导线传送了。

可以实际应用的电报机制造出来了。莫尔斯打算在华盛顿和马里兰州的巴尔的摩两个城市之间架设一条40公里的实验性电报线。为此,他特向美国国会提出了3万美元实验经费的申请。可国会议员们没有认识到电报的重要性,拒绝了他的请求。

1843年3月,美国国会经过激烈辩论后通过议案:拨款资助莫尔斯的实验并着手建造一条华盛顿与巴尔的摩之间的电报线路。莫尔斯的发明事业有了根本性的转机。

1844年,华盛顿和巴尔的摩间长距离的电报线路设置完毕。5月24日,华盛顿举行了通报典礼,莫尔斯用激动的手指向70公里外的巴尔的摩发出了人类历史上第一份长途电报:"上帝创造了何等的奇迹!"

在政府机关、厂矿企业和大公司电报很快代替了其他通讯工具。随着形势的发展,电报事业在世界范围内蓬勃发展起来。电报在快速传递信息上发挥了巨大作用。

贝尔的“顺风耳”

1876 年,美国费城举行了一次盛大的博览会,会上展出了当时世界上新发明的产品,在一间陈列室里,陈列着一个怪模怪样的东西,好像一股导线系个哑铃。几乎没有人对这个东西感兴趣,在展出的一个多月里,竟没有人注意到它的存在。有一天,巴西皇帝佩德罗二世亲临参观,他意外地看到了这东西。年轻的发明家贝尔走上前请他把话筒放到耳边,而自己却跑到远处讲话,佩德罗听到贝尔的声音惊叫了起来:“我的上帝! 它说话了。”贝尔告诉佩德罗,这是 Telephone——电话。从此,电话和贝尔的名字一同远播四海。

电话虽然是贝尔发明的,长距离间通话的设想却早已有之,并且有不少人作过这方面的尝试。有线电讯在 1830 年就获得应用。1888 年赫兹发现了电波,他通过放电发生电波的试验观察到电波的影响和变化。在实现传递电讯号之后,人们进一步关心人与人之间的直接通话。1816 年,德国一位教师赖斯发明了最原始的电话机,通话试验是成功的,但由于通话距离太短而没人使用。赖斯在被肺结核夺去生命的最后时刻,十分遗憾地说:“我只好让别人继续进行这项工作了。”去世时他只有 40 岁。

1874 年,美国发明家格雷首先设计了一套“情侣电报装置”,他使用两个罐头盒,每只盒子底部用一条绷紧的绳子联结起来。当一个人对着一端的罐头盒讲话时,振动便通过绳子传达给另一端。这个实验使格雷认识到人的声音由各种不同频率的音调构成,如果能设计出合适的发话器,再把声调变成电的讯号,传递后再在另一端变为话音,这不就实现了远距离通话吗?

格雷的设想虽好,但是实现它并不容易,这个艰巨的任务落在另一个发明家贝尔肩上。贝尔 1847 年生于英国爱丁堡。他从小就很爱动,喜欢拆装一些玩具和解剖小动物。十六七岁时,他还设计过省力的水车。后来,他考入了爱丁堡大学,毕业后又进了伦敦大学研究声学。之后他到了美国,加入了美国籍,在波士顿大学任语音学教授。当时,电报刚发明不久,人们对电的作用产生了强烈的印象。贝尔从电报装置得到启示,决心把格雷的设想变为现实——实现远距离通话。

1875 年 6 月 20 日,贝尔仍像往日一样从事“多工电报”,即一根电线上同时传送几份电报的研究。他让助手华特生看管发送机,让电磁一个接一个地振动起来。他自己在隔壁房间,把接收机放在耳边听,逐一调整它们的弹簧。突然,贝尔从接收机中听到一阵轻微的噪音。原来是发送机里的一个弹簧突然不振动了,用劲扳动它,电路还是不能断开,而磁化了的钢条都在磁铁前振动着。

这个偶然发生的现象触发了贝尔的灵感:如果能制造出一种可随声音强弱而变化强度的电流,然后使这个波动电流通过导线传到另一端的接收机上,再通过薄膜的振动把这种电信号还原成声信号,人们不就可以通过导线通话了吗?贝尔根据这个设想,开始和助手华特生一起反复研究、试验电话机。他们把自己的住所当成实验室,把电线从房间的一头拉到另一头,在电线的两端装上仪器。他们对着各自一头的仪器喊话,可是,要么听不到声音,要么听到的声音就是通过走廊传来的,没有声音从仪器里传过来。贝尔并不气馁,经过不断改进之后,贝尔的电话机趋于成熟了。

贝尔的电话机由一个悬置在线圈附近的金属振动膜构成,线圈绕在磁铁心上。当声波碰到送话器里的振动膜时,膜的运动便引起穿过线圈的磁场的变化,因此引起跟声音相应的电流变化。变化的电流通过受话器的线圈,引起磁场的相应变化,使受话器的薄膜发生相同的振动,重新产生出原来的声音。

1876 年 3 月 10 日,贝尔和助手华特生一起传送由振动金属簧片产生的曲调时,他敏锐而训练有素的耳朵听出曲调的和声也得到了传送。他意识到谈话中的和声也能通过电话传送。在作了一些调整之后,他隔着几个房间对着送话器叫他的助手:“华特生,过来——我等你。”这便是用电话传送的第一句话。随后,贝尔就此申请了专利,从而取得了电话的垄断权。

不久,贝尔电话公司成立,当时的电话体积大得惊人,像个大箱子,发话人必须大声喊叫,而且只能在小城市范围内通话。更加不便的是,当时一部电话只能和一个用户通话,实际上就是专线电话。

开发和完善电话技术的任务落在了大发明家爱迪生身上。爱迪生对贝尔的电话结构进行了革命性的改造,用碳粒接触来控制电流强度。同时,华特生又增加了磁性电铃和制造了交换台设备。这样,电话才逐步完善。

1948 年以来,晶体管逐步取代了继电器和其他通讯装置。1960 年,科学家发明了按键号盘,使用晶体管发生音频。此后,激光作为载波源的激光电话和代替主人回话的记录电话等技术不断发展,电话成为现代生活中不可缺少的工具。

电波征服了地球

莫尔斯发明的有线电报和贝尔发明的电话开创了电学通讯的新纪元。但是，因为它们都离不开导线，无法满足所有的通讯要求，如在沙漠地带、沼泽地和原始森林地区，根本就无法架设电报和电话线路，特别是对于日益发展的海上交通运输需要来说，它们更显得无能为力。人们多么希望能把有线电简化成无线电，省去电线电缆，使信息能长出一双无形的翅膀，飞过高山，越过大海啊！

1887 年，德国著名物理学家赫兹在实验室内做火花放电实验，一个奇异的现象引起了他的注意：每当放电线圈放电时，在附近几米外另一个开口的绝缘线圈中竟会迸发出一束小火花。这立即使他想起了英国物理学家麦克斯韦的电磁理论：这跳跃的小火花是不是意味着电磁波在空间传播呢？

赫兹精心设计了一个实验：在一间漆黑的实验室里，将检波器放在离电磁波发生器 10 米左右的地方。当发生器通电后，适当调节检波器的方向，检波器的两个小铜球之间就会迸发出一束很小的蓝色火花，这说明发生器发射出来的电磁波确确实实被检波器接收到了。

但赫兹没能进一步去探索电磁波的应用，他在给一位工程师的复信中直截了当地否认了利用电磁波实现无线电通讯的可能性。他没有意识到，自己手握科学的钥匙却未打开无线电发明之门。

可是，有两位年轻人却从赫兹实验的小火花中看到了其实际应用的广阔前景，并信心百倍地投入利用电磁波进行通讯的研究。

其中一位是俄国的波波夫。1889 年的春天，当时在一所军事学校里教书的波波夫在参加一次理化协会的例会时，看到了赫兹实验的表演。波波夫并不同意赫兹"电磁波无用"的观点，他认为将来的电波也可能像光波一样在天空中传播。为此，他经过几年的不懈努力，在 36 岁时制造出了第一台无线电接收器。

1895 年 5 月 7 日，波波夫在彼得堡举行的一次科学会议期间，向代表们演示了这台仪器。在演示的过程中，无线电接收器成功地接收了由雷电产生的电磁波。紧接着，波波夫又对其加以改进，研制了一套可以真正用于通讯目的的发射机和接收机。

1896年3月24日,波波夫在250米的距离内发出了世界上第一份无线电报,接收机上一个莫尔斯记录器将其记录了下来,电文是:“海因利茨·赫兹”。波波夫就这样以最好的形式肯定了这位发现电磁波的先驱的功绩,而他自己则可称为无线电通讯研究的先驱。

然而,世界上第一个把电磁理论转变成电讯技术,并使之实用化的人应该是意大利青年马可尼。1894年的一天,勤奋好学的马可尼偶尔看到了赫兹写的一篇关于电磁波实验的文章,于是对赫兹的实验产生了兴趣,并积极探索无线电通讯的道路。

马可尼思考道:如果电火花能在一个房间里从一台仪器传播到另一台仪器,那么为什么不能使大一些的电火花所引起的波动传播到更远的距离,以引起另一个电火花呢?是否可以让它携带信息越过田野、城市,穿越一个国家、一个大洲甚至一个大洋呢?是否可以通过长、短电火花,用莫尔斯的电码来发信号呢?这一连串的问题犹如“电火花”一般,搭起了科学发现与实际应用之间的桥梁,迈出了发明无线电通讯的第一步。

思索数日后,马可尼在院子里竖起一根竹竿,拉起天线。发射信号的天线一极和感应线圈相系,另一极接地,接收信号用的天线和粉屑检波器相连。就是用这种粗陋的装置,马可尼连续进行了几个月的试验,最终成功地接收到140米外发出的无线电信号。

1895年9月,马可尼进行了一次非常富有戏剧性的实验:他试图在发射机和接收机之间隔着一座山、互相看不见的情况下传送信息。结果山那边弟弟的猎枪响了,响声在山谷回荡,传来成功的消息。

这一试验的成功激励着他继续研究。试验一次接一次,无线电接收的距离不断延长。1895年,他完成了2公里距离的无线电通讯。1897年,他成功地进行了12公里距离的通讯。1899年3月,他出色地完成了英国和法国海岸间相隔45公里的无线电通讯。

无线电短距离传送的成功并不是马可尼的最终目的,他在少年时期就曾确立目标——将电讯号送过大西洋,让它绕行全世界。但是,他的想法引起了科学界的怀疑,人们认为这是不可能的,理由是:地球是球形的,电磁波是直线传播的,它最多只能到达与地面成正切的范围之内,不可能被地球另一面的人接收到。马可尼不理睬他人的怀疑和反对,鼓起勇气,加紧制造更强有力的振动器和更灵敏的接收器,为远距离无线电接收试验作充分准备。

1901年冬,马可尼亲赴美国,同他在英国的助手进行无线电横跨大西洋的试验。12 月 12 日，马可尼坐在纽芬兰圣约翰斯港海岸的一座钟楼内，放起高达 400 米的风筝作天线，手中握着电话听筒，并将其靠近耳朵，两眼看着波涛怒吼的大西洋，期待从彼岸传来的无线电信号。这次试验非同寻常，它凝聚着马可尼的全部心血，实验成功与否，将决定他从事这一事业的前途。这次无线电收发报试验，规定通信联系的时间是纽芬兰时间 12: 30。这一时刻即将来临，马可尼把听筒紧紧贴在耳朵旁，紧张地聆听着。突然，3 声微小而清晰的“滴答”声在马可尼耳畔响起。千真万确！这正是他们事先约定好的信号，它相当于莫尔斯信号的 3 个“点码”，也即“S”字母。马可尼异常激动，连声叫着“成功了！成功了！”从英国发出的“S”字母信号直上电离层，然后折射下来，越过大约 3 700 公里宽的大西洋被马可尼接收到了。

这个令人激动的消息传遍欧美各地，各家报纸都以特大标题登载：“电波征服了地球，横跨大西洋的无线电报发明成功！”

马可尼无线电技术首先被应用于船舶航行通讯上。1912 年，泰坦尼克号豪华巨轮沉没，依靠无线电通讯技术及时呼救，拯救了一大批旅客的生命。此后，各国用法律形式规定船舶上必须配备无线电通讯设备。

因为发明无线电报及其对发展无线电通讯所作出的功绩，35 岁的马可尼荣获了 1909 年度诺贝尔物理学奖，成为誉满全球的伟大发明家。

会讲话的机器

爱迪生在一条上蜡的纸带上用莫尔斯电码记录消息，以便以后高速发送，这时他发现凸凹纸迅速地擦过撑在上面的弹簧，发出了乐曲般的声音。突然，一丝灵感闪过，他把这种声音跟当时刚发明的电话的声音联系起来了。

1877年，爱迪生在发明电话的过程中发现，传话器的膜版会随着说话声音而产生相应震动。为了探索这种震动的程度，他找了一根短针，一头竖在膜版上，一头用手轻轻按着，再对准膜版讲话。他的手指感觉到短针在颤动，话音高，针颤动快，反之则慢。

爱迪生反复试验了几次，结果都是这样。善于思考的爱迪生认为说话的声音能使短针颤动，那么反过来，这种颤动也一定能发出原先说话的声音。他认为，跟一根短针连在一起的送话口的振动膜，会刻画出一种图案；连在受话器振动膜上的另一根短针能够进行解码。

用什么材料来记录声音的震动呢？爱迪生经历了80个日日夜夜的思索和研究，他在1877年7月18日的日记中写道：我用一块有尖端突出的膜版，对着急速旋转的蜡纸，话音振动非常清楚地刻在蜡纸上。这证明将人的声音贮存起来，日后需要时再随时自动放出来是完全可以做到的。

1877年8月12日，爱迪生把这种能说话的机器命名为“留声机”。12月6日，他设计了一台“留声机”，并让他的机械师克鲁西把机器造出来。信息用一根唱针刻在锡箔的圆筒上，用一个螺杆使唱针绕着圆筒转动，然后把这根唱针取掉，把连在听筒上的第二根唱针放在“唱片”上，使信息得以复制。《玛利有一只小羊》是1877年制作的第一张留声机唱片。从那时候起，问题便集中在研究增加复制能力和准确性上，以期用电开动机器和放大唱针的振动。

留声机的发明在整个美国引起了震动。美国著名科学杂志《科学的美国人》以《当代最伟大的发明——会讲话的机器》为题详细报道了爱迪生的这一发明。要求参观的人如潮水般涌来，爱迪生在门罗公园作了一次公开表演。接着，他还在美国科学院大礼堂为全美知名学者作演示，其盛况是美国科学院成立以来从未有过的。

1878年6月，爱迪生在为《北美评论》撰写的《留声机及其未来》一文中，对留声机的作用作了如下评述：它无需记录员进行听写，有辅导盲人学习，教习发音、朗读和演讲，进行音乐欣赏、家庭录音、教学辅导和作为电话附件等功能。

20 世纪 30 年代，爱迪生发明的留声机被铜丝录音机取代，到了 50 年代又出现了磁带录音机。

磁带录音机的工作原理是：利用声音的振动产生磁性，储藏在磁带中；复原时，使磁又复合成声音振动。一般录音机磁头是铁镍合金，消音磁头用铁氧合金，而磁带一般则用铁铬合金涂层。

然而，录音机真正进入千家万户并淘汰留声机是在 20 世纪 60 年代末。当荷兰菲利浦公司在盘式录音机的基础上发明了走带构造后，盒式录音机才开始普及，成为家家户户的日常生活用品。

开辟电照明时代

灯是人类征服黑夜的一大发明。19世纪前,人们用油灯、蜡烛等来照明,直到发电机诞生,人类才能用各式各样的电灯来驱走黑暗,使黑夜变为白昼,使人类活动的时间范围扩大,为人类赢得更多为社会创造财富的时间。

真正发明电灯使之大放光明的是美国发明家爱迪生。爱迪生1847年2月11日生于美国俄亥俄州米兰镇的一个农民家庭。他很小就跟着父亲在田地干活,幼年时就勤学好问,喜欢思考。他听到母亲讲火的故事后,竟大胆地在屋内放火实验;他想弄明白母鸡如何孵小鸡,就一大早带着面包坐在鸡笼旁边观看,还学着母鸡的样子把鸡卵放在怀里等待小鸡孵出来。他的全部学校教育虽然只有小学三个月的程度,但他是一个异常勤奋的人。他刻苦自学,喜欢做各种实验,制作出许多巧妙的机械。他对电器特别感兴趣,自从法拉第发明发电机后,他就决心制造电灯,为人类带来光明。

爱迪生从事科学研究工作的热情非常高,为了发明电灯,他常常连续工作二三十个小时。实在太累了,就用书当枕头,在实验室里睡一会,有一次他和助手们接连五天五夜未合眼。

爱迪生不怕失败,善于总结前人的失败经验,大胆试验。他将1 600多种耐热发光材料逐一试验下去,发现白金丝的性能最好,但白金价格贵得惊人,必须找到更便宜的材料来代替。1879年,几经实验,爱迪生决定用碳丝作灯丝。他把一截棉丝撒满碳粉,弯成马蹄形,放到坩埚中加热做成灯丝,然后放到灯泡中,再用抽气机抽去灯泡内的空气,电灯亮了,而且竟连续使用了45个小时。这样,世界上第一批碳丝的白炽灯问世了。

之后,爱迪生再接再厉,又接连用了6 000多种植物纤维做实验。最后他又选用竹丝,通过高温密闭炉把竹丝烧焦,再加工,得到碳化竹丝,将其装到灯泡里,再提高灯泡的真空度,这一次电灯竟连续亮了1 200个小时。

1909年,美国柯里奇用钨丝代替碳丝,使电灯效率猛增。从此,电灯应用跃上新台阶,日光灯、碘钨灯等如雨后春笋般登上照明舞台,各种节能灯具也层出不穷,将世界装扮得五彩缤纷、耀眼夺目。

开辟火车时代的人

18 世纪以前,世界上用于生产的动力主要有水力、风力和畜力等,这对发展生产造成了极大的限制。1769 年,瓦特发明了蒸汽机,这使蒸汽动力应用于陆地运输成为可能。

1803 年,英国的一位矿山技师特拉维西克造出了世界上第一台蒸汽火车。这种火车每小时可行驶五六公里,但在实际行驶中经常发生零件损坏、出轨等事故,特拉维西克虽然进行了一些必要的改革,但事故仍然不断,这使他十分灰心。

英国人布兰顿和布兰索金普也在 1812 年进行过这方面的试验和研究,但也没有取得成功。

1781 年,斯蒂芬逊出生于英国北都产煤区纽卡斯尔的一个乡村里。父亲是一个煤矿工人,一家 8 口人靠父亲一人挣钱过活,生活非常贫困。斯蒂芬逊 8 岁起就给别人家放牛,14 岁进煤矿干活,给蒸汽机司炉当助手。他非常喜爱机器,特别留心研究蒸汽机的构造和工作原理,回家后常用泥巴、草棍等进行仿制。

有一天,煤矿里的一部机器突然坏了,机械师们修理了很长时间也没有修好,结果,斯蒂芬逊竟然把机器修好了。他通过刻苦学习和钻研,很快便由一个烧火的学徒工当上了水泵工和蒸汽绞车动工,22 岁时任机械修理匠,31 岁时升为煤矿机械工程师。

当上了工程师后,斯蒂芬逊接触机器的机会更多了。他熟悉蒸汽机性能之后,便开始研制火车。斯蒂芬逊认真总结了前人的经验教训,开始的时候他从改革特拉维西克的机车着手,改革后的机车体积变小了,而且牵引力也显著提高了。

1814 年 7 月 25 日,斯蒂芬逊制成了世界上第一辆火车。火车拖着 30 吨重的 8 节煤车,以每小时走 4 英里(每英里约 1.6 公里)的速度奔跑于坎林沃斯煤矿到港口之间的 9 英里长的轨道上。

这辆火车与马拉的货车相比,运输效率提高了,可是它的样子很难看,行走起来震动得很厉害,容易把铁路震坏,而且速度也不快。同时,火车工作起来声音特别大,周围农村的牛马被这刺耳的怪声吓得惊慌失措,因而遭到农民们的抗议，有人竟然威胁斯蒂芬逊说："你如果再不解决这吓人的怪声，我们就要采取行动，彻底砸毁你的机车！"

斯蒂芬逊并未灰心，他不断排除困难，改进他的机车。有一天，他突然想到：如果把喷出的蒸汽用管子引到烟筒里去，说不定会减少声音！这虽然是一个偶然的想法，可意想不到的是，改装后的机车不但声音变小了，而且牵引力也大大提高了，真是一举两得，这完全出乎斯蒂芬逊的意料。蒸汽引进烟筒，促使气流循环更好，煤火燃烧更旺，蒸汽大大增加，结果使牵引力猛增。斯蒂芬逊利用这一关键性的发现，重新改进了自己的机车。

1823 年，斯蒂芬逊被聘请担任斯托克顿到达林顿铁路建筑公司总工程师。这条铁路是英国第一条公用铁路，总长约 30 英里。1825 年 9 月 27 日，斯托克顿车站人山人海，斯蒂芬逊亲自驾驶自己制造的世界上第一列旅客列车，牵引 38 节车厢，载着 450 名乘客，以每小时 15 英里的速度"轰隆、轰隆"地向达林顿方向驶去。前来观看的人们激动不已，热烈欢呼人类运输史上这一伟大的新开端。

1830 年英国利物浦到曼彻斯特的铁路通车，斯蒂芬逊设计制造的著名的"罗开特"型机车开始在这条铁路上运行。在"罗开特"型机车的设计和制造中，斯蒂芬逊把气缸里排出的废气引入烟筒，促进锅炉的通风和燃烧，而且使用火管锅炉，机车效能良好，牵引力加大，最快时速达到 29 英里。

自从利物浦至曼彻斯特的铁路通车后，在英国和其他资本主义国家兴起了一股修建铁路的热潮，火车逐渐风行起来，蒸汽火车正式成为陆上运输的重要工具。

美妙的幻境

人的眼睛接受光线照射时，在光消失后的0.05秒到0.1秒之间，仍有光感，这就叫做眼睛的余象。1765年，法国达赛进行的实验表明，以每秒8周以上的速度旋转火炬时，人们看到的是火环。1830年，英国的霍纳制成一种玩具。这种玩具在长长的横幅纸上以同等间隔顺序排列动作稍有变化的人物或动物动作图像，再将横幅贴在直径约30厘米的圆筒内侧下端，在圆筒上面有与画面间隔相同的窗口。在旋转圆筒时，从窗口看来，好像画中的人物或动物在运动。人们观察到的这种现象，成为电影产生的科学基础。

但要发明电影却不那么简单，首先，要把运动物体的瞬间姿态拍摄下来，而且胶卷质地要薄而软，易于固定在放映机上；其次，要发明能把胶卷画面一格格放映在屏幕上的电影放映机。

电影摄影机的产生是十分偶然的。1872年的一天，在美国加利福尼亚州的一家酒店里，斯坦福与科恩两人就马奔跑时蹄子是否都着地打赌，可是谁也不能判断快速奔跑的马蹄是如何运动的。刚巧，英国摄影师麦布里奇在美国工作，当他知道这件事后想通过照相进行观察。他在跑道的一边安置了24架照相机，将它们排成一行，相机镜头对准跑道；又在跑道的另一边打了24个桩，每根木桩上都系上一根细绳。这些细绳横穿跑道，分别系到对面每架照相机的快门上，当马跑过时，依次把细绳拉断，打开快门。这样，麦布里奇成功地把马蹄的运动姿态清晰地拍在了24张分解照片上。当快速牵动这条照片带时，结果发现各张照片中那些静止的马叠成一匹运动的马，马竟然“活”起来了。后来，法国人马雷用一块干版拍摄了12张连续的照片，再后来又采用千分之一秒的快速曝光在纸片上拍摄了120张连续的照片。他的工作受到了爱迪生的关注。

那时，爱迪生正在设法给新近发明的留声机加上图像。1889年，他找来得力助手狄克逊，成立了第五实验室，准备发明电影。他想到，把照片印在透明的长带上，可以记录更长的动作。1885年，美国的古德温发明了赛璐牌胶卷，这种胶卷透明、轻巧而又耐用。爱迪生立即把这一胶卷应用于电影。于是，他首先制造了一种摄影机，这台机器能用胶卷连续一分多钟拍摄分解运动的照片。

1893 年,爱迪生和狄克逊费了一番心血后,终于发明了放映机。它的形状像长方形柜子,有 1 米多高,上面装有一只突起的透视镜,里面装有蓄电池和带动胶卷的设备,胶片绕在一系列纵横交错的滑车上,以每秒 46 幅画面的速度移动。影片通过透视镜的地方,安置一面大倍数的放大镜,观众从透视镜的小孔里看时,急速移动的影片便在放大镜下构成一幕幕活动的画面。在芝加哥召开的国际博览会上,爱迪生展出了放映机,受到人们的欢迎。只要向其中投入硬币就能自动放映 30 秒。人们争先恐后,先睹为快。

美国的詹金斯看到爱迪生的放映机后,想把画面投映在屏幕上,但必须找到一种获得间歇运动的方法。因为影片不断地运动是毫无用处的,必须在一秒钟内停止和启动 12 次,使每一幅画面正好在快门打开时停下。爱迪生发明的放映机,胶片像流水似的运动,詹金斯在胶片的两侧穿上一连串的小孔,卷绕装置的爪插入孔中进行拉引,当一格格的画面处于透镜正面时,使之瞬间停留,这时快门打开并立即关闭。这样,放映的图像就更加清晰。

最先真正成功解决放映画面的是法国的卢米埃尔兄弟,他们制成的放映机宣告了电影的真正诞生。

1895 年 12 月 28 日是令人难忘的一天。那天下午,巴黎的一些社会名流应卢米埃尔兄弟的邀请,来到一家咖啡馆里。不一会儿,电灯熄灭了,人们在黑暗中目不转睛地盯着前面的白布。白布上,一辆精致的马车由三匹高大的马拉着,迎面向人们“飞奔”过来。观众骚动起来,几位胆小的妇女赶紧从座位上站起来,要给马车让路,可是马车很快就拐了个弯儿,从白布上消失了。这时她们才意识到,这并不是真正的马车,于是又重新回到座位上。忽然,白布上又下起了瓢泼大雨,有的人竟不自觉地急忙撑起雨伞来。人们对白布上出现的各种生动、逼真的形象和动作,不时发出惊叹和欢笑声。主持放映的正是卢米埃尔兄弟,放映的影片是《工人放工回去》。由于这一天是世界上第一次成功放映电影的日子,因此被看做电影时代的正式开始日。此后,电影随着科学技术的进步而不断发展,从无声到有声,从黑白到彩色,从一般银幕到宽银幕,从平面到立体……电影在传播文化和科学知识上起着重要的作用。

汽车之父——本茨

我国是发明车子最早的国家，据说世界上第一辆车子，就是夏禹时一位巧匠奚仲发明的。之后，马车运输一直在中国占有重要的地位，但并没有多大的发展。大约在中世纪，马车传入了欧洲并获得了很快的发展。

马要吃草，还要生病，力气也不是很大，而且马随地撒尿拉屎，给城市清洁带来不利因素。显然，马车作为交通工具并不是最理想的选择，尤其是在城市里。于是，就有人想寻找一种机器来代替马来拉车。汽车就是在这种愿望的驱使下诞生的。

最早的汽车是用蒸汽机作动力的。1770 年，法国人居纽设计制造了一辆"不用马的马车"，就是用蒸汽机作动力的载重车。它的体积很大，有 4 个轮子，开动起来速度非常慢，每小时只能走 3.5 公里，跟普通人走路的速度差不多。可由于蒸汽机的重量很大，这辆车的载重有 5 吨之重，操纵起来很困难。居纽将它驶上大街，竟屡屡发生碰人和撞墙的事。

用内燃机作为汽车动力是 1860 年由法国人勒努瓦实验的，但没有成功。主要问题是燃气发动机的体积过大，而且热效率低。首先将发动机技术用于汽车工业上的是德国人达姆勒尔和威廉·迈巴赫。他们把发动机安装在两轮车上(最早的摩托车)做试验，其时速可达 12 公里。

1878 年，德国工程师奥托经过无数次失败后，终于发明了用煤气作燃料的内燃机。这是一个重大的发明。这种机械虽然力量比蒸汽机小，但体积小，且不用烧煤供水，使用起来很方便。它开动时不需要复杂的联动装置，控制启动和熄火都非常便利。一位叫兰根的机械师对奥托的内燃机非常感兴趣，便和他合伙开办了一个制造工厂，几年后正式定名为"德意志煤气发动机公司"。这家公司聘请了专门研究发动机的本茨担任总工程师。

1844 年，本茨出生于德国的卡尔斯鲁厄。1860 年至 1864 年，他在卡尔斯鲁厄技术大学学习机械工程学，曾在几家机械厂工作。他对汽车的设计研究，不仅仅着眼于发动机，而是从总体上考虑设计。1884 年至 1885 年期间，本茨把双座三轮脚踏车和按比例缩小的燃气发动机结合起来(一般人都认为这是不可能的，他却结合得非常好)。这种燃气发动机有一个净化器，能烧液体燃料，动力为四分之三马力，运转为四冲程循环，有点火装置。虽然它容易损坏，动力不足,但作为新生事物,其性能使本茨受到了鼓舞。他努力改进这种三轮车,提高发动机的功率。

19 世纪中后期,随着石油的开采和加工工艺的发展,以汽油为燃料的内燃机诞生了。这种发动机用起来更方便,这直接导致了真正意义上的汽车的诞生。

1886 年 1 月29 日,本茨把一台改进过的汽油内燃机装在一个有 3 个轮子的车架上,这就是世界上第一辆用汽油做燃料的真正的汽车。这辆车 1 小时能行驶 16 公里。

1879 年,本茨申请了专利,并建立了“本茨公司莱茵燃气发动机厂”。在国际博览会上,本茨夫人驾车行驶了 100 多公里,到达了预定的目的地。但是,当时人们把它看做“喝汽油的马”,认为它是一项体育运动设备。后来汽车受到军事部门的注意,计划利用它运送军队和给养。这件事以及后来的许多事实都说明,汽车、飞机、火箭、原子能等许多新技术几乎都首先在军事部门得到应用,而后才推广于民用。1888 年,在慕尼黑举办的机器展览会上,本茨获金质奖章,被称为“汽车之父”。

1892 年,法国人利法索尔对发动机作了许多改进,并将其设计成现代汽车的原型。但它还只是“无马的马车”,与火车竞争还有很大困难。汽车的竞争优势是 1910 年以后在美国人的努力下才显现出来的。

1903 年,美国“汽车大王”福特制造出一辆当时最好的汽车。这辆车重量轻,车身低,速度快。福特根据当时一班特快列车的车次,给他的汽车取名为“999”,并在一场 3 英里汽车竞赛中最终获胜。于是他下决心进行大规模生产,一个星期以后他创立了福特汽车公司。

福特不断努力降低汽车生产成本,使汽车的售价比一辆马车还要便宜,逐渐实现了大众化。此后,美国的汽车业迅速发展,成为汽车大国。

指地成钢

我国的《封神演义》是一部深受群众欢迎的神话小说，书中设想的“指地为钢术”早已由幻想变成现实，这就是钢筋混凝土技术。今天，无论是高耸入云的摩天大楼，还是深邃莫测的地下工程；无论是岿然不动的拦江大堤，还是飞架南北的跨海大桥，都离不开钢筋混凝土。

混凝土一般是指用水泥、砂、石子和水按一定比例混合的建筑材料。广义的混凝土是指用胶合材料把碎片胶结成具有一定强度的混合物。从古老的黏土混凝土发展到现代概念上的混凝土，已经历了几千年的演变过程。

在远古时代，我们的祖先发现潮湿、松软的黏土经简单处理晒干后，会变得十分坚硬，于是就用黏土、草或秸秆调和起来建造房舍，这就是人类最早使用的黏土混凝土。在我国陕西省西安市发现的半坡氏族遗址上，许多围墙就是用这种混凝土建造的。公元前3600年左右，古埃及人把尼罗河流域所产的雪花石膏敲成小块，用火煅烧成熟石膏，然后用尼罗河河沙和水制成石膏砂浆砌筑了闻名于世的金字塔，使混凝土的强度又提高了一步。由于地球上的石灰石储量比石膏丰富，古代劳动人民试图通过高温煅烧石灰石制成石灰。约公元前2200年，我国古代工匠用石灰作胶凝材料，加土砂、黏土配制成石灰混凝土，修造了驰名中外的万里长城。

由于石膏混凝土和石灰混凝土不耐水，其应用范围受到一定限制，于是人们继续试制更好的混凝土。古罗马人和古希腊人通过试验发现，用磨细的火山灰沉积物与石灰、砂石混合能够制成高强度且能在水中硬化的混凝土。罗马人用这种混凝土建造了享有盛名的万神殿等建筑。

18世纪前后，资本主义迅速发展，工业、交通运输业和建筑业都对混凝土提出了更高的要求。1756年，美国工程师司梅顿发明了水硬性石灰，揭开了人类煅烧水硬性胶凝材料的序幕。司梅顿用这种混凝土建造了在狂暴海浪的冲击下依旧岿然不动的爱迭斯顿灯塔。1796年，罗马人派克用产于第三纪地层的黏土质石灰石炼制成罗马水泥。这种水泥在土木工程界盛行了近百年。

虽然水硬性石灰和罗马水泥的发明是建筑发展史上的一次飞跃，但由于这种水泥土是由天然的含有一定数量黏土的石灰石组成的，取材受到较大的限制，因而促使人们用人工配料的方法制造水泥并配制质量更高的混凝土。

1824 年，英国建筑工人阿斯普丁发明了一种新的制作方法，他把筑路的硬石灰石粉碎后煅烧，将所得的石灰与黏土混合，加水磨成细料浆，然后烘干料浆并在类似烧石灰的窑中煅烧，把所烧成的混合物磨成细粉。由于这种细粉的颜色与英国波特兰岛的波特兰石颜色相同，因此被称为波特兰水泥。波特兰水泥的发明，开创了胶凝物质材料和混凝土科学的新纪元，使混凝土这种人工石材在建筑史上大放异彩。

在波特兰水泥发明 32 年后的 1856 年，德国率先建起了水泥厂。1872 年，日本建起了水泥厂，随后矿渣水泥、矾土水泥、膨胀水泥等一系列新品种也相继问世。随着水泥品种的不断增加，与水泥孪生的混凝土也发展成为庞大的家族，有流体混凝土、膨胀混凝土、耐热混凝土、防辐射混凝土等数十种。混凝土的用途也越来越广泛，甚至被大量应用于原子能工程、宇宙开发、军事工程等高科技领域。

玻璃的历史

在日常生活和现代科学技术中,玻璃发挥着越来越重要的作用。明亮的窗子、挂在墙壁上的镜子、鼻梁上横架着的眼镜……这些都是玻璃的衍生品。随着科学技术的发展,玻璃品种与日俱增,令人目眩。

玻璃的发明经历了漫长的历史。在埃及的古代遗迹中发现了大约公元前3500年制造的玻璃珠。在公元前15世纪的埃及王吐特摩斯三世时期已能制造各种颜色的玻璃和有美丽花纹的瓶子。不过,当时的技术水平并不高,最早是在泥罐里熔制,温度烧不上去,熔炼出的玻璃是不透明的,而且颜色混杂、色调不一,玻璃质地不纯、薄厚不均。但那时的玻璃珠子、耳环、手镯、盛化妆品的瓶子等却被视为珍品。

公元1世纪初,古罗马人把原料放在窑里熔炼,温度大大提高了,熔制的玻璃液已从不透明变成透明的。他们用吹管把玻璃液吹制成各种形状的玻璃制品,如美丽精巧的花瓶、风格别致的酒杯和宝石般的装饰品。

到了中世纪,玻璃工业在意大利兴盛起来,其中以威尼斯最为发达。威尼斯玻璃制品样式新颖、别具一格,畅销欧洲乃至世界各地。其中许多玻璃制品精致细腻,价格十分昂贵,有的比黄金还要贵上几倍。为了垄断玻璃的生产和价格,威尼斯禁止原料外运,更不准玻璃工匠去外国传授技艺。

1291年,所有的威尼斯玻璃工厂全部搬迁到与威尼斯隔海相望的姆拉诺岛上。意大利当局给迁到岛上的数千名玻璃工匠以高薪,但严禁他们到其他地方或与他人会面,并规定对从岛上携带玻璃、泄露机密的工匠处以死刑。为了笼络玻璃工匠,当局甚至打破了威尼斯的社会传统,于1346年颁布法令,规定玻璃工匠的女儿可以和威尼斯绅士通婚,其后裔享受绅士阶层的一切特权。

但是,这种收买工人的手段并没有达到控制工人的目的。进入16世纪后,开始有玻璃工匠逃到岛外,分散到欧洲各地,逐渐把威尼斯的玻璃技术传播到各地。

当时,威尼斯玻璃工业靠收买和残酷迫害等手段赢得了世纪玻璃业之冠。他们制造的玻璃珠子极其精巧,小者米粒大,大者直径1~2厘米。珠子颜色奇特、光彩夺目,很难分辨同珍珠有什么差异;他们生产的高脚杯色彩迷人,上面装饰着各种精巧细腻的图案,做成鸟、象、狮、鼠等形状;他们生产的吊灯富丽堂皇、新奇雄伟。到18世纪末,威尼斯的玻璃业衰落下来,玻璃制品业的皇冠被捷克夺走。

从17世纪开始捷克的玻璃艺术品就活跃在欧洲市场上。捷克的玻璃制品不同于威尼斯的薄壁杯皿,多为厚壁的料器,并且采用大块无色透明玻璃制作,比较坚实耐用。因此,捷克取代威尼斯成为世界玻璃业之冠。1688年,法国的奈伏发现熔化的玻璃流到金属台上而成为玻璃板,他深受启发,从而发明了大块玻璃板的制造方法。

18世纪下半期和19世纪上半期英国工业革命的兴起和发展,使玻璃制造的方法也改变了,不再用木炭而是用煤做燃料,原来用的木灰和海藻灰也改用化学工厂生产的碳酸钾。

1790年,法国著名化学家卢布兰发明了新的碱灰制造法,并在巴黎郊外建厂生产。1861年,比利时的苏尔雅又发明了更先进的碱灰制造法。

1828年,法国玻璃工人罗宾发明了第一台吹制玻璃瓶的机器。但是,由于产品质量不高,没有得到推广。玻璃瓶的机械化生产,到20世纪初才开始发展起来。那时,英国的欧文斯发明了玻璃瓶自动成型机,每小时可生产2 500个啤酒瓶,从此机械生产逐渐代替了手工操作。

19世纪时出现了把玻璃拉成空心圆筒的机器,筒子拉成后,切成小段,再剪成薄板。后来,比利时发明家弗克设计出一种拉板机,经几十年的改进,发展成引上机,平板玻璃才开始大量生产。

1902年,美国人拉巴斯发明了把熔化的玻璃放在大圆筒里,使用机械边喷出边冷却来大批量生产平板玻璃的方法。从此,大批量生产平板玻璃就更容易了。1903年,美国著名的汽车大王福特决定利用自动化流水线生产汽车车窗玻璃。1922年,在底特律的福特汽车工厂中建立了磨光平板玻璃工厂。

美国的玻璃工业在20世纪飞快地发展起来,在平板玻璃、玻璃瓶罐以及其他玻璃容器方面都获得了发展,自动成型机械使种类繁多的玻璃制品都实现了规模化生产。美国跃居世界首屈一指的玻璃生产大国。

目前,玻璃工业已经逐步实现了机械化、自动化生产,玻璃工人坐在自动化控制室即可对生产过程了如指掌,而不必再像以前那样奔走在炉旁车间,忍受高温。

玻璃从诞生到今天,经历了5 000多年的历史,它作为材料科学上的一支劲旅,创造着令人惊异的奇迹。

三、现代部分

概 述

19世纪,科学技术获得空前而全面的发展,在工业化社会中的作用日益突出。不仅如此,科学技术于19世纪末呈现出由分门别类走向综合的趋势。这意味着一个新时代的到来。19世纪末20世纪初开始的现代科技革命,不仅带来了社会生产力的巨大飞跃,而且对社会各方面产生了广泛而深刻的影响。

现代科学技术发端于因X射线、放射性元素和电子三大发现而引起的物理学革命。人类打开了原子的大门,推动科学技术超越传统范畴,从而引起新的科技革命。伦琴、居里夫人、汤姆逊、爱因斯坦等都是这一时期的杰出人物。现代科技发展的历史轨迹大致为:从19世纪末20世纪初开始,科学首先进入革命的时代;物理学革命开发了新的能源,产生了众多技术成就,核能的利用是其中成功的例子之一;伴随着物理学革命并受其影响,生物学和医学的革命引人注目,遗传学也获得长足发展;同时,物理学革命又推动了化学、数学等基础学科的发展。

科学革命引起了技术上的革命。如果说19世纪末至20世纪20年代是现代科技发展的"萌芽"时期,那么,20世纪30年代则是发展的"开花"季节。科学技术不仅自身得到发展,而且被广泛应用,其技术成就特别巨大。"二战"结束后,战时技术迅速转为民用,火箭的实际应用、青霉素在救死扶伤中的重要作用都是非常具有说服力的。这些又刺激了以自动化、电子化和高分子化学化为特征的科技发展,产生了许多标志性的科技成果。比如,火箭技术推动了航天技术和材料科学等的发展。

在20世纪50年代发展的基础上,现代科学技术自60年代开始呈现出整体化的发展趋势。气象、地震、器官移植等科学技术得到了迅速发展。鉴于60年代工业迅速发展而产生的环境污染,环境科学应运而生,为保护地球这个人类的家园作出了巨大的贡献。同时,现代科技越来越向高度分化和高度综合的方向发展,产生了许多横断学科、综合学科和边缘学科等新兴学科,现代科技正以系统化、整体化的态势突飞猛进。

重新开放的“豌豆花”

1900 年，有三个人在科学研究的交叉点上相遇，他们虽然素昧平生，但都不约而同地分别发现了支配生物性状遗传的规律。这三个人就是荷兰植物学家、遗传学家德·弗里斯，德国植物学家柯伦斯和奥地利植物学家切马克。

这三位科学家各自独立地从事植物的杂交试验，并分别得到了“杂种分离律”等一系列科学结论。他们都以为自己发现了全新的东西，并准备于 1900 年发表这一成果。为了做好发表成果的准备，他们都查阅了以前的各种科学杂志，以弄清过去这一领域的研究状况。结果，他们三人不约而同地发现，在 35 年前出版的奥地利自然科学学会年刊上载有一篇署名孟德尔的令人惊奇的论文。文章表明，早在 1865 年，孟德尔就已经得出了与他们相同的结论。

他们三人都作出了正直而诚实的决定，没有把遗传学上的这一发现归功于自己，而是大声疾呼以期引起人们对孟德尔发现的重视，并把自己的研究成果作为孟德尔发现的新的证明予以发表。这件事成了科学史上的美谈。这使得从豌豆花杂交试验入手所得出的孟德尔定律为人们所了解，并且，透过该定律可以解释达尔文理论所不能解释的变异等问题。由此，孟德尔在生物学史上的重要地位得以确立，遗传学理论迅速发展起来。

孟德尔出生于 1822 年，奥地利人，他的父母都是园艺家，对各种植物很有研究，这对小孟德尔影响很大。1853 年，孟德尔从维也纳大学毕业后，来到马鲁布隆修道院，成了一名天主教神父，后来当上了修道院院长。

对于遗传问题，人类很早就有所关注和思考。我国自古就有“种瓜得瓜，种豆得豆”的谚语，还有“龙生龙，凤生凤，老鼠生儿会打洞”的说法，这些实际上说的就是遗传现象。1859 年达尔文发表《物种起源》后，进化论思想更加激发起人们探求生物进化规律和机制等问题的兴趣。达尔文本人虽然在生物进化形态方面作了深入的研究，而对其机制的探讨却很不够。在《物种起源》发表后不久，一种与达尔文的观察操作方法不同的精细的植物杂交实验出现了，这就是孟德尔的豌豆杂交实验。

孟德尔的实验是从 1857 年开始的，一共持续了 8 年之久。孟德尔利用修道院里的一块园地，栽培了许多植物，并做了许多杂交试验。他所试验过的植物有豌豆、龙头花、山柳菊、紫茉莉、菜豆、洋葱、玉米等。他在大量的植物培育中发现，豌豆花具有比较独特的构造，不等到花瓣张开，雄蕊上的花粉就会落到雌蕊的柱头上，由此完成授粉过程；而且豌豆花花瓣裹得很严实，不会让其他花朵的花粉有侵入的机会，这就给遗传研究提供了理想的条件，使杂交试验可以在严格的控制下进行。

孟德尔把具有不同花色、高矮、大小、圆周等外貌性状的豌豆种子进行杂交和回交。通过对实验结果的仔细观察和统计分析，他发现：子一代所有个体的性状呈现一致性，如红花与白花类型杂交都呈现红花；而子二代个体间的性状发生分离，即出现红花和白花，而且红花与白花之比为 3∶1。据此，孟德尔认为，遗传是粒子性的，在每一颗豌豆中都有这种粒子性因子的同源对子，产生对立性状的两个同源因子，一个是显性的，另一个是隐性的。因此在杂交子一代中，虽然隐性因子在某一株中是存在的，但由于显性对隐性的掩盖作用，只有显性因子性状才能表现出来。在子二代中，由于显性因子和隐性因子分别进入不同配子之中，而且相互结合的机会相等，所以就会产生四种组合，但其中只有一种组合是一对隐性因子的结合体，这就使显性与隐性之比出现 3∶1。由此，孟德尔得出两条重要的遗传定律，即分离定律和自由组合定律，并于 1865 年发表了《植物的杂交实验》一文。

遗憾的是，孟德尔的开创性研究成果在当时并没有引起人们的注意，以至于达尔文竟然没有读过孟德尔的这篇关键性论文，致使它在图书馆里默默无闻地沉睡了 35 年。

1884 年 1 月 6 日，孟德尔在修道院里悄悄地离开了人间。直到他死后 16 年，人们才了解到他创立的学说的伟大，并在布隆立了一座石像来纪念他。孟德尔在修道院的花园里默默无闻的劳动终于得到了世界的公认。

果蝇的启示

孟德尔定律被重新发现后，生物学界开始了对遗传问题的广泛研究。英国生物学家贝特森在 1906 年举行的第三届国际遗传学会议上，第一次公开建议把这门学科称为遗传学。

在孟德尔的遗传理论被重新发现之前，1879 年，德国生物学家弗莱明就发现了细胞中的染色体，并于 1882 年详细描述了细胞分裂过程中染色体的动态。进入 20 世纪后，随着研究工作的不断深入，不少生物学家意识到孟德尔发现的"遗传因子"和在显微镜下所看到的染色体有着密切的联系。不久，由于细胞学的发展和受精现象的研究，特别是性细胞形成过程中减数分裂的发现，使得萨顿和博佛里根据遗传因子染色体的平行关系，提出了遗传的染色体学说。1909 年，荷兰遗传学家约翰森提出了"基因"这个现代名词，以取代"遗传基因"一词。在研究中，人们还进一步认识到，人体中只有 23 对染色体，而遗传特征却有成千上万。这使人们得到这样的结论：染色体不是基因。那么基因又是如何在染色体上排列的呢？对这一问题的决定性实验是美国生物学家摩尔根和他的学生用果蝇来进行的。

摩尔根出生于 1866 年。1886 年，他进入美国霍普金斯大学研究院，主要从事形态学研究。摩尔根的导师布鲁克斯给学生阐述了生物学内部各分支学科之间的相互关系，并且指出了遗传学上有待深入研究的主要问题，这些对摩尔根日后的研究产生了影响。

获得博士学位以后，摩尔根在意大利那不勒斯动物园工作了一段时间。那里汇集了许多优秀的生物学家，从不同流派的争鸣中，摩尔根接触到了当时最先进的学术思想，学到了很多有益的东西。回到美国以后，摩尔根放弃了形态学常用的比较和描述的研究方法，而改用实验方法。他认为实验方法可以得出经得起检验的可靠结论。

摩尔根选择的实验材料是一种状似苍蝇的小昆虫——果蝇。摩尔根之所以选择果蝇作实验材料，是因为果蝇具有生活史短、容易饲养、特征明显等特点，这给他的实验带来了很大的方便。

摩尔根用特征差异较大的果蝇进行交配，发现孟德尔的分离规律不仅适用于植物界，也同样适用于动物界。

1910年,摩尔根发现了一只复眼完全是白色的雄果蝇。他用这只白眼果蝇和其他红眼雌果蝇交配,再与子一代雌蝇回交,结果发现,后代出现的白眼果蝇全是雄性的。这一实验证明,控制白眼性状的遗传基因位于性染色体上,这是染色体作为基因载体的第一个实验证据。

摩尔根发现的这种特殊的遗传方式叫做伴性遗传。他还证明了一条染色体上可以带有许多遗传因子,这就解答了为什么染色体只有23对,而遗传特征却有成千上万这一问题。

摩尔根利用果蝇所进行的伴性遗传实验,不仅证实了孟德尔的结论,而且还进一步发现,不同染色体上的基因虽然可以自由组合,但同一染色体上的若干基因却不能自由组合,从而揭示了遗传学的又一新的基本定律——连锁定律。

摩尔根把孟德尔开创的事业推向了一个新的阶段。它使人们认识到,生物的遗传必须通过遗传物质——染色体来实现。1926年,他系统地总结了基因遗传理论,发表了《基因论》,形成并完善了摩尔根学派。很快,摩尔根的学说就在生物界占据了主导地位,生物学的研究中心也由德国转移到美国,研究方式也由注重形态分析和历史方法发展到注重物理及化学方法。

由于摩尔根的重大发现,他于1934年获得了诺贝尔奖。小小果蝇的细微变化给了摩尔根很多有益的启示,他由此进行的深入研究为人类优生优育作出了重大贡献。

偏转的星光

1919 年 5 月 29 日，发生了科学发展史上非常重要的一次日全食。金牛座中的毕宿星团刚好在太阳附近，如果天气晴朗，用照相的办法至少可以照出 13 颗很亮的星，真是天赐良机。数年来，英国皇家天文学会的科学家们一直热切地期待这次日全食的到来。通过对这次日全食的观测，将证明科学家阿尔伯特·爱因斯坦提出的具有革命性的新理论的正确性。

爱因斯坦曾经预言，恒星的光线在太阳附近通过时，由于太阳巨大质量所产生的引力场的作用，星光将在空间发生弯曲。爱因斯坦的这一理论，在当时的人们看来简直是不可思议的。非物质的光线怎么会受到引力作用的影响呢？如果爱因斯坦的理论能够成立，那么 200 多年前伟大的科学家牛顿所建立的万有引力理论就必须加以修正。唯一验证的方法就是趁日全食发生，可以在白天看到星星时，用照片将太阳经过的背景——天空的星星拍摄下来，看星星是否向太阳靠近了，这样就能判定光到底是直线的还是弯曲的。

日全食发生的那天，英国天文学家爱丁顿和克罗姆林分别在西非几内亚湾的普林西比岛和巴西北部的索布腊尔设立了观测点。他们在观测点安装了精密的照相设备。日全食开始了，两个观测站在共计 302 秒的时间内拍了大量的照片，直到天空再现光辉。他们拍摄的并不是日食时太阳的照片，而是出现在变暗了的太阳周围的星星的照片。

天文学家仔细测定了这些照片上星体在太阳附近的位置，同时对 6 个月前同一些星体在黑夜远离太阳时的照片进行同样的测定，并把两者加以比较。观测研究的结果表明，太阳周围的那十几颗星星的星光在太阳边缘处果然发生了弯曲，爱因斯坦的预言是正确的。

1879 年 3 月 14 日，爱因斯坦出生在德国。幼年的他很晚才学会说话，父母甚至怀疑他智力低下。中学时代他的学业也很一般，以至于未能毕业。16 岁那年，爱因斯坦随父亲迁居瑞士。第二年，他考入苏黎世的联邦工业大学。这是瑞士唯一的一所国立大学，学校里有许多杰出的学者。在大学里，他在物理学和数学方面的非凡才能初露端倪。

大学毕业以后，他谋到的第一份正式工作是伯尔尼专利局办事员。这一工作虽不遂他的心愿，但却给了他充分学习和思考的时间。

当时需要人们思考的问题比比皆是。几个世纪以来所建立的物理学的旧的理论体系,正在不断受到人类新知识的检验。例如,当时人们都认为,光是在真空的宇宙空间传播的,但光又是一种机械的弹性波,那么宇宙间就应当有某种传播光的弹性媒质作媒介。物理学家假设这种媒质叫"以太"。人们认为,地球的真正的运动也可以用"以太"为参照物来测量。因为地球并不绝对静止,而是以一定的速度相对于"以太"运动,因此地面上的光源向不同方向发出的光线,应该有不同的速度。但美国科学家迈克尔孙和莫雷为了证明"以太飘移"现象的存在所进行的精密光学实验,却未能观测到不同方向上光速的差。问题出在哪儿呢?

1905 年,爱因斯坦就这些问题阐述了自己的见解。他认为,如果光速同光源的运动无关而总是恒定的话,结论就应该是:既没有绝对的运动,也没有绝对的静止。如果把太阳的位置作为宇宙空间中地球位置的参考系,那么地球看起来在作某种形式的运动;但是如果把火星的位置作参考系,那么地球看上去就在作另一种形式的运动。长度、质量、时间也受被测定的对象和测定者之间相互运动的影响而不同。

这是狭义相对论中的一个重要原理。狭义相对论大胆突破了牛顿力学里的一些基本原理,这在当时似乎都是违反常识的,但它却与实验事实相吻合,而且能够解释科学家们用其他方法解释不了的问题。

1916 年第一次世界大战期间,爱因斯坦又发表了题为《广义相对论的基础》的论文,提出了有关引力性质的新的见解。他认为,空间、时间不可能离开物质而存在,空间的结构和性质取决于物质的分布。由于在任何天体周围,都存在巨大的"引力场",光在"引力场"中是曲线传播的。他预言:恒星的光线在掠过太阳表面的时候,由于"引力场"的作用,星光将有 1.7 秒角度的偏转。这一预言被 1919 年日全食的观测所证实。

当时,绝大多数人包括一些科学家都不理解什么叫相对论。有一次,一位大学生问爱因斯坦什么是相对论。他回答:"你和一位漂亮女郎坐在一起呆上两个小时,你感觉只有 1 分钟;可是当你在一个灼热的火炉上坐 1 分钟时,你却感觉有两小时了。这就是相对论。"爱因斯坦道破了相对论最本质的东西。

1921 年,爱因斯坦被授予诺贝尔物理学奖,但获奖的原因并不是由于他提出了相对论理论,而是由于他对光电效应所作的理论说明。尽管如此,使得爱因斯坦真正确立自牛顿以来最伟大科学思想家地位的最主要原因,仍然是由于他建立了相对论的理论体系。

一个威力无穷的方程式

在美国新墨西哥利阿拉默戈多空军基地附近的沙漠上，矗立着一座铁塔，铁塔顶上吊着一个名叫“瘦子”的怪物，这个“瘦子”就是美国制造的第一枚原子弹。

1945 年 7 月 16 日 5 时 30 分，“瘦子”开始发疯了。法雷尔将军在一份给陆军部的报告里这样描述了这次爆炸：“整个原野被一种强度比正午的太阳强许多倍的刺眼光芒照得通亮，那是金色的、深红色的、紫色的、灰色的和蓝色的。它以无法形容的清晰和华美照亮了每一座山峰、每一道裂隙以及附近山脉的每一道山脊……爆炸后 30 秒钟，先是冲来了气浪，猛烈地冲击着人和物；随之响起强烈、持久而可怕的怒吼，似乎在预示着世界的末日……”

巨大的蘑菇云消散之后，负责这次试验的奥本海默和费米等人从地下室走出来，宣布这次相当于 2 万吨 TNT 炸药的原子弹爆炸获得成功。

这次试验不到 1 个月后，即 1945 年 8 月 7 日上午 8 时 15 分，一颗名叫“小男孩”的原子弹在日本广岛上空爆炸，夺去了 30 万人的生命。3 天后，美国空军的 B－29 轰炸机又把一颗原子弹“胖子”投到了日本的长崎，又一次夺走了十几万人的生命。

1952 年 11 月 1 日和 1954 年 3 月 1 日，美国成功地进行了两次氢弹试验，两颗氢弹的爆炸威力分别相当于 12 兆吨和 15 兆吨 TNT 火药，分别是投到广岛的原子弹威力的 600 倍和 750 倍。

20 世纪初，爱因斯坦提出了相对论理论。这一理论最重要的结论是质量守恒原理失去了独立性，它和能量守恒原理融合在一起，质量和能量可以相互转化。爱因斯坦根据相对论理论提出了一个著名的方程式：$E = mc^2$。在这个方程式中，E 是物质的能量，m 是物质的质量，c 是光速。光速是每秒 30 万公里，以每秒米为单位，为 3×10^{80}。按这个公式计算，一克质量相当于 9×10^{13} 焦耳的能量，这是一个巨大的天文数字。$E = mc^2$ 真是一个威力无穷的方程式。当然，这个公式只说明质量是 m 的物体所蕴藏的全部能量，并不等于都能够释放出来。爱因斯坦提出的质能转化和守恒原理是利用原子能的理论基础。

第二次世界大战促进了原子能进入实用阶段。日本广岛和长崎上空的蘑菇云消散之后，科学家们为将核裂变原理应用到和平生产而殚精竭虑，不断探索。

1952 年,前苏联和美国同时建成了可控制的、适合工业生产需要的原子能反应堆,而在此之前的原子链式反应,如原子弹爆炸都是不可控制的。同年 4 月,前苏联材料试验反应堆开始工作,热出力为 1 万千瓦。1954 年 6 月27 日前苏联原子能发电站开始运转,这个发电站的出力为 5 000 千瓦,热出力为 3 万千瓦,热效率为 17%。

1955 年底,第一次世界和平利用原子能会议召开,从此,人类和平利用核能进入了新阶段。

1956 年和 1957 年,英国和美国也分别建成了原子能发电站。

上述核电站都以铀-235 为裂变燃料。然而,铀-235 在天然铀中只占 0.7%,其余都是铀-238,因而直接可利用的天然铀发电效率很低,成本较高。

有没有办法使大量的铀-238 也参加链式反应行列,为核发电效力呢?

科学家发现用快中子去打击铀-238,虽然不会变成铀-235,但会变成另一种核燃料——钚-239。此外,金属钍的原子核吸收一个中子后,也能变为一种新的核燃料——铀-233。于是,科学家就间接地利用铀-238 和钍-232 来替代铀-235。实践证明,这比单用铀-235 的效率要增加几十倍甚至几百倍。科学家为这一方法取名为“增殖反应堆”。

目前,世界上的核电站基本上都采用增殖原子反应堆。

除此之外,科学家还正在研究从核聚变中获取更大的能量。核聚变的材料是氘,也就是我们通常说的重水。重水主要来源于海水,1 克海水中所含的氘,聚变后发出的能量大致相当于 100 公斤煤燃烧产生的能量。氢弹的威力远远大于原子弹,主要原因就是其采用的核聚变反应。全球海洋中大约有 35 万亿吨的氘,它们放出的能量足以供人类用上数百亿年。科学家预言,核聚变是人类最终解决能源问题的途径之一。不过,要提取海水中的氘,目前还有许多技术上的困难,这只是一种诱人的前景而已。

除了发电以外,原子反应堆所提供的大量放射性同位素也在原子能的和平利用方面得到应用。放射性同位素首先用在医学研究上,如诊断、治疗等。此外,还可用来研究生物机体内的反应。放射性同位素还用在食品保存等诸多方面。

原子能和平利用的另一方面是原子能船。美国原子能商船“热带草原”号于 1957 年 7 月下水,可载客 60 人和 1 万吨货物。1959 年,前苏联制成“列宁”号原子能破冰船,可以破碎 2 米多厚的冰层。

如今,核能作为一种优质能源受到越来越普遍的重视并被广泛运用。

跃变的能量

1858 年 4 月23 日,普朗克出生于德国的基尔。1874 年,他考入德国慕尼黑大学攻读数学,随后又对物理学产生了兴趣。普朗克的老师曾告诫他说物理学是一门已经完成了的科学,意思是说,将一生献给物理学将难以有所作为。

普朗克抑制不住对宇宙本质问题产生的浓厚兴趣,毅然作出了学习物理学的选择。由于对热力学第二定律的深入研究和独到见解,1879 年,普朗克获得物理学博士学位。

1888 年,普朗克应聘去柏林大学工作。1894 年,他被选为普鲁士科学院物理数学部学部委员,并开始进行黑体辐射问题的研究。黑体是指一种能完全吸收电磁辐射而完全没有反射和透射的理想物体。黑体辐射问题是古典热力学的难题。对它的研究导致了量子论的产生。

经典物理学一直认为能量是连续变化的。1896 年,德国物理学家维恩通过半理论、半经验的办法,发现了可用来描述能量分布曲线的辐射公式。它在短波部分同实验十分相符,但在长波部分却差距很大。

1900 年,英国物理学家瑞利根据经典统计力学和电磁理论推出新的能量分布公式,在长波部分接近实验曲线,在短波部分却出现了无穷值,而实验结果是趋于零。这部分严重的背离被称为“紫外灾难”(紫外指短波部分),由此引起了物理学的一次革命。

1899 年,普朗克从热力学理论也推导出维恩公式,并发现它与实验结果存在偏差。他正想修正这一公式时,又得知了瑞利公式,于是立即尝试寻找新的辐射公式,使它在短波部分渐近于维恩公式,而在长波部分渐近于瑞利公式。

1900 年,普朗克采用拼凑的办法得出了一个在长波和短波部分均与实验吻合的公式 $E=hv$。同年 12 月14 日,普朗克在德国物理学会上作报告,介绍了自己得到的新公式。

普朗克得出的新公式是半经验性的,不能用经典理论推导出来。这就是说,连续能量的概念和他的公式是格格不入的。普朗克实际上是提出了一个完全离经叛道的观点:物质辐射的能量是不连续的,它以一定的整数倍跳跃式地变化。普朗克称它为能量子或量子。

17 世纪,德国哲学家和数学家莱布尼兹曾说过:“自然界无跳跃。”几个世纪以来,谁也未曾怀疑过这个经典性的论断。所以,物理学界对普朗克的量子假说反应冷淡。

普朗克本人也曾动摇过,主要由于爱因斯坦的工作才使量子论得以运用和发展。

量子假说是继相对论之后对古典物理学的又一次沉重打击。为此,普朗克获得了 1918 年诺贝尔物理学奖。

神奇的“透视眼”

“火眼金睛”、“透视眼”，在19世纪以前人们的心目中，仅仅是神话小说里浪漫主义的构想。所以，世界上第一张人体骨骼照片刊登在报纸上后，立即引起舆论哗然，世界轰动。

1896年1月3日，维也纳《新自由报》在“物理学教授的新发现”的醒目标题下，刊登了一张奇特的照片——一只手的骨骼照片，在这只手的无名指上，还戴着一枚戒指。照片拍摄的是德国科学家伦琴夫人贝塔·伦琴的手，而此时，伦琴夫人仍然健在。

骸骨的照片可以拍摄，但一个活人的骨骼是怎样拍摄的呢？人们对此大惑不解。原来，伦琴发现了一种奇妙的、看不见的射线，它能像普通光线穿过玻璃一样，自由地穿过书本、衣服、木头乃至人体等多种物体。伦琴夫人手指骨骼的照片就是对这种新射线作用的真实记录。

人们将这种奇异的光线叫做“伦琴射线”，作为对发现者的纪念。但伦琴本人却将这种射线命名为“X射线”，以表示他探索这种射线未知性质的决心。

社会各界对X射线的发现反应强烈且关注点不同。科学界意识到了它的重要性及广阔的运用前景，许多科学家竞相购买克鲁克斯放电管进行深入研究。普通百姓只对它的魔术般的神奇透视性感兴趣；商人们则利用人们担心被透视的心理推销商品。伦敦一家服装公司做了一则这样的广告：“防X光的内衣——没有它，任何女士都不安全。”

有人认为伦琴不过是偶然碰上的。

伦琴发现X射线的确带有很大的偶然性，但同样的机遇也曾垂青其他一些科学家。1989年，克鲁克斯管的发明者、英国科学家克鲁克斯在做阴极射线实验时，曾发现一卷放在克鲁克斯管旁边的照相底片被无端地曝光了。他以为是底片有毛病，未予深究。1890年，美国科学家古兹皮德和詹宁斯也曾注意到，在演示克鲁克斯管以后，照相底片特别黑，但没有继续对其进行研究和观察。1892年，德国物理学家勒纳德也观察到了克鲁斯管附近的荧光，但由于他的注意力都集中在研究阴极射线的性质上，对管子外部的效应未引起足够的警觉。

1895年11月8日，夜色深沉，德国维尔茨堡大学教授伦琴又进入实验室研究阴极射线。一切准备就绪以后,他关上了灯。突然,他看到另外一张桌子上,有一件东西闪烁着淡绿色的荧光。那发光体原来是一张涂了铂氰酸钡的纸。铂氰酸钡是一种能发磷光的物质,只要有强光向它照射,它就会发出自己的冷光来。

可是,实验室是漆黑的,虽然克鲁克斯管(放电管)还在工作,但它那微弱的冷光绝不能使发光物质产生磷光现象。况且,克鲁克斯管外面还套着黑色的硬纸板。那么,究竟是什么使那张纸在黑暗中发光呢?

伦琴想,这一神奇的射线一定发自克鲁克斯管且具有相当强的穿透力。为了证实这一推测,他分别用书本、木板、橡胶板、衣服等材料做了试验,最终证明它们都不能挡住这奇异的光。于是,他又选用铜片、铝片、铅片等不同的金属材料放在克鲁克斯管与荧光纸之间做试验。结果发现,只有铅片可以完全截断这种射线。为了深入检验铅对射线的截断能力,伦琴用手抓着一小块铅片,放在适当的位置。他惊奇地看到,在荧光纸上,不仅有小铅片的黑影,还有自己手指的清晰轮廓。伦琴弯曲手指,紧握拳头,荧光屏上的骨骼也跟着动起来。

恰巧,此时伦琴夫人到实验室来看丈夫,伦琴让夫人把手按在用黑纸包裹的底片上,然后用克鲁克斯管对准照射。底片冲洗出来一看,手指骨骼清晰可见,手指上的一枚戒指轮廓清楚。这就是维也纳《新自由报》刊登的那张照片。

由于发现 X 射线,伦琴成为第一位诺贝尔物理学奖获得者,各种荣誉也接踵而至。伦琴受到了德皇威廉二世的召见,并在德皇、维多利亚皇后、弗里德里希皇太后以及许多要人面前演示了 X 射线穿透木板和硬质纸盒的试验,还拍摄了几张静物照片。朝廷决定授予他二等普鲁士王冠勋章,并赐予贵族称号,可他谢绝了朝廷的好意。不久,伦琴又成为维尔茨堡大学的荣誉医学博士、他的诞生地的荣誉市民,以及柏林和慕尼黑科学院的通讯院士。1896 年,伦敦皇家学会授予他伦德勋章。1900 年,哥伦比亚大学授予他巴纳德勋章。1901 年,伦琴接受诺贝尔奖金时拒绝作即席讲演,并把奖金全部献给了维尔茨堡大学作研究费用。

X 射线的发现,导致了物理学史上一场全新的革命。在此之前,人们认为原子是最小的不可分割的微粒。X 射线使人们认识到原子是由更小的粒子组成的。这一发现为原子核物理学的诞生奠定了基础,原子的奥秘渐渐为人们所探知。

X 射线使医生有了神奇的“透视眼”。伦琴发现 X 射线的消息传到美国的第 4 天,美国人就用它找到了留在患者脚上的子弹。X 射线在医学上的广泛应用,使成千上万的病患得到及时治疗,千千万万人的生命得到拯救。

随着科学技术的发展,医生们已配备了更先进的“透视眼”,如 CT、核磁共振法、阳电子法等仪器。它们大大提高了显像精密度,而所有这些都是从 X 射线被发现开始的。

第一位被放射性物质夺去生命的科学家

伦琴发现 X 射线后迅速引起了强烈轰动。没过几天,法国数学家和物理学家亨利·彭加勒就收到了伦琴寄来的关于 X 射线的第一篇论文的预印本和有关照片。在 1896 年 1 月 20 日法国科学院的每周例会上,彭加勒作了关于伦琴射线的报告,并展示了那些照片。彭加勒在报告中提出了一个其他科学家也同样感兴趣的问题:是否大多数的荧光物质在太阳的照射下都能发出类似于伦琴射线那样的射线?

当时在场的法国物理学家安东尼·亨利·贝克勒尔对彭加勒的报告印象极为深刻,因为他本人就长期从事荧光研究。第二天,贝克勒尔就开始研究究竟哪些荧光物质能发射 X 射线。

贝克勒尔的祖父是巴黎自然历史博物馆的教授和电化学的奠基者之一。父亲以其荧光和科学摄影术方面的著作而闻名。这个家庭从事荧光方面的研究已有 60 多年的历史,他们的实验里收集了许多荧光物质。

贝克勒尔最初的一系列实验得到的都是负结果,即磷光或荧光物质并不发射 X 射线。他不得不暂停了自己的实验。

恰在此时,彭加勒发表了一篇论文,提出了这样一个假想:是不是所有荧光足够强的物质都会同时发射光线和伦琴的 X 射线,而不管引发荧光的原因是什么。受此启发,贝克勒尔又恢复了他的实验。这次他选用的是硫酸钾铀酰,这种铀盐是他的父亲早已研究过的,它在阳光下会发出荧光。

贝克勒尔用一张可见光不能透过的黑纸包好一张感光底片,在底片上放置了两小块铀盐,在其中的一块铀盐和底片之间放了一枚银元,然后他把这包东西放在阳光下曝晒。他设想,由于太阳光不能穿透黑纸,因此,太阳光本身不会使感光底片感光。但是,太阳光中的紫外线会激发荧光物质产生荧辐射,如果荧光能产生 X 射线的话,那么 X 射线就会使黑纸包里的感光底片感光。

几个小时以后,贝克勒尔将底片冲洗出来后发现,底片被感光,底片上留下了银元的影像。他欣喜若狂,因为铀盐在太阳光的作用下确实发出了像伦琴射线一样的射线,使底片感光,也就是说,彭加勒提出的问题有了肯定的答案。1896 年 2 月 24 日,在法国科学院例会上,他就这一实验结果作了报告。

为了检验实验结果,积累实验数据,贝克勒尔继续他的试验。但是天公不作美,连日阴云密布,不见阳光,他懊恼地把已经包好黑纸的感光底片和铀盐一起放到了抽屉里。

几天后,天空再度放晴,贝克勒尔立即着手继续他的试验。他把抽屉里的底片拿了出来,准备重复他前一次做过的实验。但这位严谨而细心的科学家忽然想到,要检查一下这些底片是否变质或漏光了。于是他从这包底片中抽出一张,拿去冲洗。

检查的结果使贝克勒尔惊奇不已,因为底片已被感光了。这是怎么回事呢？抽屉里见不到光,铀盐也没有受到阳光照射,不会发出荧光,当然也无从激发出 X 射线了,那么底片怎么会感光呢?

贝克勒尔推想,也许并不需要阳光照射,铀盐也会自动发出射线,并穿透黑纸使感光底片感光。于是,他又反复做了几次试验,结果发现,不管在多么黑暗的地方,只要感光底片放在铀盐的附近,都会被感光。

这时,贝克勒尔才想到,荧光物质产生 X 射线的设想是错误的。铀盐会自动发出一种不同于 X 射线的新射线。

一系列有步骤的实验表明,铀盐所发出的射线不仅能使底片感光,还能使气体电离。同时,他还发现,温度变化、放电激发等对铀盐的射线都没有影响,只要有铀元素存在,就有贯穿辐射产生。由此,他明确提出,这种射线的产生是铀原子自身作用的结果。

铀射线当时被称为“贝克勒尔射线”。

最初,铀射线的本质也如同 X 射线的本质一样神秘。但人们很快就搞清楚了,贝克勒尔发现了具有巨大意义的自然现象:放射性。继伦琴之后,贝克勒尔迈出了对 20 世纪物理学而言决定性的一步。这是通向原子核研究的第一步。

贝克勒尔的研究成为居里夫妇划时代工作的直接出发点。正是由于这一贡献,1903 年,他和居里夫妇共同获得了诺贝尔物理学奖。

在放射性物质发现初期,人们对它的危害性毫无认识,因此也就谈不上采取什么防御措施。由于在毫无防护的情况下长期接触放射性物质,贝克勒尔的健康受到了极大的损害,刚过 50 岁身体就垮了。

1908 年夏,贝克勒尔的病情恶化,在法国克罗西克逝世。

贝克勒尔是第一位被放射性物质夺去生命的科学家。为纪念这位科学家,后人将放射性强度单位命名为“贝克勒尔”,简称“贝克”。

镭的母亲

法国物理学家贝克勒尔发现,铀盐能发射一种穿透不透明物体,但性质又不同于X射线的射线。

这种神秘射线的本质是什么?这种奇怪的能源又从何而来?对正在攻读博士学位的玛丽·居里来说,这些问题具有强烈的吸引力。

玛丽在丈夫工作的学校的储藏室里开始了自己的实验。她利用简陋的仪器,认真地、逐个地检验了一切已知的化学元素。

她的丈夫皮埃尔清楚地意识到,自己年轻的妻子正沿着一条通往伟大目标的道路迈进,于是他决定暂时中止自己在晶体方面的研究,协助妻子一起工作。

第一个有价值的研究成果是,他们发现钍和它的化合物也能像铀一样发出射线。这表明放射性不只是某种元素独有的现象。

很快他们又有了新的发现。

1898年的一天,居里夫妇为他们所测量的一块沥青铀矿石感到困惑不解。这块矿石的放射能非常强,根据它的放射强度,这块矿石中应该含有铀的量比实际可能含有的量要多得多。居里夫妇断定,这块沥青铀矿石中一定含有一种比铀的放射作用更强的元素。在当时,人们还不知道有什么元素比铀的放射作用更强,也就是说,沥青铀矿中含有人们尚未发现的新元素。

居里夫妇用测定放射能的方法对沥青铀矿石进行分析,他们把铀从矿石中分离出去,发现大部分放射能依然保留在矿石中。1898年7月,他们发现了一种比铀的放射能高400倍的新元素。居里夫妇把它命名为“钋”,以纪念居里夫人的祖国波兰。

仅凭这种新元素,也不能完全说明沥青铀矿石中存在的强烈的放射能量。他们继续努力,于1898年12月发现了一种比钋的放射性更强的新元素。居里夫妇将这种新元素命名为“镭”。

用物理方法已经证实了钋和镭这两种元素的存在。但有人提出了这样的诘问:“没有原子量,就没有镭!镭在哪里?能拿镭出来给我们看吗?”应该说,科学家提出的是一个严肃的问题,这样的诘问不能简单地斥之为刁难。为此,居里夫妇下决心把镭分离出来,以证实镭是客观存在的。

要提炼镭,首先得有个场所。皮埃尔教书所在学校的校长借给他们校内的一个木棚。

接着就是原料问题。那藏有钋和镭的沥青铀矿石是一种贵重的矿物,需要量又很大,他们的财力负担不起。奥地利波希米亚(现属捷克)的圣约阿希姆斯塔尔矿山开采这种矿物,矿主从中提炼生产玻璃用的铀盐。提炼过铀盐的矿渣堆满了矿区,上面已长出了松树。居里夫妇想,提取铀盐后,矿物里所含的镭一定还存在。买矿渣一定便宜多了。

他们向矿主提出要买一吨矿渣。矿主实在想象不出这些堆积如山的矿渣有什么价值,便很乐意地奉送给他们。

为了支付把这批矿渣运到巴黎的费用,居里夫妇几乎花光了他们所有的积蓄。

渴望已久的矿渣终于运回来了。玛丽抑制不住心头的喜悦,急于看看自己的宝贝。她剪断绳子,打开一个粗布口袋,双手捧出一把矿渣。那矿石呈暗棕色,里面还夹杂着波希米亚的松针,这就是铀沥青矿石,镭就藏在里面。玛丽暗下决心,一定要把镭从这里面提炼出来。

他们原以为,铀沥青矿中大约含有百分之一的镭,把它提取出来并不十分困难。但实际情况远远超出他们的预料,矿石中的镭含量还不到百万分之一。

提炼工作进展很慢。几个月过去了,几年过去了。在这一过程中,玛丽既是学者,又是工人,还是一个家庭主妇和孩子的母亲。当然,绝大多数时间,她是在木棚里度过的。对于在这里的工作,玛丽后来回忆道:“我每次炼制 20 公斤左右的材料。整个棚屋里塞满了装溶液和沉淀渣滓的大罐子。我搬挪容器,倒出溶液,在铁锅边一连几个小时地搅拌,可真不是一件容易的事。”

4 年后的 1902 年,居里夫妇终于提炼出了 0.1 克纯镭,并且初步测定出这个新元素的原子量是 225(现在精确测定为 226.0254)。这一世界上从未有人见过的新元素,放射性非常强,把盛有这种物质的玻璃容器放在黑暗处,就能看到它发出的略带蓝色的荧光。

1903 年,玛丽·居里发表了关于放射能研究的博士论文,获得理学博士学位。这篇论文堪称历史上最伟大的博士论文,正是由于这篇论文,她两次荣获诺贝尔奖。1903 年,她同皮埃尔和贝克勒尔一起因铀放射线的研究成果获诺贝尔物理学奖。1911 年,她又因发现钋和镭而获诺贝尔化学奖。

第二次诺贝尔奖由居里夫人一个人获得,因为 1906 年皮埃尔·居里悲剧性地死于车祸。

居里夫人继续坚持不懈地进行研究，她继丈夫皮埃尔之后任索尔本大学教授，成为该校历史上第一位女教授。她深入研究镭的性质及其危险性。她甚至故意让放射线照射在自己身上，研究放射线所致的皮肤烧伤。

1934 年 7 月 4 日，居里夫人由于长期受到射线辐射而死于白血病，她被后人誉为“镭的母亲”。

轰击原子的“第一炮手”

19世纪90年代以前，科学家们笃信，自然界的物质都是由原子构成的，原子是世界上最小的粒子。

英国科学家克鲁克斯和汤姆逊发现电子之后，原子的大门被打开。从此，科学家们得以深入原子内部来探索它的奥秘。

最早给“原子王国”绘画造型的是汤姆逊，他在19世纪末就把原子结构想象成西瓜的模样，瓜子就是电子，这叫做西瓜原子模型。之后，德国和日本科学家又分别提出了新的原子模型。

原子的内部结构究竟是什么样的？那些原子模型哪一个更接近事实呢？新西兰出生的科学家欧内斯特·卢瑟福的脑际始终萦绕着这些问题。他忽然想到，要探究原子内部的秘密，就需要用比原子更小的“炮弹”去轰击它。他选择了放射性元素所释放出的α粒子作“炮弹”。

他首先对自己的老师汤姆逊的设想进行了分析。他想，如果原子像个西瓜，那么α粒子无疑会很容易地穿过它而笔直前进。

在助手们的协助下，卢瑟福设计制造了一套α粒子散射的实验装置：一个α射线的放射源，就像一门大炮；一个金属箔当作靶，后面放一块感光板。

轰击开始了。炮弹——α粒子以每秒钟2 000米的速度穿过金属箔，在感光板上留下了一个个黑点。卢瑟福发现，粒子流在穿过金属箔后，留在感光底板上的黑点分散而模糊。看起来，当粒子流穿过金属箔时，其中一部分发生了散射。

1908年，卢瑟福和他的助手、德国物理学家汉斯·盖革一起对这一现象进行了深入研究。他们发现，当粒子流轰击重金属箔时，几乎有的粒子都是直线穿过，其中有少数像擦边球一样沿着一定的角度穿过金属箔，在两万个粒子中，还有一个被反弹回来。

这究竟是怎么回事呢？卢瑟福继续实验，不断思考，终于完成了他对原子结构的说明。他认为，原子中有一个体积很小的带正电荷的核，这个核具有原子的绝大部分质量，电子沿着轨道绕核旋转，就像行星环绕太阳一样。卢瑟福的这一理论，清楚地说明了为什么击中原子核的α粒子非常少，而且以相等的速度被反弹回来；为什么绝大多数粒子轻松穿过金箔，它们或多或少改变了速度和偏离了方向。

卢瑟福太阳系原子模型的建立，标志着原子和原子核物理学的诞生。

欧内斯特·卢瑟福于1871年8月30日出生在新西兰。他十几岁时就制作了一台可以发射远程炮弹的玩具大炮，还巧妙地设想出控制“炮击”距离的方法。他的这种非凡的创造才能和对“大炮”的偏爱，为他成为世界上轰击原子的“第一炮手”奠定了基础。之后他离开新西兰，在加拿大和英国开始了他的求学和研究生涯。

卢瑟福是从电磁领域开始自己的研究工作的。1895年，即卢瑟福来到英国师从汤姆逊教授的那一年，伦琴发现了X射线，从而震动了整个科学界。汤姆逊当即决定把自己的研究转到这一新的方向上来，卢瑟福愉快地依从了老师的决定。

1899年，卢瑟福在关于铀的天然放射性研究中，发现并命名了α射线和β射线。这两种射线都是比原子还要小的粒子流。α射线粒子的质量较大，卢瑟福后来就是用它做“炮弹”来研究原子结构的。

1908年，卢瑟福发明了测出粒子的方法。卢瑟福正是利用自己发现的“炮弹”和自己发明的计数方法，才能够对原子内部进行研究。

10年后，卢瑟福进行了更加惊人的实验，他不是用“炮弹”轰击金属，而是用来轰击气体。他把α粒子放射源(镭)放在长玻璃管的一端，另一端安上荧光屏，并在玻璃管内装上氮气。实验开始了，他看见荧光屏上出现了闪烁的光点。这光点是什么呢？是α粒子吗？不可能。因为α粒子的射程极短，根本达不到玻璃管的另一端。他断定这肯定是一种比α粒子射程长的新的带电粒子。经过进一步实验分析，他得出结论：玻璃管内的氮气原子已经发生蜕变，到达荧光屏上的是被α粒子击碎的原子碎片，它是氢原子核。就这样，卢瑟福以人为的方法在世界史上首次分裂了原子，使氮原子嬗变为氧原子，把一种化学元素变成另一种化学元素。

此后，卢瑟福继续用α粒子轰击其他气体，又发现了许多新的嬗变现象。

卢瑟福的实验使几千年来炼金术士的梦想成为现实，从此，原子物理学家揭开了原子世界的一个又一个奥秘。卢瑟福除1914年发现并命名了质子外，还在1920年预言了原子核内存在着中子。他还预言了氢有同位素氘和氚，并发现了氚。卢瑟福一生最重要的研究成果，都是他以α粒子为“炮弹”轰击出来的。他是轰击原子的第一人，也是世界上最成功、最伟大的“炮手”。

原子时代的出生证

1938 年,以墨索里尼为首的法西斯党发起了全面迫害犹太人的运动。由于费米夫人罗拉是犹太民族血统,也属于受排挤、受迫害之列。当年秋天,费米夫妇利用去斯德哥尔摩接受诺贝尔物理学奖的机会离开意大利,摆脱了法西斯统治。1939 年 1 月 2 日早晨,费米一家从纽约上岸,开始了侨居美国的历程。

1941 年 12 月,珍珠港事件爆发,随即美国正式对日宣战,不几天又向德、意两国宣战。这样,费米一下子成了"敌国侨民"。不过,费米并没有因"间谍嫌疑"受到监禁。他还在继续搞科学研究,只不过他的旅行自由受到了限制。

这有两个原因:一是美国政府正全力以赴实施一个研制核弹的"曼哈顿计划",需要科学头脑为他们服务;二是制造核弹首先要实现原子反应堆运转,而这在当时,还只是一种朦胧而遥远的可能性,多数人对此没有信心,只有费米领导的那个顽强的哥伦比亚大学物理学家小组在朝这个方向前进。

1934 年 1 月,小居里夫妇,也就是约里奥·居里和伊丽芙·居里宣布他们发现了人工放射现象:稳定的原子核在高速的 α 粒子轰击下,变成放射性的核。例如他们用 α 粒子轰击一种轻金属铝,竟使它变成了硅^{30},继而又变成了磷^{30}。可是对于重元素来说,α 粒子就不起作用了。费米知道这一发现后,便决定试用中子产生人工放射现象。中子不带电,更容易击中目标。

费米和他的助手们按照元素周期表的顺序,依次用中子去轰击各个元素,不到两个月,他们竟得到了 30 多种新的放射性同位素。当他们轰击当时化学元素周期表中的最后一个元素,即原子序数为 92 的铀时,发现它所产生的放射性元素不止一种,而且其中至少有一种无论如何也不能看做铀的同位素。它会不会是化学家们孜孜以求的"第 93 号元素"? 其实,那并不是 93 号新元素,而是铀核被打破而形成的大致相等的两半,即铀核裂变。它意味着有可能采用铀来作为一种爆炸物,每磅铀将释放出比以往所知的任何爆炸物多 100 万倍的能量。这是 1939 年由德国人哈恩和另外几位科学家发现和阐明的。

费米关于中子引发人工放射性和慢中子效应的发现,推动了原子物理学的迅速发展,导致了划时代的铀核人工裂变。为此,费米于 1938 年荣获诺贝尔物理学奖。

哈恩发现铀裂变后，费米就开始了原子反应堆的研究。当时科学家们面临的困难有两个：一是铀裂变过程中释放中子太快，因而不能作为有效的原子子弹去引发铀裂变；二是中子大多数在它们有机会起作用而使铀分裂之前，就逃逸到空气中或者被其他物质吸收掉了。

要想达到链式反应，就必须使中子慢化并大幅度地减少逸失。这对费米来说，似乎并不十分困难。因为在 1934 年，他就已经用水和石蜡对中子减速了，最著名的要数那次“金鱼池里的实验”。

可是经过水下铀裂变的多次实验后，费米领导的科学家小组发现，无论是水还是其他氢化物质，都不适合做减速剂。因为氢吸收的中子太多。

费米和科学家小组的另一位重要成员锡拉德提出用碳作为减速剂，而且把铀块和非常纯的石墨分层叠放起来，形成了一个堆，构成原子反应堆。

很快，金属铀和几吨高纯度的石墨运抵哥伦比亚大学的物理大楼。科学家们把石墨砖块堆成一个坚实的圆柱，在底下放置一个中子源，观察中子在石墨中会出现什么情形。

1941 年底，费米领导的科学家小组的工作正式纳入“曼哈顿计划”。全体科学家赶赴芝加哥。建造反应堆的场所，选择在芝加哥大学足球场西看台底下的一个网球场。工作开始前，整个体育馆已经封闭，对外改称“冶金实验室”。这里所进行的一切事情都属绝密，连费米夫人都不清楚丈夫在那里忙些什么。

费米他们新设计的原子反应堆的外形是直径约为 26 英尺的圆球体，用一个正方形的支架支撑着。

1942 年春天，反应堆开始总体安装。安装现场铺满了石墨粉尘，地板变成了黑色，工作人员的工作服和防护镜上也落上了一层粉尘。

1942 年 12 月 2 日，反应堆安装就绪，正式开机实验。至下午 3 时 20 分，反应堆辐射强度达到临界点，试验成功了。这是人类历史上自持链式反应的第一次成功。

“曼哈顿计划”负责人康普顿博士把费米称为“意大利航海家”，那是因为费米和哥伦布一样都是意大利人。1492 年，哥伦布发现了美洲新大陆，1942 年，费米主持了世界上第一座原子反应堆的成功运转，发现了一片科学领域的“新大陆”。“1492”和“1942”这两个数码排列不一的数字，却有着同样的深远意义。前者使人类看到了一个新的地理世界，后者则标志着世界进入了原子能时代。

在费米创建第一座原子反应堆的芝加哥大学足球场西看台的外墙上挂着一块镂花金属匾，上面写着："1942 年 12 月 2 日，人类在此实现了第一次自持链式反应，从而开始了受控的核能释放。"这就是原子时代的出生证！

能源宝库

公元31年，东汉的杜诗总结了前人的经验，在炼铁工匠们制作皮囊和木扇送风等设备的技术基础上，创造了水力鼓风设备——“水排”。它利用水力推动风扇鼓风，既省力，风力又大，把炉温提得很高，推动了当时炼铁业的发展。杜诗创造的“水排”，可以说是世界上最早的鼓风机。

时光流转到1979年6月20日，卡特总统信步登上白宫的房顶，兴致盎然地为一个太阳能加热器举行落成典礼，并宣布美国新的太阳能利用计划。这表明美国宇航总局于20世纪70年代初提出的太阳能发电卫星计划已取得成功。当时，美国在这方面的研究经费已达7亿美元。

上述两例仅是千百年来人类利用能源的缩影。能源是人类从事各种生产活动的原动力。在原始社会，人力、畜力和草木燃料是主要的能量来源，随着生产的发展和人们征服自然能力的提高，人类可利用的能源愈来愈多。到目前为止，人类已经认识的能源主要有两大类，即以现成形式存在于自然界的“一次能源”和依靠其他能源制取的“二次能源”。

人类早先认识的能源主要是“一次能源”，它包括来自地球外的、地球本身蕴藏的以及地球与其他天体相互作用而产生的能量，具体包括太阳的辐射能(煤炭、石油、天然气、风、海流等都是其转化形式)，以及海洋和地壳中储存的核能、热能、潮汐能等。

人类对风能的利用是较早而广泛的。1891年，丹麦建成了世界上第一个风力发电站；1931年，前苏联在巴拉克拉瓦建成功率达100千瓦的风动力装置；1941年10月19日，美国建成第一台1 250千瓦的史密斯·帕特南风力发电机。现在，风能利用受到世界各国的普遍重视。我国拥有目前亚洲最大的风力发电站。

太阳辐射能的其他转化能量也受到人类的关注和充分开发。远在2 000多年以前人们就学会用水能碾米推磨。1878年法国建成了世界上第一座水力发电站，水力发电以其效率高、成本低等优点而成为现代世界电力工业的重要组成部分。现在，巴西、巴拉圭边境上矗立着世界上最大的伊泰浦水电站；我国的跨世纪大工程——长江三峡水利枢纽工程已于2009年全部完工。

把煤进行气化和液化是人类利用煤炭技术的重点。1913年，德国科学家伯杰斯就利用氢分子，在高温高压下与煤反应，使煤成为液态的烃类燃料。1988 年，英国煤气公司发明了一种新型高压反应室，使煤和氢气作用产生甲烷。现在，世界各国都在研究 19 世纪 80 年代由俄国化学家门捷列夫提出的煤炭地下气化问题。

人类对石油的利用历史也很悠久。早在东汉末年，中国就发现了能用作灯油的“石漆”，而自 1859 年 8 月美国在宾夕法尼亚州用顿钻打出世界上第一号油井——德莱克油井以来，石油、天然气便供不应求。

火山是一种自然景观，也是地球“大火炉”地热能的自然表露。地热开发包括采暖和发电两个方面。在终年冰雪覆盖的冰岛上，有 40% 的居民利用地热取暖。前往冰岛旅游观光的人，时常可见到在皑皑的银色世界里，冰岛人在腾腾的热雾、热水中欢笑嬉戏，别有一番风景。

人类取之不尽、用之不竭的能源当推太阳能。每年到达地面的太阳辐射能高达 3×10^{24} 焦耳，并且它是最理想的清洁能源。人类为了利用太阳能，煞费苦心，相继造出了太阳能热水器、太阳灶、太阳空调房等热能转换聚光器和集热器。但 20 世纪 80 年代之前，人类对太阳能的利用率并不高。1975 年，英国的斯彼尔教授发表了关于非晶硅薄膜价电子控制的重要论文，其后各国学者竞相把这种“可贵的想法”付诸实践。1976 年，美国无线电公司捷足先登，制成了第一个非晶硅太阳能电池。1980 年，日本组织了由大阪大学滨川等教授组成的科技精英团队，把非晶硅太阳电池纳入通产省的“阳光计划”。1983 年秋，在夏普太阳能事业部，一卷卷 300 米长、400 毫米宽的非晶硅太阳能电池从流水线上源源不断地被生产出来，价格便宜到一个普通电子计算器配用的太阳能电池板电源折合人民币 2.4 元，可用上 20 年。这样大面积生产廉价太阳能电池的生产技术为人类开拓新能源市场铺设了一条洒满阳光的道路。日本的光电技术使美国世界观察所的克里斯托弗·弗莱文惊呼：“美国有朝一日可能要进口远东的光电技术，而不是中东的石油。”

潮汐同样蕴藏着巨大的能量，全世界海洋潮汐能约有 10 亿千瓦。早在 20 世纪 20 年代，几个海洋工程师和电能专家来到潮汐落差最大的法国朗斯河口，就提出了建设潮汐发电站的大胆设想，并于 1966 年在此建成世界上第一座 24 万千瓦潮汐电站。

值得一提的是，在二次能源——氢能的开发上，我国科学家走在了世界前列。1991 年，我国科学家郑锡同及其助手在实验室奋战数日，研制成功一种价格低廉、来源丰富、不污染环境的超级燃料——水解氢离子燃料，开拓了新的能源天地。

当今的人类处于一个核能的年代。自从约里奥·居里夫妇发现铀核分裂后,原子核裂变链式反应被证实,原子核能宝库的大门被打开了。1941 年 10 月,美国总统罗斯福接受了爱因斯坦的建议,开始实施利用原子核能的计划——曼哈顿计划。1943 年 1 月,总负责人格罗夫斯将军同杜邦公司签订关于在田纳西州橡树岭建造一座热功率为 1 800 千瓦的空气冷却堆的合同。10 月,杜邦公司开始建造 3 座石墨水冷慢中子堆。1945 年春天,美国终于制成 3 颗原子弹。原子核能的利用首先体现在战争方面,但人类对原子核能的最终利用方向是和平利用。20 世纪 50 年代后,许多国家都大力发展核电站。俄国于 1954 年 6 月在奥布宁斯克建成世界上第一座小型核电站。之后,英、法、德、美和加拿大等国相继建立了一批核电站。1991 年 12 月 15 日,我国建成第一个核电站——秦山核电站,年发电 15 亿千瓦时。目前,世界各国正在加快发展快中子堆核电站。核能作为一种优质能源,受到各国科学家的重视和研究,发展核能成为历史的必然。

揭开血型的秘密

护士将一张白被单轻轻拉起，蒙住了又一位因分娩时大出血而死去的产妇的脸。英国妇产科医生布伦德尔面对接二连三发生的悲剧，再也无法保持平静。他作出了一个孤注一掷的决定，从自己身上抽血，输入那位生命垂危的妇女的血管中。奇迹出现了，产妇的心跳逐渐恢复正常了，脸上出现了红色。过了一会儿，她睁开了眼睛，茫然地注视着她差一点与之永别的医生、护士和亲人。

1818 年 12 月22 日，布伦德尔在伦敦医学年会上作了第一例输血成功的报告。

其实，早在 17 世纪，就有些医生试着给人输动物血液，可是，许多人因此而死亡。因此，在英国、法国和意大利输血遭到禁止。到了 19 世纪，甚至连把人的血液输给另一个人的办法也放弃了，因为输血后许多病人出现发冷、发热、头痛、胸闷、呼吸紧迫和心脏衰竭等症状，一些病人因此而死亡。当时，像布伦德尔一样孤注一掷，冒险给病人输血的医生微乎其微。而布伦德尔医生虽有了一两例成功的实践，也不能将这一方法普遍使用，因为他对血型的秘密知之甚少。

第一位揭开血型的秘密、为输血打开安全通道的人是奥地利病理学家卡尔·兰斯坦纳。

兰斯坦纳对血液的研究始于1900 年。他发现当一个人血液中的红细胞与另一个人的血浆混合后，有时会发生凝结。他通过细致的交叉比较，很快便搞清了真相。在红细胞里有两种蛋白成分，或称标记物。一个人的血型是由这些标记物以 4 种组合方式确定的，即红细胞中包含有一种或另一种标记物，或两种兼而有之，或两种都没有。兰斯坦纳分别称这 4 种血型为 A 型、B 型、AB 型和 O 型。

兰斯坦纳发现，一个人的血浆中含有会攻击异性标记物的抗体。这就是导致有些人输血后引起剧烈反应的原因。A 型血的人，体内有对抗 B 型血的抗体。如果 A 型血的人输入 B 型或 AB 型的血液，那么，他体内的抗体就要进攻并摧毁有 B 型标记物的血细胞。B 型血的人也会对 A 型或 AB 型血中 A 型标记物起反应。AB 型的血细胞有两个标记物，所以，AB 型血的人能接受任何血型的血液，但他的血只能输给 AB 型的人。O 型血的人只能接受 O 型血，但可以给其他任何血型的人输血。很早以前科学家就发现，南美印第安人的印加部落成员彼此可以顺利输血。直到兰斯坦纳发现血型之后人们才明白，他们之所以能彼此输血是因为几乎所有的南美印第安人都是O型血。

10多年过去了，医生们没能认识到兰斯坦纳研究成果的实用价值。直到第一次世界大战期间，面对2 100万名伤员的救治工作，医学界才开始大规模使用这种ABO系统进行分型和输血。

1915年，阿根廷的阿尔戈特医生在一次实验中发现柠檬酸钠能阻止鸡蛋白的凝固。由此，他联想到，柠檬酸钠也许可以对血红蛋白起同样的作用。经过实验证实，柠檬酸钠确实可以防止血液凝固。他的想法被实验所证实。这一方法为以后建立血库保存珍贵的血液创造了条件。从此，输血便经常应用于外科手术以及因意外事故和分娩而失血过多的人。

大战期间，兰斯坦纳带着妻子和儿子到荷兰继续从事研究工作。1922年，他应邀到美国纽约的洛克菲勒医学研究所工作。1927年，兰斯坦纳和菲利普·莱文将不同类型的血液进行分析比较，共同发现了人体血液的另两种独立的分型方法，它们的标记物分别被命名为M，N，S和P_1及P_2。

1940年，兰斯坦纳和布鲁克林大学的威纳医生发现了一种大多数人的红细胞上都有的、被称为Rh抗原的标记物。Rh抗原的发现挽救了无数婴儿的生命。一个Rh阴性(缺乏这种标记物)的母亲和一个Rh阳性的父亲，有50%的可能生出一个Rh阳性的孩子。只要Rh阳性孩子的胎儿细胞进入母亲的血液循环系统，那么，母亲体内便会产生对抗Rh抗原的抗体。这些抗体将长期存在于母亲体内，并将破坏Rh阳性胎儿的红细胞。这样的Rh阳性孩子就会贫血，有黄疸，而且一般都不能存活，有的甚至在子宫内即死去。Rh标记物的发现，不但解释了这种以前人们迷惑不解的现象，而且使人们可以采取立即给这些新生儿输Rh阴性血的办法来挽救这些婴儿的生命。今天，医生用抗Rh抗原的抗体预防因Rh血型不合而引起的新生儿溶血现象。

1930年，兰斯坦纳因发现人的4种主要血型而获得诺贝尔奖。1943年，他因心脏病发作在实验室里去世。

到了20世纪50年代，白血球血型的发现为医学奠定了异体移植的理论基础。目前，已发现的白血球血型已达100多种。

血型物质不仅血液中有，人的唾液、汗液、尿液中也存在。现在，查验血型可以不必抽血化验，只要获取人的汗、尿液就可以了。我国考古工作者在长沙马王堆发掘到距今2 000年前的女尸，并用测定血型物质的办法获知，这具千年古尸的主人——轪侯夫人的血型是A型。

破译大脑秘密的巨人——巴甫洛夫

狗识主人,牛通人情,动物与人之间常常演绎出一幕幕感人的故事。有人因此断言,这些都是由于一个叫做“灵魂”的东西在支配,而“灵魂”是什么,在哪里？直到19世纪中叶,这还是一个谜。

1849年9月26日,在俄国中部小城镇梁赞的郊区,一个男孩出生于穷教士彼得的家里。他就是后来寻找、解析灵魂而向上帝挑战的伟大生理学家伊·彼得罗维奇·巴甫洛夫。

巴甫洛夫从小酷爱读书,刻苦好学。一天,他在父亲藏书的阁楼书架上发现了一本叫《脑的反射》的书。这本书指出,人类和动物的一切行为不是由灵魂而是由大脑支配的,虽然书中并未提出确切证明,但给巴甫洛夫留下了深刻的印象。他从此选定了生理学作为自己一生的研究对象,立志要用科学的实验来研究人类和动物的大脑活动。

1870年,巴甫洛夫就学于彼得堡大学自然科学系,主修动物生理学,并选修化学等课程,拜学在著名化学家门捷列夫和生理学家齐昂教授门下。1874年,他完成了关于胰腺神经支配的第一篇科学论文,指出要用精细的外科手术来发现动物正常的消化法则。他因此获得校方赠予的一枚金质奖章。从此,巴甫洛夫开始了他在生理学方面的伟大事业。

他首先独立地进行了关于血液循环方面的研究工作。第一项成功的实验,是用既不捆绑也不麻醉的方法对狗进行血压测量,后来又着重研究了神经系统对心脏的影响。他用微弱电流在分布于心脏上极细的传出神经中,发现了两根改变心跳力的神经,即“巴甫洛夫神经”。在此基础上,他在生理学史上第一次明确提出神经系统对于新陈代谢所具有的重要意义。

巴甫洛夫的杰出贡献在于他在波特金医院领导生理实验室工作中独辟蹊径,通过对狗的消化系统的成功研究,创立了条件反射学说。

在巴甫洛夫以前,没有人能得到纯净的胃液。为了研究动物的消化系统,巴甫洛夫做了多次胃瘘管手术(在狗身体上开“活窗口”),均遭失败。为了超越前人,他不顾其他科学家的取笑,执著地继续试验。一天早晨,实验室的工作人员打扫狗的护理房时,忽然看到一只名叫“茹契卡”的狗逍遥自在地躺在墙角落的一堆石灰渣上,而这只狗是巴甫洛夫做过瘘管后存活天数最长的一只。它给予科学家的启示是:铺着碎石灰褥子的护理床,可避免手术后皮肤的溃疡。巴甫洛夫攻克了一道前人未曾解决的难关。

在成功制造胃瘘管的基础上,巴甫洛夫凭借其坚韧不拔的实验精神和对事物善于观察、思考的科学态度,找到了得到纯净胃液的方法——假饲法,即把狗的食道从中间割断,形成两个断口,造出两个瘘管口,使狗身上有了两个瘘管。然后把盛着面包和肉块的盆子放在狗的面前,狗大口吞噬,但本该直入胃腔的食物却在半道上走岔,从食道的上瘘管重新掉在那只盆子里,这样狗吃多少就掉多少,永远吃不饱肚子。而巴甫洛夫每次可获得约2公斤纯净而透明的胃液。这种胃液既可以供科学研究使用,也可以供病人治疗使用。巴甫洛夫通过出售胃液在很大程度上解决了实验经费问题。

接着,巴甫洛夫经过几十次的实验,终于完成了小胃隔离手术,即把狗的胃分成一大一小两部分,大胃担任消化食物的任务,小胃不让食物进入,只分泌胃液。这样就可详尽地研究活机体里最重要的消化过程了。这一手术是他对科学史上的一个了不起的贡献。为了表彰他的功绩,人们把这种小胃称作"巴甫洛夫小胃"。

是什么在控制着消化腺呢?巴甫洛夫的研究继续向纵深发展。一天,他站在一条名叫利斯夫的狗面前,仔细看着狗贪吃的过程。他发现食物才到狗嘴里一会儿,胃就分泌出胃液,经过长时间的观察,他终于恍然大悟。原来狗的口腔里分布着神经末梢,胃壁上分布着迷走神经。神经传输信号给大脑,大脑对神经发布命令,这些神经有视觉神经、嗅觉神经、味觉神经、迷走神经等。他终于找到了消化腺的"司令部",并因此荣获1904年诺贝尔奖。

巴甫洛夫继续向科学的巅峰攀登,经过30多年的不懈努力,以铁一般的实验事实和缜密的理论学说告诉人们,高等动物和人都具有反射活动。这种反射分非条件反射和条件反射,像手指碰到烫物而回缩这类不需要任何条件便形成的先天反射,叫"非条件反射",而后天形成的需要条件的反射叫"条件反射"。条件反射的形成、发展与消退,都与外界刺激有密切关联。比如,只要每次喂食前用烙铁烫狗,或用棍子打狗,经过若干次重复后,狗便形成一定的条件反射,以至于挨了打或被烫就淌下口水。不仅如此,巴甫洛夫还通过实验揭示了条件反射的生理机制。动物的非条件反射,主要依靠大脑皮层以下部位,在脑干内和延髓内,而条件反射主要依靠大脑皮层的功能。一旦切除大脑皮层,原先的条件反射功能则会完全丧失。

运用巴甫洛夫创立的这一科学理论,人们可以训练军犬,教动物表演杂技,提高教育效果,医治精神和心理疾病。

发明神奇“药弹”的人

德国免疫学家保罗·欧立希(1854—1915)认为,抗体是神奇的“子弹”,它能自动搜索出所要攻击的目标。欧立希所说的抗体指的是一种复杂的蛋白质分子,它产生于人体内部,能够起到抵消细菌和病毒的作用。抗体使人对某些疾病产生免疫,它的作用具有选择性,既能准确地命中所要攻击的细菌,又不会给周围的组织造成任何危害。

然而,人体并不是对所有的疾病都能产生抗体。例如单细胞动物睡病虫所引起的某些热带病,像非洲以萃萃蝇为媒介传播的睡眠病,人体内就没有能够战胜它的抗体。

欧立希反复思考着这样的问题:人体内不能产生的抗体,能不能在试管里制造出来呢?还在医科大学读书期间,欧立希就开始研究某些化学物质对动物组织的作用。

研究工作从哪入手呢?当时柏琴刚刚发明了染料的人工合成法,人们还发现,物质对染料都有选择性,如有的染料能染羊毛,而不能染棉布;有些染料只能使某些特定的细胞而不是所有的细胞着色。欧立希感到,染料确实是一种非常有用的工具,并开始对其进行研究。

欧立希发现了给结核菌染色的方法,从而引起了结核菌的发现者、德国细菌学家罗伯特·科赫的注意。在研究结核菌染色的过程中,欧立希感染了轻度结核病,不得不暂时中断工作到气候干燥的埃及去疗养。

这时德国细菌学家、免疫学家艾米尔·贝林发现,动物体内能生成一种和细菌结合后使细菌失去致病作用的化学物质。他还发现,这种抗体是在动物患病后产生的,从此动物就对这种疾病产生了免疫力。

1889 年,欧立希从埃及归来后听说了贝林的发现,他和贝林共同进行了深入研究,提出了著名的“侧链学说”,即有机分子包含稳定中心基和不稳侧基,后者在免疫变化中起作用。这一学说对抗体的产生和作用进行了理论上的说明。他们还发明了把某种细菌移植到动物体内,使动物对这种细菌产生抗体,然后再采取动物的血液,让血液中的抗体凝聚在血清里的方法。将这种血清注射到人体中,人就能获得相应的抗体。

1892 年,贝林和欧立希成功研制了白喉抗毒素。这种抗毒素是一种含有能够中和白喉杆菌毒素的抗体的血清。欧立希发明了用这种抗毒素预防白喉的方法,他的方法在世界上被广泛采用。他也因此被聘为柏林大学教授。

1896 年,德国政府为白喉抗毒素的研制成功所鼓舞,设立了血清研究所,聘请欧立希为所长。

在继续深入研究血清疗法的同时,欧立希也试图发现某种化学药品来医治那些人体自身所抵抗不了的疾病。1904 年至 1907 年,欧立希发现了一种叫“锥虫红”的染料能把锥虫染色,而锥虫是非洲很可怕的昏睡病的病原体。在人体内注入适量的锥虫红就可杀死锥虫。这种药被称为“特瑞彭罗特”(Trypan-rot)。这样,他在染料中寻找杀菌剂的想法终于变成了现实。至此,出现了用化学药品杀死病原菌的“化学疗法”这门科学。

欧立希继续寻找更有效的化学药物。他经过分析发现,锥虫红的药效主要来自其中所合的氮原子。他想,砷原子的化学性质与氮原子十分接近,那么砷化物能不能用来代替锥虫红呢?

砷化合物都是有毒的。欧立希一面对不同的砷化合物品种进行分析研究,一面进行动物实验。他在锲而不舍地追求着神奇的“化学子弹”,这就是既不给动物带来任何危害,也能够有效地杀死细菌的化学药物。

实验过的药物品种在不断增加,欧立希无功而返,但他毫不气馁,实验到 418 号药品——偶砷苯基甘氨酸时,终于有了成果。实验表明,418 号药品对睡病虫有很强的杀伤力。

1908 年,欧立希因血清疗法的研究成果获得诺贝尔奖。

1909 年,欧立希的学生、日本人秦佐八郎在重复欧立希过去做过的实验时偶然发现,被欧立希认定没有显示任何效果的 606 号药品虽对锥虫无效,但可以杀死一种叫螺旋体的细菌。这种细菌是梅毒的病原体。

梅毒是哥伦布时代以来在欧洲传播达 400 年之久的不治之症。据称,梅毒是哥伦布的部下从加勒比海地区印第安人那里带回欧洲的,而欧洲人则把天花带给了印第安人。

欧立希将“606”这种药物命名为“洒尔佛散”(Saivarsan),意思是“安全的砷”。

“洒尔佛散”被发现之后,科学家们曾试图寻求更多战胜其他疾病的化学药品,但成效并不明显。直到 1935 年杜马克发现了磺胺类抗菌素以后,化学疗法才又重新获得巨大的生命力,人们相继发明了多种单细胞微生物制成的杀菌剂。

今天,同疾病作斗争的新的化学药物和血清制品不断涌现,但这些都始于保罗·欧立希,他开辟了血清疗法和化学疗法这两个领域。

脚气病的克星

1878 年的一天，日本海军部接到一份报告，日本海军中有 33% 的水兵得了脚气病，患者全身浮肿、肌肉疼痛、四肢无力，脚肿得像酒瓮一样，重者因此而死亡，而当时的医生对这种病束手无策。这种病使大日本帝国的海军战斗力丧失了 1/3。这份报告使日本海军部一片惊慌，也令日本医学界感到头痛。

1892 年，东京海军医院院长高木谦宽开始全力研究这种严重危害帝国的疾病。在 5 年的实地调查研究中，他注意到欧美海军中患脚气病的人很少。根据这一情况，他细致观察和分析了欧美海军和日本海军的食物，发现欧美海军吃的是面食，日本水兵吃的是精白米。为此，他在一艘训练舰上调整配食标准，给士兵提供面食、大麦和牛乳等，结果这艘军舰返航后竟无一人得病。这一现象令高木和整个日本海军部兴奋不已。但遗憾的是，高木没能解释其中的原因，最终解开这个谜的是荷兰的一位医生。

生于荷兰内伊克尔克的艾克曼，1883 年毕业于阿姆斯特丹大学，获医学博士学位后到柏林大学卫生研究所从事细菌学研究工作。1886 年，他去现在的雅加达研究当地流行的脚气病。由于成果显著，在他 35 岁时，被作为专家紧急派往印尼爪哇岛。那里脚气病已肆虐千百年，每年都要夺走许多荷兰占领者的生命。

面对逞凶的“瘟神”，艾克曼首先从寻找病菌入手。他用未逃脱瘟神魔掌的病鸡做试验，做了各种切片，进行仔细观察，但都没有结果。鸡一批批死去，脚气病仍旧肆虐，甚至连他自己也患上了。

就在艾克曼百思不得其解时，一件偶然的事情启发了他。一天，养鸡场的饲养员生病了，新来了一个饲养员，奇怪的是，在新饲养员的饲养下，一群病鸡慢慢恢复了健康。这使艾克曼豁然开朗：“毫无疑问，脚气病一定和食物有关。”于是，他进行了用精、糙米分喂小鸡的实验。给一组小鸡喂精白米，给另一组小鸡喂糙米。几周后，前者出现多发性神经性炎(脚气病)，后者则安然无恙。艾克曼再用糙米喂病鸡，多发性神经性炎逐渐消失。实验证明，糙米中一定有一种微量物质可以治愈可怕的脚气病，脚气病并非由细菌引起，而是食物中缺乏某种微量物质。艾克曼的这一结论，有力驳斥了一切疾病均由细菌引起的“生源说”。

历史常常有相似的一面。在16世纪,哥伦布有一次带领一批人在大西洋上航行,由于长期吃黑面包和咸鱼肉,十几个船员病倒了,他们浑身无力,下肢疼痛,齿龈和全身出血。哥伦布为了不眼睁睁地看着他们死亡,万般无奈之下把他们送上附近的一个海岛。但是,几个月后,当哥伦布返航途经该岛,上岸准备收尸骨时,十几个人竟蓬头垢面地向哥伦布狂奔而来,这使哥伦布大惑不解。当得知船员们只吃水果和野菜竟活了下来后,哥伦布意识到,秘密一定在水果和野菜里面。

那么,水果和野菜中的秘密究竟是什么?

在艾克曼发现食物中的微量物质能够治愈脚气病10年后的1912年,波兰化学家弗克以及日本生化学家铃木、岛村和大岳,分别用不同的方法从米糠中提取出一种白色的结晶体——硫胺素,即维生素 B_1。随着科研的不断深入,科学家们又发现许多种功用各异的维生素,统称为B族维生素。在这一大家庭里,按发现的先后,把各个成员称为 B_1, B_2……直至 B_{17}。

艾克曼首先发现了食物中含有生命所必需的微量物质,为后来创立维生素学奠定了基础。1929年,他与霍普金斯同获诺贝尔生理学和医学奖,为世界科技史写下了光辉的一页。

神秘的胰腺暗点

加拿大多伦多大学医科毕业生班廷，到安大略省的伦敦城挂起招牌，开始了他的行医生涯。在开业的头30天里，只有一个病人按过诊所的门铃，收入只有几元钱。

然而，就是这位“不成功”的医生，却因为从动物胰脏中提取了胰岛素，而挽救了千万个糖尿病患者的生命，并于1923年荣获诺贝尔医学奖。从此，他所在的医院门庭若市。他还抢救了英国国王乔治五世和乔治·伊斯门、休·渥尔波、乔治·R· 迈诺特医生等著名人物的生命。迈诺特医生的病情得到控制以后，作出了同样伟大的发现——对过去的不治之症恶性贫血的肝脏疗法。

班廷曾是安大略省医学院聘请班廷担任药物学的兼职讲师，这项工作成为他的人生转折点。有一天，班廷的上司麦克劳德教授让他作一个关于糖尿病问题的报告。全世界有数以百万计的糖尿病患者，但当时糖尿病属于一种不治之症，得了这种病，只能用挨饿的办法来控制病情。

为了准备这个报告，班廷查阅了大量有关糖尿病的文献。在研读这些材料的过程中，班廷产生了这样的疑问：“为什么有些人与众不同，他们血液中的糖分不能当做身体所需要的燃料而加以利用，使之变成热能呢？”这当然是由于他们的胰腺功能有某种缺陷所致。但是，又是什么原因造成这种缺陷的呢？资料上说，在健康人的胰腺上，布满了岛屿状的暗点。医生们一再想把这些暗点分离出来，分析化验，但均未成功。他们只发现了一个具体事实，即因糖尿病死亡的患者，其胰腺上暗点明显缩小，而在由于其他疾病致死的尸体上所看到的这种胰腺暗点，却仍保持原来的大小。

直觉告诉班廷，这些神秘的“岛屿”包含了有关糖尿病问题的答案。他决定将它搞个水落石出。

班廷和他的助手贝斯特——一个在化学分析方面颇有才干的不到20岁的医科学生——在简陋的实验室里开始了他们的研究工作。

实验是在狗身上进行的。他们把狗的胰腺管道结扎起来，待几个星期后，狗分泌消化液的细胞退化了，再取出胰腺上岛屿状暗点的粥状物进行分析和试验。

他们把“粥状物”再注射到狗身上，仔细观察反应。试验了91条狗，仍毫无结果,但当他们试验到第 92 条狗时,奇迹出现了。这条被切除胰腺的狗,由于糖尿病而濒临死亡,但在注射了一针“岛屿状暗点的提取物”后,它的血液中糖分开始下降。几小时后,狗慢慢爬起来,摇着尾巴“汪汪”地叫了起来。

班廷高兴极了,确实是胰脏的“岛屿”提取物把狗血液中的多余糖分利用了。他将这种提取物命名为“岛汀”(Isletin),意思是胰岛的化学物质。

这两位年轻的科学家原以为试验已经顺利结束了,但没想到,不到 20 天,那条狗还是由于过多的糖分而送了命。原因是“岛汀”只能控制和缓解患糖尿病狗的病情,而不能彻底改善狗胰脏的机能,让它自己产生这一物质。所以,要维持狗的生命,就必须经常地、足量地给狗注射“岛汀”。但是到哪里去获得大量的“岛汀”呢?

班廷想到了牛、羊。他的家乡牛羊成群。他们从屠宰后的牛、羊的胰脏中提取岛汀,过去这些东西都是被当做垃圾扔掉的。他们还从胚胎中的小牛羊身上提取,由于这些小动物分泌其他消化液的细胞尚未发育成熟,故胰腺几乎全部由“岛屿状暗点”所构成。

有了足量的“岛汀”,班廷终于成功地使患糖尿病的狗活了下来。

动物试验成功了,但“岛汀”是否可以控制人类的糖尿病呢? 班廷想到了自己的好朋友基尔克里斯特医生。他俩儿时是邻居,又一道上了医科大学。现在基尔克里斯特正忍受着糖尿病的煎熬。上次见面时,斑廷还闻到了从他嘴里发出的丙酮气味。

基尔克里斯特被请到实验室。班廷怀着忐忑不安的心情给他注射了葡萄糖和“岛汀”。几个小时后,基尔克里斯特的糖尿病症状明显改善。

麦克劳德教授得知班廷实验成功的消息后,立即搁下其他事情,亲自主持这项研究。他将“岛汀”这个词改称“胰岛素”。

糖尿病能够加以控制的消息传出后,大批病人蜂拥而至,要求注射胰岛素。胰岛素供不应求,而且注射方法也未臻完善。

班廷在位于克里斯蒂大街的返国军人医院的糖尿病病房里一边给病人治病,一边研究如何正确把握胰岛素的注射剂量,如何处理注射胰岛素和注射葡萄糖的比例关系等问题。在病员的大力配合下,班廷的研究获得了成功。

在班廷收治的 50 个重症糖尿病人中,46 位病人情况好转,其中 6 人几乎完全康复。

班廷发现胰岛素之后 60 年,也就是 1982 年,人工合成胰岛素首次投放市场。从此,全世界千百万糖尿病患者不再为胰岛素供不应求而愁眉不展了。

贮存生命密码的 DNA

20 世纪生物科学最伟大的发现是 DNA(脱氧核糖核酸)双螺旋结构分子模型的提出。正是这一发现导致了分子生物学的产生,使整个生物学的面貌为之一新。

现代科学实验证明,DNA 是遗传物质的基础,也就是说,DNA 分子是携带遗传信息的物质。但是,得出这个结论,却经历了大约 80 年时间。1865 年,在德国杜宾根大学细胞化学实验室工作的年轻的瑞士科学家米歇尔,用胃蛋白酶水解从外科病人的绷带上取下来的脓细胞中得到一种不同于蛋白质的、含磷较多的物质,称为"核素"。不久,与米歇尔在同一实验室工作的阿特曼发现,从细胞核中分离出来的不含蛋白质的物质是酸性的,故称为"核酸"。

对核酸化学组成的认识作出卓越贡献的科学家是科赛尔。他通过实验证明,从最简单的生物到人类细胞的细胞核中毫无例外地存在着核酸,但不同的细胞中核酸的含量不同。之后,他又弄清楚了核酸的主要成分,并且提出了一些有关核酸功能的重要概念。他设想,集中在细胞核内的核酸,在细胞分裂和卵子受精、发育过程中,很可能是起关键作用的物质。

以列文为首的一批科学家在美国对核酸的化学组成,特别是化学结构作了大量的研究。他们证明核酸所含的糖不是六碳糖,而是五碳糖,并有核糖和脱氧核糖之分,因此核酸也就有 RNA 和 DNA 之分。

20 世纪 40 年代是生物化学和遗传学具体结合的时期。明确遗传信息载体是 DNA,是这个时期遗传学研究的重要推动力。

首先肯定基因即 DNA 分子的是美国细菌学家艾弗里。他与合作者在 1944 年第一次用肺尖双球菌转化实验证明了 DNA 是遗传信息的载体,打破了以往长期认为蛋白质是遗传信息载体的信条。

从 1948 年起,奥地利生物化学家查哥夫在美国哥伦比亚大学医学院进行了关于核酸中 4 种碱基含量的重新测定工作。他对列文的"四核苷酸假说"所依据的"核酸内 4 种碱基含量相等"的事实产生了怀疑。他利用纸层析法分离 4 种不同的碱基,用紫外线吸收光谱做定量分析,经过多次反复,终于得出了不同于列文的结果:在 DNA 大分子中,嘌呤和嘧啶的分子数量相等。其中腺嘌呤和鸟嘌呤分别同胸嘧啶和胞嘧啶的分子数量相等。这项工作为 DNA 双螺旋结构中起重要作用的碱基配对原则奠定了科学基础。

正当许多科学家致力于DNA结构研究,并在各方向取得不同程度的可喜进展的时候,两位年轻的科学家——美国人沃森和英国人克里克在剑桥相遇,并决定一起攻克这一难关。

用X射线来研究分子的结构是英国科学界的一大特长。这种被称为X射线衍射的技术在1912年首先被用于观察盐的晶体结构,到20世纪30年代开始应用于大分子物质结构的研究。1951年,沃森和克里克开始应用X射线衍射方法着手建立DNA分子结构模型。

克里克试图用数学计算的方法来解决DNA的结构问题。他经过连续的计算,终于得到了DNA分子是呈一圈一圈盘旋的螺旋体的启示。沃森的工作是拍摄DNA分子的结构照片。他在一张25°角拍摄的片子上,清楚地看到了螺旋形的线条。克里克和沃森一致认为DNA分子是呈螺旋状的。不久,沃森看到了英国女科学家弗兰克林拍摄的一张DNA分子的B型图照片。他这样描述了当时自己的心情:“一见那张照片我真激动极了,话也说不出来了,心怦怦地直跳。因为从这张照片上完全可以断定DNA的结构是一个螺旋体。”

但是紧接着需要解决的问题是,这个螺旋体究竟是由单链、双链、三链,还是四链构成的呢?为解决这个问题,克里克和沃森历尽艰难。根据当时的材料和自己的分析,他们以充足的理由否定了DNA分子的单链和四链的螺旋结构。他们需要依据强有力的事实在双链和三链结构上作出判断。

1951年底,沃森和克里克提出了一个三股链的螺旋结构分子模型,而且把磷酸植入螺旋的内侧,结果由于算少了DNA的含水量,使DNA密度变大,从而错误地把DNA定为三股链。第一次模型设计失败了。他们第二次建立的模型是一个双链螺旋模型,由于碱基配对原则错误而宣告失败。但他们从中总结了不少有益的经验教训,为成功建立第三个模型奠定了基础。

1953年初,沃森和克里克参考了查哥夫对DNA的化学分析和所得出的碱基配对原则,以及剑桥的青年数学家格里弗思通过计算得到的碱基之间的结合力是腺嘌呤吸引胸嘧啶、鸟嘌呤吸引胞嘧啶的研究成果,合理地解决了DNA分子中的糖—磷酸骨架问题、连接两条链的H键结合力以及碱基配对原则等问题。同年3月18日,沃森和克里克终于成功地建立了DNA分子双螺旋结构模型。

这个模型表明:两股DNA长链像转圈楼梯扶手架的上下底边一样围绕着一个中心轴盘旋,两股螺旋链的走向相反,其外侧为磷酸基因,内侧为4种碱基，由于腺嘌呤和胸嘧啶、鸟嘌呤和胞嘧啶之间产生相互吸引的氢键（即碱基配对原则），从而使两条 DNA 长链之间存在互补的关系。

DNA 的结构被发现后，生理学和遗传学之间的桥梁就建立起来了。科学家们发现，DNA 就是一种读出器，它能对编成线性序列的密码进行扫描，并最终将这些密码变成具有三维空间结构的蛋白质。DNA 贮存的信息数量非常之大，现在生物学家已可随意地阅读大量的 DNA 密码。

DNA 分子结构的发现，加深了人们对生命本质的认识。在生物学史上，一般把 1953 年由沃森、克里克建成 DNA 分子双螺旋结构模型看做分子生物学的开端。科学发展的实践证明，他们的这一创造性发现大大促进了生物科学在分子水平上的研究，使生物学的面貌焕然一新。这一模型也成为 20 世纪生物科学中最重要的发现。

取自野生番薯的药物

墨西哥的热带丛林中大量生长着野生番薯。直到20世纪30年代之前,并没有人注意过它。最终发现它并开发出避孕药的人是美国化学教授拉赛尔·马克。

20世纪30年代末,马克在州立宾夕法尼亚学院任教时,发现了能把类固醇族物质(即皂甙元)降解成女性激素孕酮的简单方法。这在当时的欧洲无疑是一个重大发现。

当时欧洲提炼孕酮的费用很高,合成方法十分繁琐,市场上很少见到孕酮,只有一些药物公司出售。人们虽然已对类固醇激素有所了解,知道有性激素(又分雄、雌激素和孕激素,孕激素以孕酮为主)和肾上腺皮质激素两大类,但得到它们却不容易。

一次偶然的机会,马克发现皂甙元在墨西哥热带丛林的野生番薯中含量极高。于是他在墨西哥城租下一间简陋的实验室,收集了10吨野生番薯,分离出皂甙元。回美国后,他又在一个朋友的实验室里用皂甙元合成了2 000克孕酮。马克为此欣喜若狂,因为当时1克孕酮价值约80美元。1944年,马克与两位墨西哥人创办了一家名叫“辛特克斯”的小型制造公司。因为与合伙人发生争执,他在一年后离开这家公司。

辛特克斯公司并未因马克的退出而销声匿迹,它因古巴化学家乔治·罗森克兰茨的加入而恢复了元气。罗森克兰茨不仅生产出大量的孕酮,而且还用野生番薯合成了雄性激素睾丸酮,使该公司的产品打破国际垄断,令欧洲医药公司望尘莫及。

1949年,辛特克斯公司特聘美国卡尔·杰拉西博士为该公司研究部主任,主要研究合成肾上腺类固醇可的松,并试图找到用野生番薯合成雌激素雌醇的方法。一年后,杰拉西应用澳大利亚化学家伯奇发明的技术和“芳构化”的化学技术,将睾丸酮转化成雌醇,并得到一种同时具有孕酮和雌酮结构特征的杂交分子。通过对杂交分子再“去芳构化”,杰拉西合成出活性比天然激素强4~8倍的化合物分子——去甲孕酮。但使用这一药物需频繁注射,这会给病人带来很大的痛苦,于是,杰拉西决定合成口服药。

其实,早在第二次世界大战前,在柏林的斯凯林实验室,汉斯·伊豪芬把气态乙炔分子加入雌醇的一个环里,已经意外发现合成分子在胃里有惊人的稳定性,可制成片剂口服。伊豪芬再对睾丸酮如法炮制,又一次意外地得到了具有特异生物特性的乙炔睾酮。它不仅口服有效,而且具有明显的孕酮活性。这一历史线索正是杰拉西在 1951 年夏天得到的重要提示。同年秋天,杰拉西便合成出比当时任何其他类固醇生物活性都大的化合物——炔诺酮。这便是后来一些口服避孕药中的有效成分。有趣的是,杰拉西与他的同事对此竟未察觉。

1953 年,一种新的化合物——异炔诺酮在伊利偌斯州西亚尔公司诞生。1953 年至 1954 年,著名生殖生物学家格雷戈里・平卡斯在沃西斯特实验生物学基金会的资助下,对上述两家公司的化合物及其他类固醇进行排卵抑制试验,发现两家公司的化合物作用最强。在此基础上,平卡斯与妇产科医生约翰・罗克合作进行了第一次人体实验。结果表明,炔诺酮和异炔诺酮不仅能调节月经,而且具有避孕作用。

但把这两种药物作为避孕药投入市场,却遇到了天主教的强烈反对。平卡斯通过不懈的努力,终于于 1960 年获得食品和药物管理局的许可,将异炔诺酮作为避孕药物投放市场。这样,人类历史上第一次出现了一种安全的避孕方法。1962 年,辛特克斯公司也获准将炔诺酮作为口服避孕药投放市场。由于炔诺酮先于异炔诺酮产生,因此,卡尔・杰拉西被公认为历史上第一位合成出口服避孕药的人,他也为此获得德国国家医学奖和第一沃尔夫化学奖等多种奖励。

现代口服避孕药已很少有异炔诺酮,西亚尔公司不久之后又发明了第二种口服避孕药——双醋炔诺醇。1968 年,韦思实验室又发明了第三种避孕药。上述三种类孕酮化合物占口服避孕药的 90% 以上。口服避孕这一革命性的节育方法给控制人口增长带来了新的希望。这类药物除计划生育外,还对皮肤科疾病、免疫疾病有神奇的缓解功效。目前,人类在改进口服避孕药的同时,还在寻求新的避孕方法,如使用男用避孕药、妊娠疫苗及长效的皮下植入药。不过,预计在相当长的一段时期内,类固醇避孕药仍将是使用最广泛的可逆性节育法。

揭开从无生命到有生命的神秘过程

1967 年 12 月 10 日，在瑞典斯德哥尔摩宽敞的音乐厅内，一位学者激动地登上主席台，从主持人手中接过该年度诺贝尔化学奖的奖杯，顿时，整个大厅掌声雷动。这位学者就是柏林大学著名物理学家和生物学家艾根。他因在高速化学反应方面的杰出贡献而获此殊荣。而他后来对科学的另一重大贡献，则是创立了超循环理论。

为了研究生命的起源和进化，1971 年，他发表其著名论文《物质的自组织和生物高分子的进化》，正式提出了超循环理论。在以后 7 年中，他又相继发表了《生物信息的起源》一文和整理出版了《超循环——一个自然的自组织原理》一书，集中研究分子生物学和分子物理学的问题，系统介绍了他的超循环理论。

在揭示从无生命到有生命（即从生物大分子到原生细胞）的进行过程中，艾根引入“超循环”概念，并把循环反应网络分为反应循环、催化循环和催化超循环三个等级。所谓超循环，是指催化功能的超循环，也就是通过循环联系把自催化联系起来的循环。这种循环系列中的每一元素既能进行自复制，又能对下一个元素的产生提供催化支持。这种循环能保证选择和进化的基础——代谢、自复制和突变。

艾根的这一理论，既为生物大分子和超循环组织的进化建立了数学模型，也描述了从大分子到原生细胞的进化过程中各阶段的动态图景。他从信息的角度，用系统理论研究了分子的起源和进化，把化学和生物系统从微观形态上连接起来。不仅如此，他还从微观上用分子生物学的演化观点解释了达尔文所揭示的生物在宏观上的进化过程。这样，他就描绘了一幅从无生命物质向微观和宏观的生物系统动态发展的完整图景。

艾根的超循环理论及其方法对系统理论的发展作出了重大的贡献，并且，由于他的理论涉及许多重要的科学和哲学问题，如原因和结果、信息与功能、达尔文式的进化图景和热力学第二定律退化图景的联系，以及如何看待和处理模型和现实、历史和逻辑、可还原与不可还原等，因此，他的理论和方法在科学史和认识史上都具有独特的重大意义。

百姓也染帝王紫

19 世纪中叶，人们的服饰缺乏丰富的色彩，世界到处充斥着褐色。一种从贝类中提取的紫色染料虽古已有之，但由于这种被称为“泰雅紫”的染料非常昂贵，只有富人才能用得起，而在东罗马帝国时期，甚至只有皇帝才能用这种染料。因此，在英语中，把出生皇族称作“出生在紫色之中”（Born in The Purple）；罗马天主教在任命某人为主教时，就称将某人“提升到紫色行列”（Raise Someone to The Purple）。

柏琴 1838 年 3 月 12 日出生在伦敦。他的父亲从事建筑业，期望儿子能子承父业。但柏琴 14 岁那年去听了一次法拉第的科学讲座，他深深地被法拉第的有趣实验所吸引，从此，决心选择化学研究作为自己终生的事业。

历史有着惊人的相似之处。1812 年，21 岁的法拉第聆听了著名化学家戴维的学术报告而坚定了献身科学的信念；1852 年，14 岁的柏琴又因为听了法拉第的科学讲座而激发了从事科学研究的热情。

17 岁时，柏琴就在英国皇家理科学院崭露头角，并成为霍夫曼教授的实验助手。霍夫曼是德国有机化学家，他创立了德国化学学会，并任会长多年。他原是学法律的，也是因为听了后来成为他导师的科学家李比希的报告后转学有机化学。1845 年，霍夫曼受聘到英国教授化学，并创立了一个化学研究中心，潜心研究苯胺。到英国后，霍夫曼十分关注两个研究课题：其一是研究煤焦油中的化学物质。煤焦油是煤在隔绝空气加热后所得到的一种黏稠的黑色物质，它是一种复杂的有机化合物的混合体，化学家们利用它可以制造出新的化合物。1850 年，霍夫曼从煤焦油中提炼出苯胺，它构成了向有机化学过渡的“桥”。其二，霍夫曼非常关心化学在医学上的应用。他根据自己的实践，认为可以用氧化苯胺衍生物制造奎宁，并把这个题目交给了柏琴。奎宁是种治疗疟疾的药物，如能人工合成，就不必再从南美洲进口了。

接到研究课题之后，柏琴立即开始在实验室里进行实验。柏琴不知道，根据当时的化学知识和实验条件，是不可能用煤焦油中的化学物质制成奎宁的。制造奎宁的实验一无所获。

1856 年的一天，柏琴把煤焦油中的苯胺和重铬酸钾与硫酸在玻璃量杯中化合，得到了一种黑色的混合物。对着阳光仔细观察，柏琴发现混合物发出紫色的光。柏琴往混合物里加入酒精，试图溶解出其中发紫光的物质，结果酒精呈现出美丽的紫红色。凭着敏锐的直觉，柏琴意识到这种紫色的液体可以作染料。他用各种布料做试验，结果这种染料洗不掉色、晒不褪色。柏琴给这种紫色染料取名为“苯胺紫”。在此之前，主要的染料只有两种，即从植物蓝中提取的蓝靛和从茜草根部提取的茜草色素。这些都是天然的染料，柏琴发现的“苯胺紫”是人类首次发明人工合成染料。

经瑞典一家专业公司鉴定，如果能用低廉的成本大量生产这种紫色染料，实用前景不可限量。柏琴辞去了大学的工作，开始投身实业。

为了支持柏琴的事业，父亲和哥哥拿出了全部积蓄。

1857 年，染料工厂开始建设。没有现成的化学反应装置，柏琴只能自行设计。现在染料工厂所使用的装置中，仍有一些沿用的是柏琴的设计。设备齐全了，又遇到了原料问题。生产“苯胺紫”所需要的苯、硝酸等原料都没有地方购买，只有自己从煤焦油中提取苯，用智利硝石和硫酸自制硝酸。

柏琴的染料工厂终于投产了。

“苯胺紫”在世界时装中心——巴黎一炮打响，几乎所有的时装都染上了紫色。“苯胺紫”供不应求。柏琴不仅积累了巨大的财富，也成了世界著名的染料权威。1861 年，他应邀到伦敦的化学学会去作报告，法拉第也坐在听众席上，昔日的先生今天成了学生。

柏琴的成功，鼓舞和激励了其他科学家。许多化学家都转到合成染料的研究方向上来。1869 年法国人格雷贝合成茜素。1863 年柏琴的老师霍夫曼制成“霍夫曼紫”。1882 年德国人拜耳成功研究靛蓝合成法。在此基础上，德国迅速完成了染料、香料等有机化学工业制品的工业化生产的准备工作。

1874 年，柏琴退出实业界，重新致力于化学研究。1875 年，他合成芳香物质香豆素，这是香料工业的开始。

现在人工合成物质已遍及纤维、橡胶、药物、食品等众多领域。1924 年和 1930 年，德国化学家分别合成了“扑疟喹”和“阿平”，用以代替奎宁治疗疟疾。这最终证明柏琴当年向“不可能实现的课题”挑战绝非徒劳，正是柏琴那些看似徒劳的有益探索，给人类开辟了一个姹紫嫣红的新天地。

年代的铁证

1911年,一个名叫道生的英国律师用几块人类头骨化石碎片制造了“道生曙人”的骗局,甚至骗过了一些著名专家的眼睛。当时,虽然也曾有部分科学家对所谓的“道生曙人”表示怀疑,并发现了破绽。如青年医生华脱斯顿已看出“道生曙人”的头骨和下颌骨不属于同一个个体。动物学家米勒肯定地指出了“道生曙人”的下颌骨是属于黑猩猩的。但是,由于纪斯、伍德华德等人类学权威的大力推崇,也由于没有科学的年代测定方法,骗局未被戳穿。直到20世纪50年代初,美国化学家威拉德·利比发明用碳^{14}测定年代的方法后,才戳穿了道生的骗局。

那么,碳^{14}为什么能够用来测定年代呢?

我们知道,同一种元素的原子核具有相同的电荷数。但也有一些原子,它们的原子核的电荷数相同而原子量不同。这些原子就是同一元素的同位素,在元素周期表上它们都在同一位置上。例如碳元素就有三种同位素,分别是碳^{12}、碳^{13}、碳^{14}。它们的电荷数都是6,而原子量分别是12,13和14。在碳同位素中,有些是稳定的,像碳^{12}和碳^{13};而碳^{14}则是一种放射性同位素,它不停地稳定地放射出β射线,自身就逐渐蜕变成另一种元素。有的放射性元素放射出α射线,叫做α衰变;有的放射出β射线,叫做β衰变。某一种元素,由于衰变而损失一半质量所需要的时间,叫做这种元素的半衰期。碳^{14}经过β衰变以后,蜕变成氮^{14},它的半衰期大约是5 568年(一说5 730年)。也就是说,每过5 568年,碳^{14}就只剩下一半,另一半就变成氮^{14}了。

既然碳^{14}在不断地进行β衰变,那么经历千万年后,照理说地上的碳^{14}已所剩无几,绝大部分碳^{14}都变成氮^{14}了。但是,地球上的碳^{14}是始终存在的,并且保持着一个恒定的比例。那么地球上的这些碳^{14}是怎样产生的呢?

在5万英尺的高空,宇宙射线产生大量的中子。这些中子再和大气中的氮核发生反应,放出一个质子,产生活泼的碳^{14}原子。这些碳^{14}原子在高空形成以后,和氧气化合,产生二氧化碳,然后逐渐向地球表面沉降,被地球上的植物进行光合作用的时候吸收,形成碳水化合物。所有的生物体内都含有一定量的放射性碳^{14},动物体内的碳^{14}是通过食用植物获得的。所有活着的生物体内碳^{14}的含量是一个常量:一方面,它们不断地摄取补充;另一方面又通过排泄和碳^{14}自身的衰变，不断地减少碳^{14}含量。一旦生物体生命结束，便不再摄取碳^{14}，体内的碳^{14}含量便以每5 568年衰减一半的规律逐渐减少，放射性强度也以同样的规律衰减。所以，只要测出生物标本里碳^{14}放射性的大小，并且和标准值相比较，就可以计算这一标本的年代，这样也就可以用以辨别文物的真伪。

测定文物的绝对年代，尤其是测定那些没有文字记载的史前文物的绝对年代，在20世纪50年代之前，一直是令考古学家头痛的问题。当时，考古学家们只能借助于文字记载、旁证类推和物体制作工艺来判断文物的年代。这种由推断得到的年代，包含着许多主观臆测，往往和实际年代不符。

1947年，美国化学家比利发明了利用有机物质或含碳物质中放射性碳^{14}总量来确定地质年代的方法，并于1950年用此方法实际测定文物年代获得成功。为此，比利获得1960年诺贝尔化学奖。

目前，世界各地已建立了数以百计的碳^{14}实验室。这些实验室测定了大量史前文物的年代数据，修订了许多考古学家此前作出的年代推测。例如，西安附近的半坡古文化遗址，从地层对比和出土器物推测出它的年代为距今4 500年到5 000年之间。经过碳^{14}的测定，证明半坡遗址的实际年代是距今5 600年到6 080年前。

碳^{14}测定年代法不仅应用于测定考古年代和鉴别文物的真伪，还被应用于研究地球物理、太阳物理、宇宙射线、海洋科学和古代气候的变迁等领域，对这些学科的发展起到了积极的促进作用。

59 秒与一个世纪

像鸟一样在天空飞行,是人类的长期愿望。为实现这一梦想,人类作出了不懈的努力。

古希腊有一则神话故事反映了人类的这种愿望:有一个叫底达罗斯的巧匠,为了逃脱国王对他的禁闭,偷偷地用蜡和羽毛制成巨大的翅膀安在双臂上,带着儿子伊卡诺斯飞返故乡。途中,因飞得离太阳太近,蜡受热熔化,翅膀脱落,人掉到大海里淹死了。

西汉末年,我国就有人做了一个形状似鸟的飞行物,力图像鸟一样在天空飞翔。可是,这个装置只在低空飘行一段便跌落在地。

世界上第一个有计划地设计和制造飞机的人是英国的凯利爵士。他从1804年开始这项工作,1843年制造出“空中车子”号飞机。虽然这架飞机没能起飞升空,但在推进器和旋转翼的应用方面,对飞机的诞生产生了较大影响。

第一个在空中滑翔飞行的人是德国工程师奥托·李林塔尔。他于1891年成功地制作了第一架滑翔机。他把胳膊挂在机翼上以控制飞机的稳定性,靠转动身体和腿来控制飞行的方向。滑翔机毕竟不是飞机,它的机体并未起飞,只是靠从山坡上冲下的惯性向下滑行。

世界上第一架载人飞机是美国人威尔伯·莱特和奥维尔·莱特两兄弟制造的。莱特兄弟于1896年开始研究飞行。为了获得研究经费,他们在俄亥俄州经营自行车生意。在制造和修理自行车的过程中,他们掌握了大量的机械和力学方面的实际知识。他们还注重基础理论和航空专业知识的研究。为了研读李林塔尔的专著《飞行问题》和《滑翔实践》,他们学会了德文。在重视理论的同时,他们也十分重视观察和实验。李林塔尔说的“谁要飞行,谁就得模仿鸟”,给他们留下深刻印象。莱特兄弟经常躺在山坡上,仔细观察鸟的起飞、升降、盘旋、落地。他们发现,鸟在拐弯时,往往会将翼尖和翼边转动和扭动,以保持身体的平衡。他们最先把这种现象与空气动力学原理相结合,移植到飞机设计上,解决了飞机飞行中非常关键的机翼问题。

1900年,莱特兄弟制成了一架滑翔机,进行飞行试验。3年中,他们作了100多次滑翔试验,不断改进机翼和方向舵的形状和结构,并对滑翔机作了3次大的修改。他们的滑翔机为制造载人动力飞机奠定了基础。

1902 年秋,莱特兄弟开始着手制造动力飞机。他们克服重重困难,设计并制造了一台符合飞行要求的 12 马力内燃机以带动两个螺旋桨。1903 年,莱特兄弟呕心沥血设计的第一架载人飞机制造出来了。这架框架和外壳分别用木头和布做成的飞机被命名为“飞行者 1 号”。

1903 年 12 月 17 日上午,美国北卡罗来纳州的基蒂霍克沙丘上停着一个怪东西。它前后各有两层相互平行的翼面,还有一片竖着的小翼面伸在前面。各翼面由许多支柱之类的东西连着,看上去像个笨重的“书架”,又像一只“鸡笼”,它就是“飞行者 1 号”,今天要进行它的第一次试飞。

本来试飞是一件十分吸引人的新鲜事,但是这天到场的观众却不多。这和 10 天前兰利教授的试飞失败有关。兰利教授在美国政府的资助下,建造了一架耗资巨大、结构精致的飞机,可在试飞中飞机却当众坠毁,摔得粉碎。这使人们强化了“比空气重的动力飞机是不可能飞行的”这一认识,因此大家对这天的试飞根本不抱希望,甚至不屑一顾。

上午 10 时 30 分,“飞行者 1 号”要起飞了。有人上前用力转动它的螺旋桨——当时的飞机发动机用这种方式启动——发动机“噼噼啪啪”地响了起来。接着,由弟弟奥维尔 · 莱特驾驶“飞行者 1 号”向前滑动,滑行一段距离后,“飞行者 1 号”离开了地面,开始升空。这次飞行的留空时间为 12 秒,飞行距离为 37 米。当天,“飞行者”共作了 4 次飞行。最后一次由哥哥威尔伯 · 莱特驾驶,这一次他成功地飞行了 59 秒,飞行距离为 852 英尺,约 260 米。从英国凯利爵士第一个开始有计划地设计和实验飞机开始至此,用了整整一个世纪。

莱特兄弟奠定了现代飞行的基础,这使他们名扬四海,但是他们没有沉醉于从各个科学组织收到奖章,并一再拒绝公开演讲。威尔伯 · 莱特说:“我知道,只有一种鸟会说话,那就是鹦鹉,但鹦鹉飞不高。”

试飞成功以后,莱特兄弟很快又回到俄亥俄州,继续改进飞机的结构。1908 年 9 月 12 日,经他们改进后的飞机在弗吉尼亚州迈尔堡进行表演时,飞行了 1 小时零 7 分钟;同年他们又在巴黎作了持续 2 小时 23 分的飞行表演。

在莱特兄弟一系列成功飞行的基础上,1909 年在欧洲召开了第一次世界航空会议。这意味着,飞机已离开了表演阶段,开始进入实用的发展阶段。

戈达德与第一枚现代火箭

1933 年希特勒掌权以后，把德国所有研究火箭的专家全部划归陆军管辖，并命令他们立刻将宇宙航行的研究转换为火箭武器的研究。在整个火箭研究过程中，德国火箭研究所所长布劳恩起了主要作用。1944 年，在他的领导下，V-1 飞弹开始大规模生产。同年 9 月，又研制成功了 V-2 远程飞弹。这种火箭推力为30 吨，最大直径1.7 米，最大时速5 500 公里，能够把1 吨炸药送到330 公里远的地方。这一武器对盟军构成了很大的威胁。

第二次世界大战结束后，美国缴获了 100 多枚 V-2 飞弹，还将包括布劳恩在内的130 多名德国火箭专家迁往美国。这些火箭专家受到了美国人就有关火箭方面问题的详细质询。然而，让美国人感到惊讶的是，德国专家异口同声地说：我们的技术是在美国人戈达德的基础上发展而来的，你们为什么不去请教戈达德呢？

事实上，早在 900 多年前的北宋初年，我国就有了一种用于作战的“火箭”。这种“火箭”的原理很像现在鞭炮中的“九条龙”：在箭杆上绑一火药筒，筒尾有一根导火线。导火线点着以后，引起火药燃烧，产生一股强烈的气流，并从火药筒尾部喷射而出。利用喷射气流的反作用力，火箭就能飞快地前进。

然而，宇宙时代的真正开创者当属美国科学家罗伯特·戈达德。他发射了世界上第一枚液体燃料火箭。

1926 年3 月26 日，在马萨诸塞州奥巴恩的一片大雪覆盖的田野里，戈达德进行了他的第一次火箭发射试验。他给火箭点火后，汽油和液氧的混合燃料开始燃烧，接着，火箭就飞离了地面，升向高空。

这次试验中，火箭上升的高度虽然只有60 米，时速也不过100 公里左右，但这一尝试和莱特兄弟进行的世界上第一次飞机飞行试验一样重要。这枚高约1.2米、直径约15 厘米的火箭，实际上就是卡纳维拉尔角和西昌卫星发射中心巨大火箭的鼻祖。

然而，这次完全由戈达德自己的力量进行的世界上第一枚液体火箭试验却未引起任何人的注意和重视。相反，却受到了一些人的冷嘲热讽，有些人在背后叫他“疯子”，说他相信用这种火箭可以飞到月球上去是“异想天开”。

资金问题一直困扰着戈达德。他费了九牛二虎之力，才从史密松博物馆得到数千美元的经费来维持自己的研究。1929年7月，他在马萨诸塞州伍斯特附近发射了一枚更大的火箭。这枚火箭比第一枚飞得更高，更重要的是火箭上装有气压表和温度计，以及拍摄气压表和温度计的小型照相机。这是世界上第一枚装有测量仪器的火箭。这次试验竟然遭到警察的干涉，他被禁止继续在马萨诸塞州进行火箭试验。

不得已的情况下，戈达德到新墨西哥州一个荒凉的地方开辟了一个新的试验场。在这里，他依靠一位慈善家的赞助制作了更大型的火箭，并对自己的许多新设想进行了实验。他的一些设想至今仍然应用于各种火箭。例如：他的燃烧室的设计；利用汽油和超低温的液氧作燃料，使燃烧室的壁即使在燃料燃烧时也能保持冷却的方法；尽可能增大燃烧的喷射速度的技术；等等。

1930年到1935年间，戈达德发射过许多枚火箭，他使火箭的时速达到了885公里，飞行高度达到了2.5公里。他发明了控制火箭飞行方向的转向装置以及使火箭沿正确方向飞行的陀罗仪。此外，他还提出了多级火箭的设想，并申请了专利。

戈达德生前只得到过美国政府的一次拨款，那是在第二次世界大战期间，美国政府让他设计飞机从航空母舰上起飞时起离陆辅助作用的小型火箭。

战后，当美国政府认识到火箭技术的重要性时，戈达德已与世长辞了。那些战后被迁到美国的原德国火箭专家成了美国火箭的技术中坚。1958年2月，他们研制的“丘比特-C”火箭成功地发射了美国第一颗人造地球卫星。而“红石”火箭则把美国宇航员送入地球轨道。1969年7月，布劳恩主持研制的“土星5”火箭，又把“阿波罗11号”宇宙飞船送上了月球。

不管未来的火箭能飞多高，时速有多快，它们都发端于戈达德的第一枚火箭，戈达德是真正的宇宙时代的开创者。

直冲云霄的火箭

1969 年 7 月 16 日,数百万人聚集在美国佛罗里达州的肯尼迪宇宙飞行中心发射场,观看“阿波罗 11 号”飞船载着 3 名宇航员发射。20 日中午后,阿姆斯特朗和奥尔德林随登月舱与飞船分离,3 时 51 分,登月舱在月球软着陆,两人在月球上停留了 21 小时 18 分,完成了世界上第一次登月飞行。而决定这次飞行成功的关键是美国拥有世界上威力最大的运载火箭——土星 5 号。人类为研制出火箭这一太空运载工具,花费了近半个世纪的时间。

火箭的历史可以追溯到 1 000 多年前,传说我国有一个名叫万寿的人曾坐着用自制火箭捆绑的椅子试图上天。为了纪念他,现在有一座月球山被命名为“万寿”。我国古代的“火龙出水”火箭(由两节火药筒组成)可说是现代多级火箭的先辈。在美国华盛顿航空和宇航博物馆里,就有一座中国武士手持火箭的全身雕塑。

拥有“火箭之父”美誉的是俄国科学家齐奥尔科夫斯基,1898 年,他在《用火箭推进飞行器探索宇宙》一文中第一次阐述了火箭飞行和火箭发动机的基本原理,认为可以用液氧液氢和煤油做燃料推动火箭飞行。20 年后,美国人戈达德成为第一枚液体火箭的发明者。

推动火箭技术发展的是德国的奥伯特及其助手布劳恩。他的《火箭到星际太空》一书使火箭技术建立在可靠的数学理论基础上。他的研究成果极大地推动了德国火箭技术的发展。第二次世界大战中,火箭被德国纳粹引入战争。纳粹视火箭为战争的制胜法宝,于 1930 年专门成立德国陆军武器发展小组,在柏林附近的孔麦道夫建立陆军火箭实验站,并于 1933 年制成 A-1 火箭,1934 年制成 A-2 火箭,1936 年制成 A-3 火箭。特别是 1942 年 10 月 3 日,A-4 火箭在皮曼德发射成功,这就是日后大名鼎鼎的 V-2 火箭(希特勒称之为“复仇武器 2 号”)。它的最大直径为 1.7 米,最大时速达 5 500 公里,这是第一枚真正能将重物送上天的运载工具,它能够把 1 吨重的炸弹送到 330 公里远的地方。V-2 导弹由此诞生。从此,人类进入了宇航时代。

火箭的运用并不能改变战争的历程。德国战败以后,V-2 火箭技术作为战利品转到美国和前苏联。美国缴获了 100 多枚 V-2 飞弹并俘虏了包括著名火箭专家布劳恩在内的 13 位德国火箭专家。由于火箭技术是发展宇航事业的关键和基础，从此，美、苏两国的宇航事业因火箭技术的迅猛发展而发展。1949年，美国陆军发射了第一枚两级火箭“鹏博威”，速度达音速的好几倍。前苏联于1957年将世界上第一颗人造卫星“伴侣号”由USSR－1三级火箭送入轨道。1958年，“丘比特-C”火箭成功发射了美国第一颗人造地球卫星，“红石”火箭则把美国宇航员送入地球轨道。1959年，前苏联发射“梦想2号”，成为第一个在月球硬着陆的人造物，并且，他们于1961年成功完成由加加林驾驶的第一艘载人飞船绕地球一周后返回地面的壮举。1967年，布劳恩研制的“土星5号”成功地把“阿波罗11号”飞船和宇航员送至月球。

今天，我国的火箭技术在国际上享有很高的声誉。我国拥有代表现代火箭技术新水平的“长征3号”多用途三级火箭，并用自己研制的火箭成功发射了各种人造卫星约30颗。火箭技术使我国成为继前苏联、美、法、日之后的第五个太空国家。

目前，火箭技术飞速发展，除了上述提到的包括固体、液体燃料火箭在内的化学火箭，还有核火箭、电火箭。我国有幸成为继美、俄、日之后的第4个进行电火箭空间飞行试验的国家。天高任“箭”飞，凭着火箭这只钢铁的翅膀，人类必将实现在宇宙飞行的愿望。

“哈勃”太空望远镜

1990 年 4 月 24 日，美国“发现”号航天飞机呼啸着冲向太空，携带着一台太空望远镜，进入高度约 595 公里的低地球轨道。这是人类首次将望远镜带到大气层以外的空间，排除干扰，清晰地观测太空。

世界上第一台用于天文观测的望远镜是伽利略于 1610 年制造的，可以放大物体 30 倍。他用这架望远镜观测了月亮、木星、金星和太阳等天体，看到了许多人类前所未见的景象，实现了许多重大的发现。

后来，英国人伽斯科因根据开普勒的凸透镜理论，制作了更大、观测效果更好的天文望远镜。17 世纪末，科学家们先后制造出不同类型的组合目镜，进一步完善了开普勒式望远镜的结构。

随着科学技术的发展，天文望远镜口径越造越大。因为望远镜的口径越大，接收的光线越多，所能看到的星星也越多。例如用肉眼看，天上的星只有 6 000 颗左右。如果换一个口径 6 英寸的望远镜来看，则能够看到 6.1×10^6 颗星。口径增大到 80 英寸，看到的星数就增加到 3.7×10^8 颗。这个数字还只是用肉眼看的。换成照相的方法，这个数字还要大出几倍。望远镜的口径 1897 年达到 40 英寸，1908 年又发展到 60 英寸。1918 年美国维尔逊天文台建造了 100 英寸的天文望远镜。美国帕洛玛山天文台上的“海尔”望远镜，口径达 200 英寸，看到的星数达 2.1×10^9 颗之多，可以观察到 20 亿光年之远的天体以及暗至 23 等的星体，相当于可看到几十公里外的烛光。1977 年，“海尔”望远镜拍下了天王星光环的照片。1993 年 3 月，美国凯克天文台启用了当今世界上最大的望远镜，它的直径有 400 英寸，可以看到距离足有 130 亿光年远的类星体。

然而，口径再大、性能再好的天文望远镜都不免受到大气层的影响，烟雾、水蒸气、尘埃等都会对天文观测形成干扰。冲出大气层，清清楚楚、明明白白地观测太空是天文学家们长期以来的愿望。“发现号”航天飞机的升空，使天文学家的这一愿望得以实现。

人类第一台太空望远镜是以美国当代天文学家哈勃的名字命名的。

哈勃 1910 年毕业于芝加哥大学，1914 年开始在芝加哥大学天文台工作，1917 年获得哲学博士学位，自 1919 年起在威尔逊天文台工作。

哈勃主要研究河外天文学。1923 年至 1924 年,哈勃用 100 英寸望远镜获得了仙女座螺旋状星云照片,并发现了该星座的 36 颗变星,其中 12 颗为造父变星。根据这些变星测出上述星云的距离为 90 万光年(现在测定约为 200 万光年),证明螺旋状星云属于距离银河系很远的星系。1925 年,哈勃进一步研究了银河系的结构,发现了一些新的恒星和造父变星、球状星团、气态星云、红巨星、超巨星等物体,并确定了到达这些物体的距离以及河外距离的标度。

1929 年,哈勃把斯赖弗所测量的星系的视向速度与到达我们的距离进行了比较,得出了两者之间的线性关系,即哈勃定律,并确定了这一关系的系数值,即哈勃常数。这一发现是扩大宇宙概念的观测基础。

“哈勃”太空望远镜由光学部分、科学仪器和辅助系统三大部分组成,全长 13.1 米,直径 4.27 米,重约 12 吨。它的“心脏”由直径 2.4 米的主镜和直径 30 厘米的副镜组成。

“哈勃”太空望远镜上的科学仪器主要包括:(1) 两台互为补充的照相机,一台为广角照相机,可以把大片天空摄入镜头,另一台是微弱天体照相机,用来拍摄暗弱的天体。(2) 两台摄谱仪,用来测量辐射的波长。(3) 两个精密敏感器,其观测效果是难以想象的——它可以观测到 140 亿光年之遥的天体,还可以清晰地探测到暗至 29 等的宇宙天体。这就好比在美国华盛顿看到 16 000公里外澳大利亚悉尼市的一只萤火虫。

“哈勃”太空望远镜的寿命有 15 年。进入预定轨道后,它就顺利地开始联网运转。至今它已通过一个跟踪和数据中继卫星源源不断地将获得的观测信息传输给地面接收站。

“哈勃”太空望远镜已发回了大量信息,为解决一直困扰天文学界的一些难题,探索宇宙之谜作出了重大贡献。

地球的诊断书

从太空中拍下的照片看，地球是一张蓝黄相间的“脸”，黄的部分是陆地，蓝的部分便是海洋。为了熟悉地球的这张“脸”，人类作了长达几个世纪的探索和研究。

1830 年，英国地质学家赖尔在《地质学原理》一书中论证了地球有着数亿年的演化史。但是，在他以后的近代地质学中，大陆固定、海洋永存的观念曾占据着统治地位。为了解释欧洲与美洲大陆的生物亲缘关系和地质构造的相似性，科学家们又提出了“陆桥说”，认为在地质历史时期，两个大陆间有过狭长的陆地连接，后“陆桥”沉没，大陆被海洋隔开。

1910 年的一天，在德国柏林一间幽静的房屋里，闻名世界的集地质学家、天文学家、气象学家、地球物理学家于一身的魏格纳因病躺在床上。他凝视着墙壁上的一幅世界地图，想着一个奇妙的问题：为什么大西洋两岸大陆的弯曲形态如此相似呢？看！巴西的亚马逊河口突出的大陆刚好填进非洲的几内亚湾，而北美的东海岸的凹型地带，正好镶嵌进欧洲西海岸的凸型大陆，这是偶然的巧合，还是由于各块大陆是由一整块大陆分离而成的呢？

经过考证和研究，魏格纳于 1912 年在法兰克福城的地质协会上作了题为《从地球物理学的基础上论地壳轮廓（大陆与海洋）的生成》的演讲，首次公布了他的观点。4 天后，他在马尔堡科学协会上又作了题为《大陆的水平移位》的演讲，提出了他的富有独创性的大陆漂移假说。他认为，在距今两亿年的中生代之前，地球只有一块巨大的陆地，叫做“泛大陆”（或联合古陆），周围是一片汪洋，后来由于天体引潮力和地球自转地心力的作用，泛大陆开始分裂、漂移，逐渐形成现在的大陆、岛屿和海洋。1915 年，他出版《海陆的起源》一书，系统地阐述了大陆漂移说。这是地质学史上划时代的著作，魏格纳被公认为大陆漂移学说的创始人。1930 年 11 月 1 日，为了取得更多的证据，魏格纳在他 50 岁生日这天第四次前往格陵兰荒凉的冰原考察，不幸遇难。

魏格纳遇难后，他的学说一度受冷遇。但是，随着时光的流逝，“大陆漂移说”越来越显示出强大的生命力。1928 年，英国的霍姆斯、荷兰的万宁·迈尼兹提出了地幔对流论，中国的李四光运用地质归纳法确定了大陆水平运动的存在及其方向，丰富了“大陆漂移说”。特别是 20 世纪 60 年代以来，古地磁学、海洋地质学、古生物学等海底科学的重大发现,为大陆漂移学说提供了有力的依据。许多学者潜心研究,进一步发展了魏格纳的学说。

1961 年,美国地质学家赫斯用地幔对流观点研究海底科学,相继于 1961 年和 1962 年提出了"海底扩张说",认为地幔中有对流存在,地幔物质从地壳裂开处上升,形成中洋脊,并不断生成新的海洋地壳。对流体牵引中洋脊两边的地壳不断向两边扩展,海洋地壳碰到大陆地壳就沉到地幔,而大陆地壳前缘则被挤压而形成山脉或孤岛。这一理论是对现代地质学的重大发展。

根据大陆漂移、地幔对流和海底扩张理论,1968 年至 1969 年,美国普林斯顿大学摩根·拉蒙特地质研究所的法国人勒皮雄和英国剑桥大学的麦肯齐综合地球科学的研究成果和多种资料,创立了板块构造学说,使大陆漂移理论取得了新的突破,解决了魏格纳生前一直没能解决的漂移动力问题。这一理论认为,地球岩石层并非整体一块,而是由许多板块组成,板块如"小舟"浮在柔软的地幔上"滑行",就像机器传送带那样缓缓移动。一般来说,板块内部是相对稳定的,板块交界线是地震、火山等活动地带,板块运动是形成地表各种构造活动和形变的根本原因。这就提出了一个全新的地壳运动模式。

大陆漂移理论描绘了一幅大陆有分有合、大洋有生有灭的宏伟发展图景,而板块构造说则在山脉和高原的成因、地震活动、矿带分布、生物演化等领域的研究中发挥着巨大的指导作用。值得一提的是,以张文佑为代表的中国地质学家在大地构造学方面又提出了"断块学说",这是对"板块学说"的又一重大发展,是中国科学家对世界地质学的重大贡献。

试与天公比高低

1956年,强台风正面袭击我国浙江、上海一带,台风中心在浙江象山港登陆,上海市区刮起12级大风,徐家汇天主教堂顶上的十字架被风折断。这是一次历史上罕见的台风。由于沪、浙两地气象台及早预报,两地军民全力抗台,使损失降到最低点。

1980年7月16日下午,上海市有一场特大暴雨。对此上海气象台测定后及时发布预报,并用电话通知港区。当时港区正在为外轮装运出口大米,接到通知后,立即关好舱。不一会儿,果然下雨了。一个电话使10万公斤出口大米免遭损失。

气象科学的产生和发展,不仅可预防天灾,而且在一定程度上能制止和消除天灾。上述两例,仅仅是气象科学为人类作出贡献的一个缩影。这门科学是20世纪科学技术进步和众多学科发展的重大产物。它是地质学的一个分支,以地球大气圈为研究对象,以物理学、数学和电子计算机为理论基础和手段。

20世纪30年代以来,欧洲建立了以无线电探空仪和高空测风技术为主的高空观测网,由此出现了高空气象图。在此基础上,1939年,瑞典气象学家罗斯比创立了大气行星波学说,认为高空大气运动决定地球上各地天气的变化和地面环流,使气象学由二维科学发展为三维空间科学,并使人们可以用流体力学规律描述大气运动。

1773年11月,彼得堡市气温已降至－30℃,但当地贵族士绅和太太小姐们却挤在一个舞厅里欢快地嬉戏、跳舞。渐渐地,舞厅内变得热燥起来,令人窒息,在这危急时刻,一位中年人敲碎了窗户的玻璃,顿时一股清新的空气进入室内,人们很快恢复了活力。不知谁喊了一声:“快看呐,厅内下雪喽!”人们抬头一看,发现厅内出现了雪花飘飞的美景,可室外却是满天星斗。这成了轰动当时的一大新闻,但最终留给人们的是一个“谜”。而罗斯比的大气行星波学说解开了这一谜团:雪花是室内外冷暖气流通过蜡烛烟粒凝结而成的。他的学说也表明气象学已基本形成体系。

此时,正值第二次世界大战爆发。英国科学家运用控制论中的反馈方法研究制出“新式武器”——雷达,这是英国克敌制胜的法宝,使希特勒的空中优势丧失殆尽,185 架飞机在 3 小时内被纷纷击落,“海狮计划”破灭。“二战”期间,雷达微波技术也被用于气象观测,使无线电气象学得到重大发展。

1945 年初,美国发射了第一支气象火箭,其他国家也相继发射,国际上终于建立了能够定时收集高空气象资料的全球气象火箭网。1960 年,美国又成功发射了第一颗气象卫星——“泰勒斯 1 号”,揭开了从空间鸟瞰全球大气的序幕。人们可以在很大的空间范围和很长的时间内观测天气。到目前为止,世界各地气象台监视“天灾”的主要依据仍然是卫星资料。“泰勒斯 1 号”成为气象学发展的重要标志。

受多种因素影响,天气经常变化多端。这就增加了天气预报的难度。就连美、日这些拥有先进仪器设备的国家,进入 20 世纪 80 年代后,天气预报也不是越报越细,而是越报越粗。如何使天气预报的准确率愈来愈高,许多国家的科学家在研究气象理论的同时,着力增加气象观测手段,雷达、气象火箭、气象卫星以及电子计算机的广泛使用,极大地推动了全球大气观测事业的发展。1967 年,世界气象组织倡议成立世界天气监测网,该组织可用最快的速度把搜集到的星球气象观测资料加工成天气图和天气预报图,使各国的天气预报能力提前 10 天到两周。

为了提高天气预报的能力及其准确率,各国科学家仍在不断探索,利用流体力学和热力学来预报大气物理状况的天气数值预报应运而生。数值预报早在 1922 年就被英国科学家运用过,但当时受到技术条件限制,未能得到发展。电子计算机的使用使数值预报大放光彩,它不仅能准确地预报未来几小时至 3 天的短期天气,而且使未来 5 天、一个月到一年的中长期天气预报走向定量化。这是气象学史上的一项重大进步。中国国家气象局于 1991 年 8 月31 日开工兴建了中期数值天气预报系统工程。

目前,气象学的发展突出表现为用人工方法影响天气。在 1946 年的一天,美国空军一架飞机呼啸着直冲苍穹,天上白云朵朵,这架飞机穿破云层,撒下阵阵银光闪闪的干冰。不一会儿,天上乌云笼罩,大颗大颗的雨珠从天而降,地上的人们在雨中欢呼跳跃。今天,人类不仅能够进行人工降雨,而且还可以运用改变云中微物理过程的方法,在局部地区实现人工消雹、人工消雾、人工消闪电,甚至还可以降低台风中心的风速。

好雨依时抵万金

历史上第一次真正的人工降雨是由美国科学家欧文·兰茂尔于1945年实施的。兰茂尔是通用电气公司的研究部副部长,他当时负责进行人工降雨的研究。

雨滴是由空气中的水蒸气凝聚而成的。即使是干旱季节,空气中也含有水蒸气和云雾,但为什么却不降雨呢?当时的人们认为,雨点是以尘埃的微粒为中心形成的,要形成雨,空气中除了有水蒸气外,还必须有尘埃的微粒。

为了证实这一理论,兰茂尔在实验室的冰箱里做实验,因为电冰箱里充满了水蒸气,和空气中的云雾相同,他把这些水蒸气称为人工云。兰茂尔一面调节冰箱里的温度,一面在人工云里加进各种尘埃的微粒进行实验。

1946年7月的一天,天气异常炎热。由于实验装置出了故障,那个装有人工云制备装置的电冰箱里的温度降不下来,兰茂尔只好临时用干冰(固态的二氧化碳)来降温。当他把一块干冰放进电冰箱后,水蒸气立即变成了许多小冰粒在冰箱里飞舞,人工云变成了"霏霏雨雪"。这一事实使兰茂尔明白了尘埃的微粒对降雨并非绝对必要,只要将温度降到零下40度以下,水蒸气就会凝结成雪花。

同年年底,兰茂尔走出实验室,第一次在自然环境中作实际操作。一架飞机升空,在云层下撒下一批干冰,半个小时以后,人类历史上首次人工雨哗哗落下。

兰茂尔一生进行过多项科学研究,如发明了充气灯泡,研究了高温金属表面在接触到各种气体时发生的变化。由于对表面化学的研究成果,兰茂尔获得了1932年诺贝尔化学奖。然而,他在科学上实现的最大突破还是人工降雨。

后来,美国物理学家、通用电气公司的本加特对兰茂尔的人工降雨方法进行了改良。本加特发现,碘化银这种化学物质的微粒比干冰的效果更好,而且碘化银可以在地面上撒播,利用上升气流的作用漂浮到天空中的云层里,因而比干冰更简便易行。

现在,人工降雨技术在世界各地已被广泛运用,"呼风唤雨"、"好雨依时"已不再是神话传说中的美好愿望。半个多世纪以来,人工降雨技术在抵御自然灾害、保证农业丰收方面发挥着巨大的作用。

人类只有一个地球

1950 年,在风景秀丽的日本九州水俣镇,出现了一个奇怪现象:镇上的一些猫突然得了一种怪病,它们四肢持续抽筋,不断号叫,最后竟从海岸峭壁上跳入大海。几年后,人们还未解开“疯猫跳海”之谜,镇上一些人又患上类似的病症,先是口齿不清、手脚麻木、精神失常,直到身躯变成弓一样惨死。这就是震惊日本的“水俣病”——汞中毒事件。

众所周知,地球上人类所处的自然环境基本上由大气圈、水圈、土壤岩石圈和生物圈组成,这四大圈层中的生态系统主要是碳、氮、硫、磷四大物质循环它们及有关生物微量元素的正常循环便形成自然界中的环境平衡。但是,18 世纪中叶产业革命后,特别是20 世纪50 年代以来,由于世界工业高速发展,人类对自然环境的破坏与自然环境的反作用日益加剧。上到大气圈,下至水圈,资源、能源、水源的高度利用,致使每年数以亿万吨计的各种化学毒物、生物病毒、霉菌以及各种原因所产生的热、光、声、电磁辐射、放射性等污染物投入到自然环境中,大大超过了环境的自洁能力,出现了诸如煤烟污染、核污染、噪声污染之类的环境污染,导致“公害”事件大量发生。1952 年 12 月,英国伦敦发生烟雾事件,4 天内死亡 4 000 多人;1953 年、1963 年和 1966 年,美国纽约先后发生 3 次毒雾事件,造成 600 多人死亡;1957 年 10 月,英国发生反应堆事故,散发大量放射性尘埃;1979 年美国三里岛核电站、1986 年俄国切尔诺贝利核电站外泄大量放射性物质,造成严重伤害;1986 年,瑞士巴塞尔桑多兹化工公司起火,严重污染了莱茵河,导致河中生物大量死亡,居民遭殃。环境的污染和破坏甚至使北极的鲸鱼、南极的企鹅受到威胁。

日益恶化的环境问题引起了世界各国的普遍重视。许多国家都建立了政府一级的行政机构,并设置了许多研究机构,统一管理并致力于研究公害的防治工作。1969 年美国参议院设立环境委员会,第二年又设立环保局;1970 年,英国成立环境部;1971 年,日本成立了国家环境厅;1974 年,中国成立环境保护办公室。同时,世界各国政府还颁布和修订了有关保护环境的法令、条例和标准,使环境治理由单项治理走向综合治理。人类的环境保护意识日益增强。1970 年 4 月 22 日,美国哈佛大学法学院 25 岁的丹尼斯 · 海斯在美国发起和组织了人类历史上第一次规模宏大的群众性环保运动,美国有 2 000 万人参加游行示威和集会。从此,4 月22 日成为世界性的“地球日”。

在此基础上,一门新的边缘学科——环境科学应运而生。1954 年,美国的科学家、工程师和教育家成立了环境科学学会,并出版了《环境科学》杂志。1968 年,第 21 届国际地理学大会召开,大会第一次正式提出设立“人类与环境”学术委员会,并发表了有关大气污染与防治的科学论文。1972 年,由沃德和杜博斯合作出版的《只有一个地球——对一个小小行星的关怀和维护》一书,比较科学、全面地分析了环境污染和环境破坏的原因,可谓环境科学发端的标志。从此以后涌现出一批以环境科学为书名的综合性专门著作,如瓦特的《环境科学原理》、马斯特的《环境科学与技术引论》、小泉明的《环境科学》等。1979 年,美国科学院组织了一个研究室,集中物理学、化学、生理学、生态学和生物学等方面的科学家进行海洋环境质量的综合研究工作。

环境科学的发展随着科学技术的发展而发展。高精密仪器和现代分析技术为环境科学的发展提供了物质条件。早在 20 世纪 30 年代,日本富山县神通川地区很多人患上了“胃痛病”,但当时受技术条件限制未能查明原因。到了 60 年代,因为有了微量分析仪器和手段,才最终查明:是上游的神冈矿业所在炼铅锌中把大量废水排入河中,使下游居民饮用含镉、含汞河水所致。这就促进了环境科学研究的定量化。

环境科学诞生以来,研究范围日益广阔,内容愈加丰富,涉及面不断拓宽,显示出旺盛的生命力。在环境科学的指导下,世界环境治理已初见成效。早在 1962 年,世界闻名的“雾都”伦敦已变成无烟雾都市。日本在工业“三废”和废弃物处理方面,采取“闭合流程”、“无害工业”、“综合防治”等多种资源化处理方法,使众多城市变得清洁而美丽。到 1977 年,日本已由“公害先进国”变为“防治公害先进国”。英国泰晤士河长期消失的鱼群重又出现,1982 年夏天,甚至出现了已绝迹多年的大马哈鱼。20 世纪 80 年代末,美、英、法等国的首都人均占有绿地已达 20 平方米以上。总之,人类正逐渐形成“环境管理”意识,也越来越重视环境科学。展望未来,对环境科学的深入研究任重而道远!

与宇宙的智慧生命相会在明天

1972 年 3 月 2 日,美国发射了一艘名为“先驱者 10 号”的宇宙飞船,1973 年 4 月 5 日,又发射了“先驱者 11 号”宇宙飞船。这两艘飞船均由原子能电池提供动力,能够维持超长距离的航行。

这两位“地球使者”承担着代表地球人向外星人传达问候的使命。飞船上携带了一封经过特殊处理的铝板制成的、几十亿年都不会变形的“问候信”。“问候信”用图画的方法向外星人作了自我介绍。例如,用圆形示意图标明地球与太阳的位置,以及地球上男人和女人的裸体形象等,这些形象直观的图画表达出丰富的信息

1977 年 8 月和 9 月,美国又分别发射了“旅行者 1 号”和“旅行者 2 号”飞船。它们是探访外星人的第二批使者。在这两艘飞船上,都有一张“地球之音”的镀金铜唱片。这张唱片可播放两小时,并能保证历经 10 亿年仍能使用。这张唱片的前一部分是 116 张图片,这些图片包括:太阳系、银河系概貌,海洋、河流、沙漠、山脉等地理风貌,花卉、树林、昆虫、鸟、兽、人等生物形象,人类科技、文明的成就,各国风土人情等,其中还有长城和中国人的午餐场景照片。唱片的第二部分是 35 种地球自然音响,包括雷鸣、风吼、海浪拍岸、鸟鸣、犬吠、人笑、婴儿啼哭等声音。接着是近 60 种地球语言的问候语,几乎包括了世界上所有的语种,除了汉语外,中国的广东话、闽南话和客家话也在其中。接下来的一个多小时的内容是代表不同时代、不同地区、不同民族的音乐,其中收录了中国的京剧音乐和用古筝演奏的古曲《高山流水》。

在派遣使者探访外星球的同时,几十年来,人类也一直在等待和搜寻外星人发来的信号。

天文学家们对于可能有一天会接收到有智慧的外星人发出的讯号这种想法不再认为是荒诞无稽了。或许百万年之后,遥远星球上的智慧生命接收到我们的问候之时,地球上的生命已经进一步演化;或许早在地球上的人类演化生成之前,非常高级的文明早在其他星球上存在。相比较而言,接收外星人的讯号可能比问候外星人更实际、更有效。

射电天文学极大地增进了我们对宇宙的了解。射电天文望远镜较传统望远镜有一个很大的优点,它不仅能够在一切气候条件下工作,还能够接收来自

遥远星球的讯号。

1960 年,美国射电天文学家弗兰克·德雷克率先进行了搜寻外星人的天文观察。他在西弗吉尼亚州的格林班克用一台射电望远镜研究星际气体时,观察了来自附近两颗恒星的无线信号。

仅 20 世纪 60 年代,人类就利用射电望远镜获得了四大惊人的发现:1960 年发现了"类星体";1963 年发现了"星际分子";1965 年发现了"3K 背景辐射";1967 年发现了"脉冲星"。

20 世纪 70 年代初,美国国家航空和航天局埃姆斯研究中心的比林哈姆召集了一次关于搜寻外星人的专题研讨会。会上,奥利弗领导的小组提出了一个"独眼巨人"计划,拟制造一套 1 000 个相连的射电望远镜系统。完成这项计划要花费 60 多亿美元。

虽然"独眼巨人"计划费用太大,难以实现,但比林哈姆和奥利弗花了此后的 20 年时间,劝说并鼓励科学家、政治家和企业家重视搜寻外星人问题,结果产生了被称作"高分辨微波调查"的 10 年计划。

"独眼巨人"专题研讨会开过不久,美国俄亥俄州立大学的鲍勃·狄克逊就开始了世界上历时最久的全时搜寻。开始时,他搜寻氢原子发出的 1 420 兆周的频率。因为氢是宇宙间最丰富的元素,所以搜寻外星人的研究人员认为,从逻辑上讲,外星人将会选用这一频率进行联络。后来,狄克逊把他搜寻的频率范围扩大到 1 400 ~ 1 700 兆周。这个频率范围的上限恰好就是氢氧根的辐射。因为氢与氢氧根结合成水,所以这个频率范围叫做宇宙水洞。

1992 年,埃姆斯研究中心的科学家使用设在波多黎各阿雷西沃的世界上最大的射电望远镜对附近的 1 000 个恒星进行"定点搜寻"。这个望远镜是一个网眼盘,直径 305 米,挂在山洼里。天线悬置在盘面上方 150 米处的焦点上。圆盘把天线电波反射到天线上,信号通过电缆传给车载的搜寻外星人接收机,然后由计算机进行测试分析。同年 1 月,帕萨迪纳的美国国家航空和航天局喷气推进实验室的一个小组又开始对天空作全面调查。在哥伦布登上美洲大陆 500 年之际,天文学家们开展了空前广泛的在宇宙中寻找智能生命的探索活动,这一事件成为 1992 年世界十大科技新闻之一。

科学家们还计划将搜寻外星人的望远镜设到月球以外的地方。要做到这一点,需要 1 000 亿美元的费用。

虽然人类已作出了艰苦的努力,但是到目前为止,地球的问候和"有朋自远方来"的期待都还没有实现,但科学家们相信,不同星际的智能生命终将相会在明天!

穿越时空的电视技术

100多年前,一本《电机学家》杂志在社论中问道:“我们能利用电来看东西吗?”当时的人们在考虑能否用电报的方式快速传递图像。电视,成为人们梦寐以求的东西,它的发明和发展经历了一个漫长的历史过程。

早在1850年,英国的巴克韦尔就建造了一种能够传输手迹和线条图像的电传系统。1873年,英国的史密斯发现了光敏性材料——硒。1884年,德国发明家保罗·尼普科夫为一个他称之为“电子望远镜”的电视系统申请了专利。这个电视装置是一套粗糙但富有创造性的机械装置,史称“尼普科夫扫描圆盘”。顾名思义,它有两个由马达带动的相同圆盘,转速相同。一个装在“摄像机”上,叫发射机,另一个装在另一端的电视接收机里,每一个圆盘上钻有呈螺旋形的24个孔。被摄物的光线通过放射机上的排孔投射到光电管上,光电管把光转成不断变化的电流送到电视接收机中,收看者通过一种目镜就可以看到影像了。尽管这套电视装置笨拙且灵敏度低、清晰度差,但尼普科夫第一次给出了能快速传输图像的实际方法。

1907年,美国发明家罗辛提出了使用尼普科夫圆盘扫描,用阴极射线管进行接收的远距离电视系统设想,并预言电视的未来属于电子,而不是机械装置。1911年,英国电机工程师斯温顿提出一个设想:用阴极射线显像管通过摄像管中的磁线圈扫射荧光材料而产生黑、灰、白三种颜色,但是,由于条件限制,斯温顿没有将这一绝妙的想法付诸现实。

实现斯温顿设想的是英国发明家贝尔德。1925年10月2日,从英国伦敦一商店的楼上跑下一个披头散发的人,边喊边抓住店中一位15岁的小伙计往楼上拖。在楼上,小伙计被推在一架奇特机器前的坐椅上,奇怪的事发生了:小伙计侧面像银幕一样的平面上,竟出现了一张惊恐的脸,而这张脸正是小伙计的脸。小伙计不知道,他眼前的奇特机器就是世界上第一台机械电视,那个“发疯”的人便是贝尔德。小伙计成了世界上第一个上电视的人。

贝尔德从1923年起就从事电视系统的研制工作,虽然这期间从俄国移居到美国的兹沃里金在1923年研制出一台全电子电视系统——电视摄像机,但其图像如影子一般。1929年,贝尔德研制成实用的电视系统。同年,英国广播公司允许贝尔德公司开始公共电视广播,并于1930年把电视机推向市场。直到1939年4月30日,电子电视真正第一次在美国广大公众面前亮相,并于1941年开始正规的电视广播。二战结束后,美国开始生产家用电视,并于1946年建立起第一个电视广播网。

黑白电视问世后,科学家们便开始研制彩色电视。1929年,美国贝尔实验室的艾夫斯在纽约和华盛顿之间播送彩色电视图像,并于1953年成功研制出与黑白电视兼容的彩色电视系统,1964年开始普及彩色电视。目前,世界上有3种彩色电视机的体制:美、日等国采用NTSC体制,英、德、中等国采用PAL体制,法、俄等国采用SECAM体制。

1962年,人类开始进行卫星电视转播。美国现代通讯工具的预言家马歇尔·麦克卢汉不无自豪地写道:“我们的世界是一个崭新的、一切皆同时的世界,时间已经停止了,空间已经消失了。我们生活在世界上就好像生活在一个村落里一样……一切都是同时发生的。”现在,电视不仅用于科学、生产和教育等诸多领域,也改变了人们的生活、学习和工作。

人类智力的延伸

20世纪90年代国际象棋世界冠军卡斯帕罗夫在德国战胜了此前不久曾击败过每分钟可思考600万步棋的电脑棋手。

电子计算机是20世纪以来最重大的科技成果之一。作为一种自动、高速、精确的运算、控制和管理工具，它广泛地应用于生产、生活、国防和经济活动中。

如果说在它问世之前，几乎所有其他的工具和机器在某种意义上都是人类躯干或体力的延伸，那么，电子计算机的发明则是人类智力的延伸，是对人的大脑的一次解放。

电子计算机问世之前，经历了机械式计算机和机电式计算机的设计研制过程。1642年，法国人布莱斯·帕斯卡制造了世界上第一台会加法的机械计算机——“帕斯卡机”。19世纪30年代初期，英国数学家巴贝奇制成了一台能用加、减法计算各种多项式的“差分机”，并构想了当时最完善的能使代数解题过程机械化的计算机。1937年，美国人霍华德·艾肯设计了同巴贝奇方案类似的计算机。1944年，艾肯制造出一台以普通电话里的继电器为主要元件的机电式计算机，每秒运算3次。

与电的联姻真正使计算机家族焕发出活力。1946年2月15日，世界上第一台电子计算机正式开始工作。这个计算机巨人重30吨，占地170平方米，耗电150千瓦/小时，用了约18 000只真空管，运算速度为每秒5 000次，比当时运算最快的机械式计算机快1 000多倍，它属于计算机家庭电子时代的第一代。

1956年，肖克莱·巴丁和布拉坦发明了晶体管，并因此获得了诺贝尔物理学奖。从1958年开始，各种型号的晶体管计算机如雨后春笋般纷纷问世。这类第二代电子计算机与电子管电子计算机相比，具有体积小、重量轻、寿命长、耗电省、效率高等优点。

集成电路和超大规模集成电路的出现，使计算机的发展进入一个新阶段，分别诞生了第三代、第四代电子计算机。这一时期的计算机同时向两个方向发展：一个是微型化，越来越小巧，使得计算机能够走进千家万户；另一个是巨型化，功能越来越强。美国新墨西哥州洛斯阿拉莫斯国家实验室里的CM－5

型机是当时世界上排名第一的超级计算机。1 024 个并行处理器使它能游刃有余地处理核聚变实验中那些复杂得难以想象的数据信息。它每秒钟可以进行 1 310 亿次浮点运算，暂列世界第一。

以上四代电子计算机的功能主要用于数值的计算，缺乏知识处理能力，智能水平低下，不能满足当今信息时代的需要，因此，科学家们又研制了第五代电子计算机。

第五代电子计算机又称人工智能计算机，它的功能不再是数学运算，而主要是逻辑推理，它有视觉、听觉、嗅觉等感觉器官。它从外界获取知识，经过编码输入计算机，具有较高的人工智能，即有类似人脑那样的思维、推理、学习和联想等功能。国际象棋世界冠军卡斯帕罗夫的电脑对手——“奔腾天才”就是第五代电子计算机家庭的一员。

其实，早在智能计算机研制初期，就出现了计算机与人脑关系问题的争论。一部分科学家认为，既然计算机有自学习和自适应的功能，那么，它就可以设计出超过人类理解力的新的计算机，未来的计算机就会比人类更聪明，甚至认为智能机器人将控制人类。许多学者反对这一意见，认为尽管电子计算机具有自学习、自适应的功能，但也是以人所给予的逻辑推论原则和数学规则为基础的，再高级的智能机器人，也是以机械技术、电子技术等武装起来的机器，同在亿万年生物进化基础上形成的人类的大脑相比仍有质的区别，电脑不可能完全代替人脑。可以断定，即使“奔腾天才”最终战胜了卡斯帕罗夫，也不能说“电脑”比人脑聪明。电脑具有较强的记忆棋谱、选择招数的能力，而对棋谱上没有的招数却无所适从，那就是当卡斯帕罗夫一反常态，频出破绽时，电脑频频上当的原因。

现在，电子计算机正向第六代——光学计算机迈进。1990 年 1 月，美国研制成功世界上第一台光学计算机。它是用光脉冲而不是电流完成信息处理的，使用砷化镓光学开关，信息处理速度达每秒 10 亿次。之后，日本和美国合作研制出一种模仿人脑构造，能从事简单翻译工作的新型神经计算机，从而揭开了第六代计算机登上历史舞台的序幕。

一寸光阴一寸金

诺贝尔物理学奖得主、美国科学家理查德·P·费曼说过："我们这些物理学家每天都和时间打交道，但是，可别问我时间是什么，它简直太难理解了。"

在人类历史的很长一段时期里，时间被看做像江河一样流淌不止。孔子就曾在河边感叹："逝者如斯夫，不舍昼夜。"即使像牛顿这样著名的科学家，也认为时间的流逝是始终如一的。20世纪初，爱因斯坦创立的狭义相对论理论突破了牛顿"绝对时空观"的禁锢，论证了物质运动同时间、空间相互联系和相互转化的辩证关系。此后，人们才把时间看做像高度、长度那样的维度，把时间和空间统一了起来。

人类对时间认识的深化，是与长期设计制造计时准确的时钟的智力探索相联系的。

我们的祖先在观察每天日出日落这一有节律的变化时，也陷入了如同当代人一样的对时间的迷惘之中。古人特别是古代农民日出而作，日落而息，他们没有把一天的时间精确地分为小时、分和秒的要求，他们要知道时间，就抬头看看太阳。可以说，太阳是人类最早的计时器。

大约在公元前2000年，在古埃及和美索不达米亚等地出现了一些对太阳及其运行感到好奇的人们。他们是早期的天文学家，他们发明了日晷。最早的报时装置是一根简单的日晷标杆。标杆是一根垂直的柱子，通过太阳阴影的长短来指示太阳的位置。公元前8世纪发明了较精确的日晷。尚未废弃的最古老的日晷是埃及的阴影钟。

沙漏在古时候也是世界各地普遍使用的计时工具。它由两个陶制的(后来则是玻璃制的)空心球组成，两球通过一个小孔相通。其中上面的一个空心球里装有一定量的细沙，人们通过观察漏到下面空心球里的沙的数量来计算时间。我国元代詹希元制成了"五轮沙漏"，使时间计量的精度达到了前所未有的水平。

我国早在春秋、战国时期就发明了圭表，这是用来测量日影长度的仪器。圭表测影技术到宋元时期有了显著的进步。为克服表端的影子因日光散射而模糊不清的问题，沈括提出了使用"副表"增强影子的清晰度的方法。郭守敬创制了4丈的高表，为传统的8尺之表的5倍；他还依据小孔成像的原理，发明了“景符”这一重要的测影工具。明代的邢云路把表高增至6丈,他所得回归年长度值与理论值相比仅差2秒左右。

1088年,苏颂、韩公廉等人制成了高12米、宽7米的水运仪象台。它利用一套齿轮系统在漏壶流水的推动下使仪器保持一个恒定的速度,和天体运动一致,它既能演示和观测天象,又能用锣鼓和铃声计时、报时。这是世界上最早的机械水钟。

1335年,最早的机械钟出现在米兰。这种钟的运动形式称为“心轴”擒纵:一个装在心轴附近的粗重的杆,被齿轮先向一面推动,然后又向另一面推动,齿轮每前进一个齿,杆就来回摆动一次。由于杆本身没有自然周期,钟的速度就主要由配重控制,而且在很大程度上受摩擦力变化的影响。因此,这种钟很不准确;即使是最好的钟,在一天内的误差也大于一刻钟。

意大利著名天文学家和物理学家伽里列奥·伽利略年轻时在比萨大教堂里仔细观察了一盏刚点燃的来回摆动的灯。他用自己的脉搏来计时,发现不管灯摆动的幅度有多大,每次摆动的时间都同样长。要令人满意地报时,摆必须跟时钟机械结合起来,使摆不断地摆动,并记下摆动的次数。伽利略在晚年和他的儿子维森齐奥一起研究了这个问题,并留下了一张带原始司行轮的钟摆的图。

最先成功地制造出摆钟的是荷兰科学家惠更斯。他的最早的样钟诞生于1656年。惠更斯的钟采用的是边缘擒纵器。大约在1670年,一位名叫克莱门特的伦敦钟匠又发明了锚型擒纵器,这种擒纵器的最大好处是需要摆动的角度很小。

最早的钟没有钟面,完全是靠敲打机械来报时的。英文里“钟”这个词是clock,它是从法文中的cloche一词演化而来的,cloche的原意是“敲打的钟”。

世界上第一块机械表是德国纽伦堡市一位名叫彼得·汉兰的修锁匠于1504年制造出来的。汉兰被人诬陷为一起偷窃谋杀案的元凶,为躲避警察的追捕,他躲进了一个大教堂。在教堂里,汉兰发现了牧师的一只钟,于是开始研究。经过两年的努力,他终于发现用有弹性的钢片做发条可以为钟提供动力,带动指针运转。由于用发条取代了过去的重锤,而且是卷曲的,这就使得钟可以变得很小。1504年,汉兰制作出世界上第一块表,它的外形是椭圆的,长15厘米,零件全部用铁制成,且表盘是裸露的。这种装在衣袋里的“怀表”只有一个时针。大约到了1700年,分针才第一次出现在表上;又过了60多年,才又出现了秒针。

手表的出现比怀表晚400多年。第一次世界大战期间，有一个法国士兵为了能方便地看到时间，把自己的怀表用表链绑在手腕上。周围的人竞相模仿。瑞士钟表匠扎纳·沙双受此启发，开始研制手表。他制造了一种比怀表体积小的表，并在表的两边各钻了两个小孔，用来装表带。

1955年，世界上第一块电子表诞生在瑞士。

科学家们在20世纪40年代就知道，原子内的电子像钟摆那样有规律振荡，可以用来计时。第一座原子钟诞生于1948年，这种钟一般都使用铯——一种银白色金属的原子来计时，它准确到一天只有几毫微秒的误差。现在这种原子钟分布在世界各地约50个计时中心内。美国确定秒长度的标准存放在科罗拉多州的博尔德实验室，是一个名叫NBS-6铯的原子钟。它是美国最精确的原子钟，30万年内误差不到一秒钟。1993年，上海天文台制成了一台小型氢钟，1 000万年误差不超过一秒。

自然界也有自己的时钟。1947年，美国化学家威拉德·利比发现，在过去几万年间生存过的每种物体内都有一个天然计时器——碳^{14}原子，这种原子的衰变速度已为人知。只要确定了物体中的碳^{14}含量，科学家就能告诉人们古埃及法老的木乃伊或秦始皇兵马俑的年代。

人体内部也有一个生物钟，它控制着人体的主要时间周期，也叫生理节奏。对它起调控作用的是大脑的下丘脑，位于口腔的上部。大多数人的正常生理节奏周期为25小时。为什么生物钟不是24小时呢？一位科学家认为，稍稍长于自然时间可能使人产生一种生存所需的紧迫感。

橡胶的历史

橡胶树原本生长在南美洲,是亚马孙河流域热带雨林中的一种野生植物。

亚马孙河中游的印第安人是最早懂得使用橡胶的人。他们用刀划破野生橡胶树的树皮,采集树干上流出的白色汁液,然后在这种汁液里加点醋,在汁液凝固成生橡胶的过程中不断搓揉,制成一个个胶球玩具。

1498 年哥伦布第三次航行到美洲时,看到当地印第安人玩一种富有弹性的黑色胶球,十分新奇,并将其带回欧洲。不过,它并未引起欧洲人的重视,只是被送进了博物馆。

1735 年,法国巴黎科学院组织了一个赤道探险队。探险队员、科学家康达明把他从美洲收集的橡胶标本带回了法国,并详细报告了采集橡胶和当地人用橡胶制作雨衣、雨鞋等情况。从此,橡胶逐渐引起科学家们的兴趣。

1770 年,英国化学家普利斯特利发现,橡胶块可以擦去铅笔书写的字迹,于是给它取名“擦子”(rubber),这个词在英语中和“橡胶”是同一个词。当时的美术家们把“擦子”奉若珍宝。

1819 年,苏格兰化学家马金托希发现,橡胶可以溶解在一种用煤焦油提炼出来的挥发油里。把这种橡胶溶液涂在布上晾干以后,不仅不透水,而且耐热能力要比单用橡胶涂过的布强得多。此后,人们又用松节油、石脑油等来溶解橡胶,制作了许多防雨制品。

1839 年,美国费城的五金商固特异在一次实验中,偶然把橡胶、硫和铅白的混合物加热过了头,却意外地制出了一种可以烧焦却不会溶化的物质。这种物质克服了生橡胶遇冷则失去弹性、遇热又会变粘的弊端。这就是一直沿用到现在的“橡胶硫化法”。1841 年,固特异使这种混合物通过加热的铸铁槽,生产出一张张有弹性且不受温度变化影响的硫化橡胶。

1843 年,柏克斯研究出了另一种硫化方法,就是把橡胶放到氯化硫的稀溶液里浸一下。这种方法特别适合用来生产气球或橡皮奶头等极薄的橡胶制品。

橡胶硫化法的发现开拓了橡胶在电气、交通运输等行业的广阔应用市场,这些行业对橡胶的需求量大大增加。许多欧洲商人争先恐后到巴西投资,购买土地,雇用当地劳工,大规模种植橡胶树。1850 年至 1910 年间,巴西的橡胶生产一直处于领先地位,有“橡胶王国”的美称。

1876 年,英国旅行家亨利·威卡姆在巴西收购了 7 万颗橡胶树种子,运回英国培植成树苗,然后移植到斯里兰卡、新加坡、马来西亚、印度尼西亚等地处热带的东南亚国家。从此,这些地区出现了人工种植橡胶园,并得到迅速发展。

橡胶成为一种重要的战略物资,但天然橡胶只产于热带和亚热带地区。第一次世界大战期间,德国为了突破协约国对天然橡胶的禁运,采用合成工艺,制成甲基橡胶 2 350 吨,以解燃眉之急。战后,由于英、荷、比、法等国的控制,天然橡胶的价格一再上涨,没有天然橡胶的美、苏、德等国便加紧了对合成橡胶的研究。1925 年,德国法本公司研制出比天然橡胶更耐磨的丁苯橡胶。1928 年,美国合成了具有耐酸、耐油、不易燃烧等性能的氯丁橡胶。1930 年,德国又研制出性能更好的丁腈橡胶,1934 年投入工业化生产。随着第二次世界大战的爆发,合成橡胶的研制和生产速度大大加快,到 1945 年美国已可年产合成橡胶 82 万吨。

1953 年,德国化学家齐格勒创造了一种新型的催化体系,首次在常温常压下生产出高密度的聚乙烯。1955 年至 1956 年间,意大利化学家纳塔进一步改进了齐格勒的催化体系,生产出了定向聚丙烯,他们的发明把有机高分子材料的合成推向了新的阶段。1957 年,意大利的蒙特凯蒂尼公司首先采用纳塔的定向聚合法,促成了 20 世纪 60 年代新型合成橡胶的出现。此后,美、德、日等国也都先后合成了具有高顺式结构,类似天然橡胶性能的合成橡胶。

进入 20 世纪 70 年代,世界合成橡胶的产量已数倍于天然橡胶。合成橡胶的品种也大量增加,不仅有一般代替天然橡胶的丁苯、顺丁、异戊、氯丁、古腈等通用合成橡胶,而且还研制出许多特种橡胶。这些特种橡胶具有许多天然橡胶所没有的特殊功能,如:比天然橡胶耐磨 5 ~ 10 倍的聚氨酯橡胶;具有强耐老化性和耐热性、可以在 170℃ 左右使用的乙丙橡胶;可以在 -100℃ ~ +300℃之间正常工作的硅橡胶;耐强腐蚀、耐高温的氟橡胶等。这些特种合成橡胶在原子能、宇航、航海、化工等尖端技术领域发挥了重要的作用。

亚马孙河中游印第安人手中的小“胶球”历经了 500 年的时光,终于走进千家万户、各行各业,开辟出了一片广阔的天地。

由蜘蛛引发的合成纤维

19 世纪末,法国昆虫学家法布尔在细致观察蜘蛛的整个织网过程后惊叹道:“这是一个多么令人惊奇的丝织厂啊! 从一个非常简单的只包含着后腿和丝囊的设备,蜘蛛完成了制绳、织造和染织的全部工作。”受蜘蛛“吐丝”和“抽丝”的启示,英国皇家学会的实验室主任、著名物理学家胡克在《显微绘图》一书中设想到:“也许能找到某种方法来制造一种黏性的东西——这种东西通过网筛拉出后很像蚕吐出的丝。”而人类实现这一伟大设想却经历了从天然植物纤维到化工合成纤维的过程。

早在 300 多年前,法国科学家卜翁希望能够用蛛丝作为纺织的原料。他把蜘蛛的丝囊割破,取出里面的黏液,经过一个个小孔的挤压形成细丝。他用这些从上万只蜘蛛体内抽出的细丝织成世界上空前绝后的蛛丝手套,这也是世界上第一副人造丝手套。可惜的是,经过法国物理学家列奥慕尔的考证,生产一磅蛛丝,需要饲养 662 500 只蜘蛛,蛛丝没有进行工业开发的商业价值。

1855 年,法国一批科学家接受政府的委托,研究当时危害法国蚕丝业生产的蚕病防治方法。一位名叫奥捷玛尔的科学家在仔细研究蚕儿吐丝的过程中突发奇想:能否仿造蚕儿的法子把桑叶变成丝呢? 他在研究中发现,蚕丝含有“氮”元素而桑叶中没有这一元素。他把从桑叶中取出的纤维素浸在硝酸里。结果,桑叶真的变成黏液,通过挤压竟变成了一根根连绵不断的细丝,这是人类最早的以植物为原料制成的人造植物纤维。在此基础上,人们又把目光移向大自然中含有天然纤维素的物质,如木头、芦苇、竹子、棉花秆、棉短绒和甘蔗渣等,以它们为原料制造出许多人造纤维。

美中不足的是,这种人造丝很怕火,因此在当时没有得到很快的发展。直到 1891 年以后,粘胶纤维、醋酸纤维、铜氨纤维的成功试制和投入工业生产,才使人造丝得到快速发展。

真正发明出接近蛛丝的人工合成丝的科学家是美国人卡罗瑟斯。20 世纪 20 年代末,美国杜邦化学工业公司集中了一批科学家进行对聚合反应研究,卡罗瑟斯便是其中之一。1929 年的一天,他在清除容器里的聚合物样品时,发现这种聚合物拉出了柔软的长丝,这启发了他。他想:以前的人造丝是借助植物纤维制造的,能否制造一种利用化学方法人工合成的丝? 经过数年的研究,卡罗瑟斯终于在1938年拉出了一种像蚕丝一样轻柔的断面呈菱形的纤维，这就是历史上有名的“尼龙66”（也称锦纶、卡普隆）。为此，美国杜邦化学工业公司于1938年9月在一种新产品广告中宣称：“我公司利用煤炭、空气和水制成了一种丝，这是一种比蜘蛛丝还要细，比钢铁还要牢固的丝。”用“尼龙66”制成的第一批产品——一万双尼龙丝袜仅3天时间就被抢购一空。

“尼龙66”面世后，合成纤维得到迅猛发展。1940年，英国人制成了涤纶。以后，合成纤维新品种不断问世。维纶、丙纶、氯纶、腈纶，连同上述的锦纶、涤纶，堪称当代的“六大纶”。20世纪60年代以来，随着耐高温高分子合成研究的深入，诺梅克斯纤维、β纤维、对位耐纶、βββ纤维、芳纶等品种纷纷诞生，合成纤维又在向复合纤维发展，其用途从民用扩展到工程技术、医疗、军事等更广阔的领域。人们用它们制成轻软柔滑的富春纺、美丽绸、乔其纱等，织出可与羊毛媲美的毛哔叽、华达呢、毛毯等；还用它们制作各类包装用的玻璃纸、电影胶卷片基。一种比铝丝轻比钢丝牢的碳纤维则更是当代高强度、高弹性率的强化纤维的杰作，备受广大工程师和航空设计师的青睐。

合成纤维一经诞生，其发展规模和速度十分惊人。由合成纤维、合成橡胶、塑料构成的三大高分子合成材料的生产成为20世纪以来发展最快的产业之一。1940年，世界棉花产量为690万吨，而合成纤维只有5 000吨。到1963年，合成纤维产量已达130万吨，20多年内增加了259倍。

向“宇称守恒”挑战的华裔科学家

1956 年夏天，两颗科学新星在世界科学界的上空熠熠发光，他们对物理学界“关于在弱相互作用下宇称守恒”的问题发出强有力的挑战。这两位年轻人就是当今闻名天下的华裔科学家——杨振宁教授和李政道教授。

杨振宁教授 1922 年出生于安徽省合肥市，父亲杨武之是清华大学一位有名的数学家，杨振宁是在环境优美、学术氛围浓厚的清华园中成长的，并在清华大学取得了硕士学位。当时，他非常崇拜美国的两位物理学家——费米和威格纳。1945 年底，当他得到清华大学奖学金到美国留学时，他便径直到哥伦比亚大学找费米。杨振宁没料到，当时美国正在秘密、紧张地实施“曼哈顿计划”，他要找的两位科学家都应召效力于这一浩大的工程。虽然杨振宁以顽强的意志不懈追求，终于在 1946 年 1 月成了费米的学生，但由于费米研究工作的绝密性，后来杨振宁转而成为芝加哥大学著名科学家特勒的门生，他也因此把研究重点转向理论物理学。获取博士学位后，他应聘到新泽西州普林斯顿高等研究所从事高能物理研究。

李政道教授是上海人。1946 年，他因学业优异获得了到美国芝加哥大学深造的机会。两位年轻的中国学者在美国不期而遇，一起对“在弱相互作用下宇称守恒”问题提出了疑问。

当时物理学界存在着一个所谓“θ-τ”疑难的问题，即 θ 粒子与 τ 粒子因为性质几乎完全一样而似乎就是同一粒子，但是，两者在“宇称”上的表现又完全不同。这一难题使当时已有的所有理论却步。

1956 年夏天，杨振宁与李政道一起查验了关于“宇称守恒”概念的实验基础，得出震惊世界的结论：在弱相互作用中，实际上并不存在“宇称守恒”的任何实验证据，“宇称”的概念不能应用在 θ 粒子和 τ 粒子的衰变机制中，θ 粒子和 τ 粒子可以是同一种粒子，通称为 K 介子。同时他们建议用 β 衰变等实验来证实或否定他们的推测。

1956 年底，哥伦比亚大学美籍华裔教授吴健雄与美国华盛顿国家标准局的 4 位物理工作者一起，用钴 60β 的衰变实验证实了他们的结论，从而推翻了在弱相互作用下的宇称守恒原理。杨振宁与李政道因为这一杰出贡献于 1957 年共同获得诺贝尔物理学奖和爱因斯坦科学奖。

1966 年,杨振宁教授到美国斯托尼布鲁克的纽约州立大学担任爱因斯坦讲座物理学教授,并兼任理论物理研究所所长;李政道教授后荣任哥伦比亚大学费米讲座物理学教授,他们对科学始终深爱不渝。

杨振宁教授和李政道教授的重大发现使基本粒子的研究获得了实质性进展。同时,他们还是崇高的爱国主义者,他们一直关心祖国的科学事业,为发展祖国的科学事业出谋划策,尽心尽力。

丁肇中与 J 粒子

丁肇中教授祖籍山东，生于美国。1936 年 1 月 27 日，他因父亲在密执安大学读书而出生于该州的安阿伯，他的青少年时期是在祖国大陆和台湾地区度过的。他中学毕业后到美国密执安大学学习，并于 1962 年获得哲学博士学位。

1963 年，丁肇中前往瑞士日内瓦欧洲核研究中心从事原子核的研究工作，此时的身份为福特基金研究生。第二年，他又回到美国。自此以后，由于建树颇丰，他相继在哥伦比亚大学和麻省理工学院担任重要职务，并于 1967 年在麻省理工学院被提升为教授。同时，他还兼任多种职务，拥有众多头衔，如美国物理学会举办的“粒子与场”部门顾问、《核物理学（β）》杂志副编辑、《核仪器与方法》编委会委员、美国艺术与科学学院院士等。他因为对科学的贡献而成为科学界知名人士。

丁肇中教授的杰出贡献在于粒子物理方面，他主要从事实验粒子物理、电子或 μ 介子对的物理学、类光子粒子的产生与衰变等方面的研究。1972 年夏天，他带领一批物理学家在美国的布鲁克海文国立实验室从事电子对的研究。1974 年的一天，丁肇中及其合作者进行两个质子碰撞以观察某些基本粒子电磁力性质的实验，当能量上升到 31 亿电子伏特时，仪器记录突然出现异常现象，电子对数目急剧上升，而仪器一切完好。为了弄清原因，丁肇中进行了反复实验，可结果都是一样的。他意识到：一个新的基本粒子可能被发现了。自此以后，丁肇中等又进行了大量的实验，积累了 500 多个同类事例。测量数据表明：这个新粒子的能量宽度极窄，但质量很大（3 100 兆电子伏），寿命特别长，约为 10^{-20}秒，比典型的强子长约 1 000 倍。这是一个与其他粒子有着本质区别的基本粒子。

这是一个令人激动的重大发现，实验组的物理学家们为了庆祝这一重大发现，同时也为了纪念丁肇中教授在电磁力探索上的贡献，把这个新粒子取名为“J 粒子”，因为大写的英文字母“J”与中国汉字“丁”在字形上相似。

本着科学的谨慎态度，丁肇中他们在当时未立刻公布这一发现。因此导致这一新型粒子最终有两个名字 J/ψ 粒子。因为几乎在同时，在美国斯坦福直线加速器中心的实验室里，以伯顿 · 里克特为首的小组成员也观察到这个新粒子的可疑迹象,并将其命名为"ψ 粒子"。由于这个新粒子是丁肇中和里克特两位物理学家各自独立完成的共同发现,因此被最终命名为"J/ψ 粒子"。

J/ψ 粒子的发现,挽救了当时已濒临危机的夸克理论,使这一理论获得新生;而且,它的发现给当时的物理学界注入了一剂兴奋剂,它标志着物理学家长时期未发现什么新粒子的"冬眠"时期的结束。自此以后,人们又围绕 J/ψ 粒子与夸克的内在联系做了大量有益的理论探讨和科学实验,有力地推动了粒子物理学的发展。丁肇中与里克特二人共同分享了 1976 年的诺贝尔物理学奖。

用激光摄影的人——李远哲

自照相机诞生以来，人们已普遍掌握了一般的摄影技术，但是，能够在瞬间捕捉寿命极其短暂的物质变化镜头的人，却是寥寥无几。美籍华人李远哲博士则是摄影技术的“第一人”，他的分子束超高速分子摄影法，能拍下化学变化的过程，为化学研究提供了难得的资料。他的这一发明被世人称为“神奇之术”。

出生于我国台湾新竹县的李远哲，青少年时期就才智过人。他在台湾大学获得硕士学位后，便直接到美国加州大学拜著名的化学家赫米巴哈为师，攻读博士学位。如何把仅仅存在 10^{-15} 秒时间的分子变化拍成照片，成为李远哲的主攻目标。而这在当时许多人的眼里被认为是不可能实现的。

19 世纪 70 年代，美国有一个叫史丹福的大资本家曾悬赏两万美元，请人设计一种能捕捉奔驰中的快马镜头的特殊拍照装置。当时，英国摄影大师迈步里奇因将快门速度提高而一举中赏，成为轰动一时的特大新闻。但是，迈步里奇设置的这一快门速度，在化学变化面前却无能为力，若要给化学变化拍照，那还要将迈步里奇的快门速度提高 100 亿倍。因为化学变化始于分子间的碰撞，它首先形成一个过渡态以后再成为产物的分子，而过渡态的寿命仅有 10^{-12} 秒，要想拍下过渡态的照片，那快门速度至少不应少于 10^{-15} 秒。10^{-15} 则是光速行进一个细菌直径这点距离所需的时间。这样的快门速度能产生吗？

李远哲知难而进，他在导师的指导下一步步地将实验向前推进。1986 年，他在度过无数个不眠之夜后，终于制成了第一台转动分子束实验装置。这一装置能在产生分子束发散源而致分子碰撞时，通过高速检测器把碰撞状况用电离仪或质谱仪记录下来，它可以把其中的每一个细节记录下来，分析这些信号就可以译出分子化学变化的过程和状态，使人一目了然。这一装置能够观察到 3×10^{-12} 秒的化学分子变化情况，但李远哲对此并不满足，而是精益求精，在这一基础上使分子束摄影术日臻完善，将其功能提高到对 10^{-15} 秒的过渡态的细观察。

鉴于李远哲这一发明对于化学研究的重要意义，也为了表彰其对世界科学的发展所作出的突出贡献，诺贝尔奖评选委员会把 1986 年度诺贝尔化学奖的桂冠颁给了李远哲博士。如果说 19 世纪迈步里奇拍摄奔马用的是光，那么，李远哲博士的拍摄奥秘则在于他的分子摄影术所用的不是普通的光，而是神奇之光——激光。

地球的知音——李四光

1889 年 10 月 26 日，在我国的湖北省黄冈县的一个贫寒人家，一个婴儿呱呱坠地，他就是后来成为中国地质第一人的李四光。

李四光，字仲揆，蒙古族。他从小就勤奋好学，成绩突出，1902 年被学校派往日本留学，在大阪高等工业学校学习造船机械。1914 年又考入英国伯明翰大学预科学习采矿，两年后在选本科时改学地质，立志将来回国后开发祖国宝藏。

1919 年，李四光获得了硕士学位。北京大学校长蔡元培先生来电聘他为北京大学地质系教授，李四光毅然接受了邀请，于当年返回祖国，开始他与祖国共患难的历史。

从 1920 年到 1926 年，李四光认真调查了北方石灰二叠纪含煤地层，对古生物中的原生门类和石炭工叠纪的蜓科化石进行深入研究。他在《中国北部之蜓科》一书中，对蜓的分类提出了独特看法。在此基础上，为了探索大陆运动遗留的痕迹，李四光又刻苦研究了大量文献材料，著成《地球表面形象变迁的主因》一文，提出了“大陆车阀”自动控制地球自转速度的理论。这些成果打破了传统理论，向当时以地质权威、美国的维理士为代表的地质构造研究者们发出强烈的挑战，这实际上也是李四光创建地质力学的开始。到 1929 年，他总结了前一段时期的研究工作，写成了《东亚一些典型构造型式及其对大陆运动问题的意义》，为构造地质力学的体系打下了初步基础。

20 世纪 20 年代到 30 年代，李四光在地质科学上的另一突出贡献是在我国发现了第四纪冰川。1921 年，他在太行山麓和大同盆地，发现了一些冰川流行的遗迹。这是一项破天荒的发现。因为在此以前中国一直被视作无第四纪冰川的国家。李四光通过大量的冰川漂砾（标本）展示和实地考察研究文章，同外国人以及被外国权威牵着鼻子走的人展开激烈的论战，并于 1936 年以无法否认的安徽黄山冰川遗迹材料，迫使费斯孟和安迪生这两位权威最终承认中国的第四纪冰川现象。

李四光是中国地质力学的创始人。从 20 世纪 30 年代开始，他运用力学观点研究地壳运动现象，探索地壳运动与矿产分布规律，把各种构造形迹看作地应力活动的结果，寻找各种构造类型的独特的本质，修改、补充、丰富并建立了

“构造体系”这一科学概念，开创了地质科学的新局面，并为新中国的地质科学发展作出了不可磨灭的贡献。

在旧中国时期，帝国主义分子及其御用学者散布中国“地大而物不博”、“中国贫油”等论调。1935 年在英国讲学时，李四光就指出中国东海、华北有“具有经济价值的沉积物”，指的就是石油。所以，在第一个五年计划初期，当毛泽东就走天然石油道路还是走人造石油道路的问题征询他的意见后，李四光决心摘掉“中国贫油”的帽子。李四光运用地质力学分析我国地质构造，认为中国东部新华夏构造体系的 3 条巨大沉降带具有广阔的含油远景。为此，他于 1955 年开始致力于石油普查工作，经过他与广大地质工作者的艰苦奋战，在短短几年内相继勘探、开发出大庆、胜利等油田，受到了党和国家领导人的高度赞扬。

1958 年，李四光光荣地加入了中国共产党，由一个民族民主主义者成为工人阶级的先进分子。从此，他以更大的热情和干劲投入到找油、找煤、找铀、找金刚石的战斗中。在他奋斗不息的最后 10 多年里，他高瞻远瞩，积极主张开展海洋地质、地热利用、地震地质的研究，并为此做了大量的准备工作。在他的指导下，我国的黄海、东海、南海都被查明具有含油远景；我国天津、北京、湖北、广东等地在地热的勘探开发利用方面取得重大进展。尤其在地震地质工作方面，李四光敢为天下先，强调在研究地质构造活动性基础上，观测地应力的变化，为实现地震预报指明了方向。1966 年 3 月 8 日，在河北邢台地区发生强烈地震后，他亲自在隆尧县尧山打了一个 1.6 米的浅孔，建立地应力实验测报站。通过应力值变化曲线的研究，李四光在用测地应力方法预报地震工作方面积累了大量的经验和相当的研究成果，为确保当时京、津、唐、张地区的安全作出了贡献。可惜的是，就在他为完成地震预报任务夜以继日地工作时，他身上的动脉瘤破裂，不幸于 1971 年 4 月 29 日病逝。

中国气象事业的泰斗——竺可桢

竺可桢于1890年出生在浙江省绍光县东关镇的一个米粮商人家里。早年在上海读中学,后考入唐山路矿学堂学土木工程。当时中国处于被外人欺凌的苦难之中。他发愤读书,并立下“科学救国”的理想。

1910年,竺可桢通过考试成为公费赴美留学的学生。在美国期间,他先考入伊利诺斯大学农学院学农业,3年后又考入哈佛大学地学系学气象学。在此期间,他在美国《科学》月刊上发表数篇论文,他的《中国之雨量及风暴说》一文受到哈佛大学教授的称赞。1918年,他在获得博士学位后横渡太平洋,回到阔别8年的祖国,决心发展中国气象事业。

可是,当时的中国是一块气象科学的处女地:没有一座中国人自己掌管的气象台,气象工作人员屈指可数,全国没有一个专门的气象科学研究机构。西方列强更是千方百计地扼杀中国的科学事业,对中国进行气象封锁。

竺可桢没有灰心,他像一个拓荒者一样开始了艰难的创业历程。

1921年,他在南京北极阁建立了中国第一座气象台,以后又在各地陆续建立了一批气象观测站。他还亲自筹建了我国第一个气象研究所,为开创我国的气象科学事业竭尽全力地工作。1924年至1925年,他发表了《远东台风的新分类》、《台风的源地与转向》等论文,对1904年至1915年的247次台风进行了具体分析,同时评论了当时外国人控制的徐家汇气象台、香港气象台、菲律宾马尼拉气象台所作的台风分类,提出了新的分类方法,在海内外产生了广泛影响。1933年,他又在国外一个重要学术会议上宣读了《中国气流之逆行》一文,使到会代表不得不承认他是研究东亚大气环流的先驱。从此,中国气象学在世界科学之林站起来了。

新中国成立后,竺可桢担任了中国科学院副院长,在长达半个多世纪的学术生涯中,对气候变迁问题进行了不懈的研究。

早在1921年,竺可桢就在南京读到一篇国外学者关于欧洲气候变迁问题的论文,他由此决心研究中国气候的变迁。经过缜密的思考和调查,他选择了一种可用以衡量古气候的有效标志——物候(指生物的生长、发育、活动规律以及非生物性自然变化对季节气候的反应)。为了研究中国5 000年来气候的变迁,他付出了艰辛的劳动。他不断地从我国的史书、方志、诗词以及古人的日记、游记中寻觅古代气候变迁的线索。同时,他善于观察自然现象,并随时记录。1963 年秋天,他在杭州召开的中国地理学会上发表了《关于我国气候若干特点与粮食作物生产的关系》的论文,综合分析了光、温度和降水对作物生长的影响,给气候工作打开了崭新的思路。

自 20 世纪 60 年代开始,竺可桢在继续查阅古代文献的同时,着手整理、摘抄他 11 年来的 40 多本日记。渐渐地,他的脑子里关于中国气候变迁的思路越来越明晰了。1966 年,罗马尼亚召开一次国际性的气象会议,竺可桢准备参加,便动手写这方面的论文,但仅仅写了一个英文初稿,"文革"便开始了,论文未能及时发表。1972 年,竺可桢不顾 82 岁高龄之身,重新对那篇论文进行修订和补充。第二年,他的这篇凝结了 50 年心血的论文《中国古代近五千年来气候变迁的初步研究》终于发表了。这也是他此生的最后一篇论文。文中证明了我国在5 000 年中最初 2 000 年的气候变迁情况,他指出,这种气候变迁是世界性的。气候变冷是由东向西转移,变暖时则由西向东行。这篇论文一经面世立刻在世界上引起强烈反响。日、英、俄、美等众多国家的学术刊物纷纷转载或介绍。在国际科学界享有盛誉的英国《自然》杂志详细指出:"竺可桢的观点是特别有说服力的,着重阐明了研究气候变迁的有效途径。"日本气候学家吉野正敏说:"经过半个世纪到今天,他所发表的论文依然在学术界居于领先地位。"

从店员到数学巨匠

1983年,美国科学院召开院士大会。当天晚上,来自各国的院士参加了接受新院士的典礼。他们身穿礼服,静静地听着美国科学院院长普雷斯教授致一位中国人的赞辞。院长话音刚落,会场上就爆发出暴风雨般的掌声。美国科学院120年历史上出现了第一位获此殊荣的中国人——华罗庚。

华罗庚的青少年时期是不幸的。1910年11月12日,他出生于江苏省金坛县。由于家境贫寒,华罗庚初中尚未毕业就开始帮经营杂货店的父亲站柜台。但他对数学的兴趣越来越浓,经常在小店堂里津津有味地阅读借来的几本数学书,为此他常挨父亲的打骂。以至于多年后,外国一本数学刊物上围绕他的少年生活登出一幅漫画:父亲手里拿着一根烧火棍,要华罗庚把数学书扔在炉子里烧掉,华罗庚紧紧抱住几本书,被追得满屋子跑。小小店堂成了这位未来数学家成长的摇篮。

少年时华罗庚的数学才华已被老师王维克注意到,王老师在生活和学习上都给了华罗庚极大的支持和帮助。不幸的是,当华罗庚受王老师之邀在金坛中学当事务员时,金坛流行瘟疫,华罗庚因病导致一条腿伤残。他后来曾诙谐地把他奇特的步履形容为"圆和切线的运动"。他凭着这艰难的步履,一步一个脚印地踏上了通往数学王国的征途,屡攀数学奇峰。

1930年的一天,他从一本杂志上看到了一篇关于代数五次方程解法的文章,作者是当时著名的教授苏家驹。华罗庚读后,很快抓住它的核心在于12组行列式。他经过独立的运算,发现结果完全相反——教授错了。于是他写了一篇文章:《苏家驹之代数的五次方程式解法不能成立的理由》,并在上海《科学》杂志上发表。一个名不见经传的小人物向大名鼎鼎的数学家挑战。但他那缜密、明快而别具一格的论文,引起了清华大学数学系主任熊庆来教授的高度重视。

1931年夏天,华罗庚与熊庆来在清华园会面。华罗庚受聘在清华大学数学系当助理员,管理图书、公文、考卷,兼办杂事和打字。清华大学的藏书浩如烟海,华罗庚如鱼得水。他每天只留下五六个小时睡觉,其余时间除了工作,就在图书馆或去听课。在清华校园的4年多时间里,他先后在欧美、日本等国的数学杂志上发表了十几篇数学论文。1934年以后,自学出身的华罗庚已使清华大学的一些教授望尘莫及,成为国内外共同注目的数学新星。

1936 年夏天,经前辈和外国学者的推荐,华罗庚漂洋过海到英国剑桥大学进修。当时剑桥大学正值鼎盛时期,被称为世界数学中心。在这个中心的一座大厦里,放着一把高背靠椅,那是万有引力的发现者牛顿坐过的地方,当时坐着 20 世纪声名显赫的数学家哈代。哈代早就听说华罗庚是一个才气勃发的自学者,不巧的是,在华罗庚要来剑桥时,他正要到美国讲学。临行前,他留下一张纸条:“华来请转告他,他可以在两年之内获得博士学位(而别人通常要用 3 年时间)。”华罗庚得知此事后却表示:“我不想获得博士学位,只要求做一个‘访问者’!”“我来剑桥是求学问的,不是为了得学位的。”

20 世纪 30 年代,欧洲的数学进入攻坚克难的研究阶段。华罗庚毫不却步,他在两年中,向华林问题、它利问题、奇数哥德巴赫猜想问题等发起了一系列猛攻,在欧洲接连发表了十几篇论文。他的关于它利问题的研究成果被国际数学界称为“华氏定理”。这个定理解决了哈代认为无法解决的问题。

在剑桥的最后一年,华罗庚发表了《论高斯的完整的三角合估计问题》。19 世纪欧洲数学之王高斯提出的问题被他彻底解决了。一位著名的数学家评价说:“这是剑桥的光荣!”华罗庚的这一成就至今仍被公认为该项研究的最佳成果。

1941 年,华罗庚在西南联合大学任教授。他在昆明郊区的一个小村庄里,拖着病腿,在昏暗的菜油灯下孜孜不倦地研究,终于完成了巨著《堆垒素数论》。该书被公认为 20 世纪最优秀的数学经典著作之一,先后被译成俄文、德文、匈牙利文、日文和英文,在国外广泛出版发行。英国数学家哈伯斯坦说:“到 1945 年,华罗庚已经是当然的数论家领袖之一。”

1956 年,他的《典型域上的调和分析》一文荣膺中国科学院第一批科学奖金的一等奖。随后,他的长达 60 万字的巨著《数论导引》问世,又一次震动了国际数学界。

1959 年开始,华罗庚和他的学生王元开拓新领域,将数论的成果系统而完美地应用于数值计算。他们在《数论在近似分析中的应用》一书中提出的数值积分新的计算方法,被国际数学界称为“华—王方法”。奥地利著名数学家那夫称赞道:“这项工作对整个理论作出了价值连城的贡献。”这本书也被译成多种译本在国际上广泛流行。

华罗庚在纯粹数学战场上纵横驰骋的同时,还密切注意应用数学的研究、试验和推广工作。20 世纪 60 年代起,他着重研究了统筹学和优选学,并且带领小分队走遍20多个省市加以推广，在多个领域取得数以万计的结果后，“双法”之花开遍祖国大地。美籍华裔学者杨振宁博士为此赞叹道：“这在资本主义国家是不可思议的事情。”推广数学应用是华罗庚的又一伟大开拓。

华罗庚被美国芝加哥科技博物馆列入当今世界88位数学伟人名单，为祖国赢得了极高的荣誉，成为中国乃至世界科技史上的一座丰碑！

“泰罗制”和现代管理学

“二战”以后，俄美两国在进行军备竞赛的同时，在空间技术上的竞争也愈演愈烈。1958 年，美国开始实施庞大的阿波罗登月计划。这一工程耗资达 300 亿美元，有 1 000 多万个零部件，涉及 120 所大学和实验室以及 2 万多家公司，有 40 万人参加。这样一个浩大的工程由谁来总负责？美国有关部门在充分讨论的基础上，出乎人们意料地决定由 37 岁的奥本海默担任总指挥。

奥本海默并非一位专业上有高深造诣的教授，而是一位善于组织管理、思想敏锐、精力过人的物理学家。在以他为核心的指挥集体的精心组织下，这一工程获得巨大成功。1969 年，美国“阿波罗-11”载人飞船成功地在月球着陆。事后，阿波罗工程计划负责人说，阿波罗飞船的技术没有一项不是现成的技术，关键在于“软件”技术是否过硬，能不能用系统的方法加以系统管理。

这位负责人所说的“软件技术”、“系统管理”便是管理技术和管理科学。阿波罗登月计划的实施是管理科学的一个范例。这门科学是在电子计算机等尖端技术和系统论、控制论、信息论等现代科学技术发展的基础上兴起的，是系统工程学的一个分支。

从历史上看，古代社会就有对社会生产和工程技术进行管理的需要。我国的《梦溪笔谈》中记载的北宋丁渭重修皇宫、“一举而三役济”的工程，就体现了一种朴素的管理思想。而真正促进管理成为科学的是 19 世纪大规模的工业化生产。1850 年，企业生产中已经通过单一化、标准化、专业化技术把多种机器、工具组织起来，建立由水平不一的工人共同操作的生产体系。当时，管理问题首先在机械行业得到重视。1886 年，美国的机械学会就曾以“管理科学”为题开展学术活动。这为管理科学的诞生创造了条件。

19 世纪七八十年代，一位来自美国农村的青年漂洋过海到欧洲留学，回到美国后又学习了法律。不幸的是，他因患上眼疾而被迫中断学习，成了木工、机械工，最后在一个钢铁公司从工人一直当到技师长。这位青年就是管理科学的奠基人——泰罗。他在工作中最早提出了定额管理办法，统计出当时的最大日工作量；他还提出了高速炼钢的生产方法（因此获得博士学位）以及合理支付工资的方法。在此基础上，他从合理安排工序、提高劳动效率入手，提出了一整套新的管理方法（即作业管理法和机能管理法），人们称之为“泰罗制”。1911 年,泰罗出版《科学管理原理》一书,首次正式提出了管理理论,这也标志着管理科学的诞生。泰罗制的出现,使工厂从经验管理走上科学管理的道路。

与泰罗同时代,甘特、吉尔布雷斯夫妇以及亨利·福特都对科学管理方法做了大量研究。福特首创了一种被人称为“福利制”的生产管理方法,即在生产标准化的基础上进行流水作业,大大提高了劳动生产率。美国哈佛大学教授梅奥等人还在西方电气公司的霍桑厂里进行了管理试验,得出一个重要的管理结论:不仅金钱是刺激劳动者积极性的动力,人们的社会关系和社会心理因素也会对其产生重要影响。他还据此提出了人际关系论。1916 年,法国的费约尔出版了《工业和一般管理》一书。他在泰勒制和福特制的基础上,提倡“全员股金”和“全员管理”,把社会学、社会心理学引进管理工作中,进一步完善了生产科学管理的理论和方法。

20 世纪 40 年代,管理科学进入“现代管理”理论阶段。美国贝尔公司开始把管理科学应用于工程管理。美国在现代通讯、空间技术等方面取得了一个又一个重大成果。管理科学本身也得到重大发展,出现了“管理科学”和“行为科学”两大学派。

进入 20 世纪 70 年代后,现代管理科学又进入新的发展阶段,它运用系统论等新的科学思想方法和电子计算机等现代科技手段,把人、财、物、信息综合起来全面考察和分析,实施有效管理。1970 年,美国华盛顿大学教授卡斯特和卢森威合写了《组织与管理——从系统出发的研究》一文,详尽地阐述了现代管理科学理论。现代管理科学朝着思想现代化、方法科学化、手段自动化的方向不断发展,管理科学已成为现代化生产的必要条件。1975 年,日本技术评论家星野芳郎说:“今天的技术革命一方面具有产业革命的性质,另一方面还具有完善管理技术的合理化的作用。”

中国管理科学园地也盛开了一朵奇葩——满负荷工作法。这是以“人尽其力、物尽其用、时尽其效”为核心,以增强企业活力、提高经济效益为目的,以经济责任制为基础,使生产诸要素处于最佳状态的管理方法。

20 世纪新思想方式的先驱

公元前 260 年，齐国赛马场上战旗猎猎，鼓声震天，齐威王和大臣田忌正在赛马。双方各出上、中、下 3 匹马，齐王的马略强，开始田忌三战三败。后来他采纳了军事家孙膑的排列组合法，改变出马顺序：先以自己的下马对齐王的上马，败阵；再以中马对其下马，取胜；又以上马对其中马，取胜。3 场比赛田忌胜二败一，以 2∶1 获胜。在这场比赛中，田忌不自觉地运用了一种科学思想方式——系统方法和运筹方法。

系统概念由来已久，亚里士多德在其著作中就提到过整体大于其各部分总和的论点。我国的八卦学说、五行学说、中医的元气学说、脏象学说以及经络学说等，实际上都是从系统整体来研究人体生命及疾病发展规律的理论。我国古代人民可以说最早实践了系统思想。四川都江堰是闻名中外的古代水利工程，李冰父子的高明在于他们宏阔、精妙的系统化思路，“鱼嘴”分水工程、“飞沙堰”分洪排沙工程、“宝瓶口”引水工程三大部分构成了完美无缺的系统联系，体现了我国古代劳动人民卓越的系统观。而经济学经典著作《资本论》也是体现系统思想的科学巨著，马克思堪称社会科学中现代系统论的始祖。

20 世纪以前，从而使系统问题并没有形成一门学问。进入 20 世纪以后，由于人类生产的发展，从而使系统问题尖锐地摆在了科学工作者面前。而现代科学技术的发展又为系统论的产生提供了分析的条件和方法。

系统论的建立与现代生物学中的机体概念以及对活的有机体的研究密切相关，它是在对生物学中机械论和活力论的批判中诞生的。机械论者试图用物理的或化学的规律来解释复杂的生命现象，活力论者认为，在有机体中存在一种有目的的超物质的“活力”。20 世纪初，德国生物学家杜里舒又提出新活力论，认为生物体中存在着一种类似“灵魂”的活力。1925 年，英国数理逻辑学家、哲学家怀德海在《科学与近代世界》一书中提出机体论。1925 年和 1927 年，美国学者劳特卡和德国人克勒相继提出了有关系统论的基本思想。

在继承人类系统思想的基础上，美籍奥地利生物学家贝塔朗菲在 1924 年至 1928 年间多次发表文章，否定了前者的 3 个错误观点，即简单相加观点、机器观点和被动反映观点。他同时针锋相对地提出了机体论的 3 个基本观点，即系统观点、动态观点和等级观点，主张把有机体当做一个整体或系统来考察。在他那个生物学"有机革命"的年代里,他提倡的"机体系统理论"及其"机体方案"成为普通系统论的"生长点"。1932年和1934年,贝塔朗菲为此先后发表他的著作《理论生物学》和《现代发展理论》,进一步阐述其整体性原则。1937年,他在美国芝加哥大学哲学讨论会上首次提出一般系统论概念,但由于当时的种种压力而未能公开发表。1945年3月至4月间,他在《德国哲学周刊》第18期上发表《关于普通系统论》一文,这篇文章实际上是普通系统论诞生的标志,贝塔朗菲也因此被认为是系统论的创始人。遗憾的是,他的这篇论文当时几乎不为人所知,直到1947年和1948年期间,由于他多年的努力和积极倡导,普通系统论才逐步为各类专家和学者所重视,成为一门崭新的学科。

20世纪60年代以后,由于系统工程学和运筹学、信息论、控制论以及系统论自身的不断发展,人们更加重视对系统论的研究和应用。"二战"期间,系统方法已开始运用于军事和通信工程中。1944年,美国陆军发明了一种自动化防空火炮系统,当时曾被认为是惊人的武器:它运用雷达自动搜索和跟踪目标,带动高炮群自动对准飞行中的敌机,自动计算出炮弹发射方向,自动装订定时起爆引信,炮弹自动上膛和击发,直到敌机被击落或逃走为止,给各国空军带来恐惧。系统论又被推广到组织管理方面,被广泛应用于美国的"曼哈顿工程"和有40多万人参加、历时10年的"阿波罗登月工程"等,使其发展出现了绚丽多姿、色彩纷呈的大好局面。

不仅如此,各国学者还从不同学科角度提出了许多新的关于系统论的理论,出现了各种类型的彼此渗透、相互交叉、相互促进、竞相发展的喜人景象。在生物学中,有米勒的一般生命系统理论和艾根的超循环理论;在物理学中,有普里高津的耗散结构理论(他因此而获得诺贝尔奖)和哈根的协同学;在数学中,有法国托姆的突变论以及我国廖山涛教授的动力系统理论和吴新谋教授的泛系理论;在控制论和信息论中,有维纳和艾什比的控制论和信息论以及德、法、美、英、俄等各国学者的系统论;在社会科学中,有管理、经济等方面的系统论;在哲学中,有加拿大邦格的系统主义;等等。系统论是发展了的和正在发展着的系统论,在很大程度上已超越了贝塔朗菲的系统论。系统论在经历了古典系统观、近代系统观、机体系统观、一般系统观、系统自组织理论后,在纵向发展中出现了多方面、多层次的横向交叉,在新的区域或连接部位又形成了新的横向渗透。这表明,科学技术发展的综合化、整体化趋势日益突出,作为当代新思想方式,居于"三论"(系统论、信息论、控制论)之首的系统论将在社会各个领域(通讯、改革、管理、工程、教育等)日益显示其强大的生命力。

夺目的“黑箱”理论

《世说新语》中有一则故事:桓玄、顾恺之和殷仲堪在一起说危语。桓玄说:“矛头淅米剑头炊。”殷仲堪接上一句:“百岁老翁攀枯枝。”顾恺之说:“井上辘轳卧婴儿。”殷仲堪的参军在一旁插了一句:“盲人骑瞎马,夜半临深池。”殷仲堪叹曰:“咄咄逼人,仲堪眇目故也。”在这场游戏中,他们所用的竞赛方法,就是控制论中的基本方法——反馈方法。

控制论是自动控制、电子技术、无线电通讯、神经生理学、心理学、医学、数理逻辑、计算技术、统计力学等多种学科相互渗透、彼此交叉的产物。控制论的思想可以追溯到古代和近代的许多精巧设计上。我国古代的指南针和铜壶滴漏装置、17 世纪的自动钟表、18 世纪瓦特的离心调速器等,应用的就是控制论的思想。但控制论作为一门学科,是 20 世纪以来在现代科学技术发展的基础上逐渐形成的。

第二次世界大战时,英国为了对付德国法西斯的轰炸,研制了高炮自动瞄准装置等单机自动装置和雷达等通信设备,把人与机器(控制、通信设备)联结为一个统一的控制系统。在此基础上,预测理论、自动调节理论和伺服系统理论相继形成。科学家们进而把通讯工程中的信息、自动控制中的反馈等概念引入活机体研究中,再把人的行为、目的等概念引入机器机制研究中,两者互相综合、交融,初步形成了控制论的思想。

真正意义上的控制论的创始人是美国数学家维纳。他从 1919 年就开始接触控制论思想。从 20 世纪 20 年代到 30 年代,他对机器运算产生了浓厚的兴趣。1935 年 8 月至 1936 年 5 月,维纳在我国清华大学任教授。期间,他与李郁荣教授合作电网络设计研究工作,萌生了控制论思想。李郁荣教授对他这方面思想的形成有着决定性的贡献;维纳后来也认为,中国之行是他从一个数学家转向控制论专家的分界线,是他创立控制论的起点。二战期间,维纳参加了自动火炮和计算机的研究工作,这期间,他发现人的神经控制系统和工程控制系统稳定工作的方式之一,就是把活动结果所决定的一个量作为信息的新调解部分反馈到控制系统中去。由此他认为,目的性行为可以用反馈来代替,负反馈在人的控制系统中起重要作用。维纳的这些思想表明控制论已处于酝酿阶段。

1943年，维纳与诺意曼发起了一个有多学科学者和工程师参加的讨论会，维纳和毕格罗、罗森勃吕特合作发表了《行为、目的和目的论》一文，研究了人和机器两方面的通信和控制特性。1946年，他们又召开专门讨论反馈的会议。这两次会议推动了控制论的创立。1948年，维纳在吸收别人的学术成果的基础上，接受赫尔曼书店弗里曼的要求，出版了《控制论——或关于在动物和机器中控制和通讯的科学》一书，宣告了这门新学科的正式诞生。控制论的产生，既突破了生命和非生命的界限，又突破了控制工程与通讯工程的界限。

1948年，控制论理论进入快速发展阶段。如果说维纳的研究重点是反馈控制，着重应用于单机自动化，属于经典(或第一代)控制论，那么，20世纪50年代末60年代初控制论发展到了现代控制论，其研究重点是最优控制、随机控制和自适应控制，着重应用于机组自动化和生物系统。我国著名科学家钱学森是工程控制论的创始人之一，他的《工程控制论》一书是这门学科的奠基性文献之一。这一时期现代控制论出现了"百花争艳"的喜人景象，其中有极值控制理论、生物控制论、智能控制论、社会控制论、模糊控制论等。这些理论把那种还不知道其内部结构的系统称作"黑箱"，而把通过系统的外部行为分析、探索内部结构并实现对系统控制的方法称作"黑箱方法"。现代控制论在导弹武器研制、追求企业最高经济技术指标、人造卫星运行轨道最佳设计等方面，发挥了巨大的作用。

20世纪70年代以来，控制论进入一个更高的发展阶段——大系统理论研究时期，这也是控制论的第三代理论。它以规模庞大、结构复杂、层次众多、关系错综，又具有随机性和动态性的大系统(或巨系统)或大系统的自动化为主要研究对象。它要控制的是整个体系的总体性能指标，如铁路调度和指挥系统、综合自动化钢铁联合企业系统、计算机网络系统、社会系统以及社会与自然交叉而成的环保系统等。人们已创造出新的方法研究这些大系统，如多级递阶控制结构等。以色列有家生产钻头的公司，其业务员在世界任何一角落谈到业务，仅需拨一个电话到公司，在无人指挥的情况下，车间的车床便根据电话指令自动开机进行定量生产。如果离开控制论而面对复杂的大系统，人们只能老虎吃天，无法下口。1975年，第3届国际控制论与系统会议在罗马尼亚召开，主题是经济控制问题，与会者一致认为，用反馈来调节行为的研究适用经济控制系统。1978年，第4届国际控制论与系统会议在瑞典的阿姆斯特丹召开，中心议题是社会控制问题。以电子计算机为技术工具，适用当代控制论的概念和方法来研究大型企业的管理系统、生态系统、经济系统和社会系统,已受到各国的普遍重视。可以相信,控制论、系统论、信息论将在促进人类文明发展的进程中放出夺目的光彩!

“三论”是科学之光,是科学园地中成长的3棵大树!

信息时代的脚步

在英国剑桥大学图书馆，20 万页的文献资料可存储在一片一寸见方的全息卡中。科学家利用电子计算机联机检索系统，可在几分钟内从世界各地调阅所需要的资料，其效率相当于一个人用 30 种语言文字看完并摘录 2 000 多杂志上约 9 万篇文章的内容。空间缩小了，世界变得不再遥远，而这一切都应归功于信息科学的问世。

一般来讲，信息既不是物质，也不是能量，目前基本上被认为是事物的存在方式或状态以及对其直接或间接反映的某种属性。虽然世界各国对信息的本质未作出理论上的回答，甚至至今尚无统一的定论，但人类认识和利用信息的历史可谓源远流长。我国古代边防曾用烽火来报告敌情。那时有种可谓烽表，即用白布和红布缝制成的帆状物，挂于高杆之上，按敌人的多少和远近而增减其数量，这实际上是采用编码方法以增加所传输的信息量。我国古代还有“结绳记事”等原始信息存取和输送系统。非洲人曾用大鼓传送消息。古罗马地中海一带城市则以悬灯的方式通报迦太基人进攻的消息。这些实际是现代战争中的信号弹、路口的红绿灯、潜水中的信号绳、战舰上的旗语等的原始方式。在我国的典籍和古代文学作品中，用信息表情达意的例子更是屡见不鲜，如唐代诗人李白《暮春怀故人》中的“梦断美人沉信息，目穿长路倚楼台”，李商隐《丹丘》中的“丹丘万里无消息，几对梧桐忆凤凰”等诗句。当然，这里的“信息”并不是现代意义上的信息，而是指消息、音讯。

人类真正对信息及其本质从科学意义进行探讨，是 20 世纪 20 年代特别是 40 年代以后的事情。人类最初是从人人通讯和人机通讯中作出“信息”概念的概括的。早在 1832 年，德国的韦伯在发明电报后就开始探讨信号的编码和传输问题；1838 年，美国人莫尔斯发明电报编码法，提出一种快速传输作息的方法；1922 年，卡松提出边带理论和信号保护法则；1924 年，美国科学家尼奎斯特对通信系统传输信息的能力作了实质性研究。卡松和尼奎斯特的工作对信息论的建立具有本质的意义。1928 年，哈特莱发表《信息传输》，首次提出消息是代码、符号、序列。这是信息论思想的萌芽，对后者创立信息论具有极大的启发作用。

人类在经历语言、文字印刷术、电讯、电脑以及以电脑通讯网络为核心的信息技术这5次开发利用信息的革命后，随着雷达、电子计算机的产生和发展，终于在20世纪40年代创立了信息论。推动信息论形成的直接原因是“二战”期间和战后通信事业的发展需要。美国贝尔电话研究所的数学家申农于1904年开始从事这方面的研究，并于1948年在《贝尔系统技术》杂志上发表著名的《通讯的数学理论》一文；1949年又发表了另一篇论文《在噪声中的通信》。这两篇论文标志着信息论的正式诞生。文中首次从理论上阐明了通讯的基本问题，提出了通讯系统的模型，初步解决了如何从信息接受端提取由信息源发来的消息的技术性等问题，奠定了信息论的基础。

信息论诞生后，在20世纪50至60年代得到了很大发展。它由美国神经生物学家艾什比等科学家推广应用到生物学、神经生理学等多个学科和技术领域。信息的作用也日益突出。信息技术经过几十年的发展，已远远超出申农的信息论的范围，并引发了工厂、办公室、家庭、农业自动化的革命，这是对于人类传统生产方式和生活方式的革命性变革。

与此同时，信息论自身作为理论体系也得到不断的丰富、完善和发展。申农的信息论是以通信为背景而提出和建立起来的，只研究信息的技术问题，所以他的理论被称为通信的理论或狭义信息论。20世纪70年代以来，各国学者从信息的语义和效用方面突破了申农的局限性，大大地发展了这一理论体系。1971年，高艾斯等人提出了“有效信息”的概念；1978年，夏尔马提出了非可加性的“广义有效信息”概念；此外，还有人提出“语义信息”、“无概率信息”、“相对信息”、“模糊信息”、“算法信息”等概念。

1957年，前苏联发射了第一颗人造卫星，开创了全球卫星通讯的新纪元，标志着全球信息革命的开始。

随着对信息产生、获取、变换、传输、存储、处理、识别和利用研究的不断深入，一门崭新的学科——信息科学已经形成。这是以信息为基本研究对象，以信息的运动规律和应用方法为主要研究内容，以计算机技术为主要研究工具，以扩展人类的信息功能为主要研究目标的一门综合性学科。其潜力之巨大，吸引了众多国家的注意力。日本九大综合商社拥有遍及世界的情报信息网，一两分钟之内就可掌握全日本同行业的信息，四五分钟便可获得世界主要地区的市场动向，包括有多少单位或个人申请订货或追加订货。美国50多家大公司则形成了信息权力中心。目前，国际上成立了“国际信息处理协会”，并下设“信息与社会技术委员会”；英国政府和工业界则把1982年定为英国的“信息技术年”；日本曾对“信息化社会”举行两次全国性讨论，并把1970年誉为“信息化元年”；美国1975年信息费用占生产总值的3.2%，每生产一美元的产品需花信息服务费36美分。人类文明的发展在经历了电气时代之后逐步进入信息时代。

从混沌到有序——普利高津的耗散结构理论

19世纪,由于蒸汽机的广泛使用,迈尔、焦耳、克劳修斯等分别于19世纪四五十年代建立了热力学第一、第二定律,构成平衡态热力学和统计热力学的理论框架,经典热力学由此诞生。但是,热力学第二定律(也叫熵增大原理)因为指明了一个孤立系统不可逆过程的方向性,从而把生物演化观念和历史的观念首次引入物理学,产生物理学和生物学的关系问题。如何把两个世界统一起来,用物理学观念来解释生命,使生物学成功研究生命系统的"物理科学",实现自然科学的大统一,这一问题引起世界众多科学家的兴趣和争论。来自俄罗斯的比利时籍化学物理学家普里高津在此方面作出了重大贡献,其贡献主要在于他创立了耗散结构理论。

普里高津于1917年出生在莫斯科,幼年时随家人移居国外,1949年入比利时国籍,1951年任比利时自由大学理学院教授。在科学生涯的早期,他对历史、考古和哲学非常感兴趣,这使他后来能跳出思维的一些框框而从更高的角度认识自然界。他认识到时间联系着历史、演化和世界的发展,提出"时间的单向性"这一不可逆现象,并于1945年正式创立了线性非平衡态热力学。他与合作者致力于不可逆过程的研究,几十年如一日,形成了以他为首的布鲁塞尔学派。这一学派在20世纪40年代形成的理论成为耗散结构理论的起点。

此间,挪威科学家昂萨格提出了近平衡区输运系数对称原理,并因此荣获1968年诺贝尔化学奖。普里高津在昂萨格的基础上进一步研究,得到了最小熵产生原理,使人们在线性非平衡区找到了一个类似于平衡态的熵和自由能之类的物理量,而这个量普遍决定了系统所处的定态。这一成功发现促使他在20世纪60年代以后,力图把不可逆过程热力学推广到非线性区。他首先考察了不同系统在远离平衡态时的不可逆过程,如流体力学中的贝纳德对流实现,激光化学中的贝洛索夫—扎布金斯基反应以及生物系统等。在经历无数次挫折后,他终于得出结论:一个开放系统在从平衡态到近平衡态再到远离平衡态推进过程中,系统的某个参量变化到一定的域值,通过涨落将导致非平衡相变,由无序状态转变为一种有序的新的状态,而这需要不断与外界交换物质和能量才能保持其稳定性。普里高津称之为耗散结构(或非平衡系统的自组织现象)。1969年,他在一次国际学术会议上发表了《结构耗散和生命》一文。

这篇著名的论文标志着耗散结构理论的形成和诞生。

普里高津创立的这一理论，大大丰富了现代科学——系统学。在创立这一理论后，他又致力于理论的应用。他讨论了自然界包括人类社会中存在大量自组织现象。比如他认为城市就是一种耗散结构，它每天要输入食品、原料、燃料，同时要输出产品和废物，这样它才能运转下去，保持稳定的有序状态，否则就会趋于混乱乃至消亡。这是一种新的自然哲学和自然观。

不仅如此，普里高津还不断将这一理论升华，他一方面探讨从无序到有序的演化机制、条件和途径，另一方面又在探索其演化规律，并于 1977 年与尼科里斯合作《非平衡系统的自组织》一书。1980 年他又写了《从存在到演化》一书，进一步发展了耗散结构理论。后来他与学生、法国女科学家伊·斯唐热博士合写的《从混沌到有序》一书被译成多国版本广为流传。鉴于耗散结构理论对系统学的重大发展，普里高津荣获 1977 年诺贝尔化学奖。

当然，耗散结构理论的形成时间还不长，它仍需进一步发展和完善。

从“模模糊糊”到“明明白白”

“模糊”这个以前和科学似乎毫不相干、甚至不相容的东西，正越来越受到科学家们的高度重视和深入研究，被越来越多地运用于人们的工作和生活之中。

“模糊”和“确定”都是世界上客观存在的现象。客观世界中有能够判定是否属于某一范畴的事物，也有无法用一个明确的标准简单判定其是否属于某一范畴的事物。同样，有些事物能用具体数值给予确定的表示，如长度、时间、重量等，但也有些则不能，如美丑、智愚、好坏等。前一类能够确定划分和计量的事物，被称为确定性事物；后一类没有明确界限的事物，被称为模糊性事物。

对于模糊性事物，由于其具有难以表示、难以度量的特性，长期以来被拒于科学殿堂之外。但它毕竟大量地客观存在，与人类的生产、管理、科研和生活发生着密切联系。美国加利福利来大学查德教授在 1965 年发表的题为《模糊集合》的论文中，率先提出了用“模糊集合”作为表现模糊事物的数学模型，标志着模糊数学的诞生。模糊集合的概念首次打破了集合论中元素对于集合的绝对隶属关系，在“全部属于”和“全不属于”之间考虑其中间状态，提出了所谓“隶属程度”的思想。在适当的限度上相对地划分是与非，由此出发，建立模糊集合的运算、变换及有关理论，为描述模糊现象找到了一整套理论和方法。此后，又形成了模糊语言学、模糊逻辑学等新学科。

客观世界的事物正因为同时存在确定性和模糊性，才显得丰富多彩。在人的主观世界中，同样是确定的和模糊的信息处理方式并存。人的左脑在进行逻辑思维时用的就是确定性信息的处理方式；而人的右脑在进行形象思维时用的则是模糊性信息的处理方式。有许多事情我们需要反复推敲、精确计算才能得出结论；也有许多事情我们只要凭经验和印象便可得出结论。所以，我们在利用自然规律改造客观世界时，也必须“确定性”和“模糊性”并举，这样才能各得其所，把握要领，获得最佳效果。

模糊逻辑并不是遗弃逻辑的精确性、严格性而迁就模糊性和不确定性，相反，它是“模糊”和“精确”的有机统一。在二值逻辑中，每一个命题只能取两个值，即“真”值“1”和“假”值“0”，非真即假，两者必居其一。在逻辑上取真假二值，只能适应电路的开关、神经反应的有无等两种状态，而对“纵横渗透”、

“变量分析”、“复杂功能考察”以及作家的情感起伏和科学家的思维活动等模糊性问题就无能为力了。一个模糊命题的取值已不是只取{0，1}二值，即单纯的“真”和“假”，而是用闭区间[0，1]的一个实数值来表示。这样就可以对模糊现象进行数字化分析和定量化研究。

从语言学角度看，现实中存在着大量的模糊语言，如浓郁的芳香、雄伟的建筑、嘈杂的街道等，如何才是浓郁，怎样才是雄伟，达到多少分贝才可以称为“嘈杂”，其标准“模糊不清”。当然，这类模糊语言的语义十分“清晰”，在传播中并不会使人误解。从效果看，模糊语言有时反而更“精确”。以寻人为例，除了性别外，介绍这个人的年龄范围、个儿高低、身体胖瘦、脸部基本特征往往比介绍绝对年龄、准确高度、腰围胸围和具体的鼻梁高度、耳朵长度等更合适。前者听似模糊，但容易把握，反而感到“精确”；后者虽然精确，但往往使人不得要领，“模糊”得很。

模糊理论的广泛运用始于模糊计算机诞生之后。模糊理论的实际应用主要有两大类：一是用于控制领域，二是用于推理判断领域。

用于控制领域，主要是代替熟练操作人员来操作机器。因为人在操作机器时，往往也是按照模糊理论行事的，无论是操作机床，还是骑自行车，人们绝不会精确计算后才决定如何动作，而是根据当时的情况凭经验作出反应。1987 年 7 月，日本首先将模糊控制用于仙台市地铁列车自动驾驶系统，列车启动、行驶、停靠都非常平稳。现在模糊控制已被大量应用于水泥焙燃窑、高炉炼铁、电梯、原子反应堆等的控制上。此外，如酒精的精炼、汽车的变速、自来水厂加药进行水净化处理、城市下水道水泵运转控制等也都运用了模糊控制。

在推理判断领域，模糊理论主要用于设计各种计算机软件，模仿专家作出决策。现在，模糊理论已被用于证券投资系统，以指导人们如何进行证券交易才能取得最佳效果。模糊理论还被用于机器故障诊断系统、语言分析系统、医疗诊断系统以及家用电器的设计和制造。

模糊理论的形成是人类认识螺旋式上升的结果。模糊理论是“大处认真，小处糊涂”，集中力量抓住主要矛盾，它并不是要代替精确性处量方法，而是要两者相互补充，以取得最佳整体效果。模糊理论是在现代科学的基础之上形成的，它使原先处于自发水平的模糊处理提高到自觉的水平。

图书在版编目(CIP)数据

世界科技发展史话/冯士超主编.—镇江：江苏大学出版社,2012.11(2019.8 重印)
ISBN 978-7-81130-388-9

Ⅰ.①世… Ⅱ.①冯… Ⅲ.①技术史－世界－普及读物 Ⅳ.①N091-49

中国版本图书馆 CIP 数据核字(2012)第 253223 号

世界科技发展史话

Shijie Keji Fazhan Shihua

主　　编/冯士超
责任编辑/林　卉
出版发行/江苏大学出版社
地　　址/江苏省镇江市梦溪园巷 30 号(邮编：212003)
电　　话/0511-84446464(传真)
网　　址/http://press.ujs.edu.cn
排　　版/镇江文苑制版印刷有限责任公司
印　　刷/三河市金轩印务有限公司
开　　本/718 mm×1 000 mm　1/16
印　　张/21.75
字　　数/380 千字
版　　次/2012 年 11 月第 1 版　2019 年 8 月第 4 次印刷
书　　号/ISBN 978-7-81130-388-9
定　　价/46.00 元

如有印装质量问题请与本社营销部联系(电话:0511-84440882)